CO_2由来液体燃料の最前線

Recent Advances in CO_2-Derived Liquid Synthetic Fuels

監修：里川重夫
Supervisor：Shigeo SATOKAWA

シーエムシー出版

巻頭言

現代の人間生活には石油由来のエネルギーや資源が必要不可欠である。一方，地球温暖化抑制に向けて CO_2 の実質排出量ゼロを目指すには化石資源の利用を段階的に制限していく必要がある。つまり，これまで石油に依存していた燃料を今後はカーボンニュートラルな方法で製造する燃料に置き換える必要がある。自然界から得られるエネルギーには太陽光，風力，水力，地熱，潮汐力などがある。CO_2 の排出がないという点では核エネルギーも同様である。これらのエネルギーはそのまま生活に使えるわけではなく，主に電力に変換して利用している。では，私たちの生活は電力があれば良いかというとそうではない。電力は同時同量の原則，電線供給が不可避というエネルギーの貯蔵・輸送方法に欠点がある。したがって，エネルギーを安定供給するためには，電気エネルギーを貯蔵・輸送できる化学物質に変換して，利用したいときに使えるような技術の開発・導入が必要である。電力から容易に変換できる化学物質に水素がある。水素は水の電気分解により効率的に製造できる。これからの社会は水素エネルギー社会と言われる所以である。しかし，水素は常温・常圧で気体であり，水素を高密度に貯蔵・輸送するには超高圧・極低温にする必要がある。したがって，水素は長時間の貯蔵には不向きである。そこで，これを常温・常圧で長期に貯蔵が可能な液体燃料に変換することが望ましい。そのためには空気中に約0.04％含まれる CO_2 を炭素源として利用する。CO_2 を回収して水素と化合させて常温・常圧で液体のアルコールや炭化水素に変換してしまえば，燃焼時に排出した CO_2 をまた燃料の一部として利用できる。これで自然のエネルギーを液体燃料に変換したことになる。ここまで変換できれば，これまでの社会基盤やモビリティーを大きく変更せずにこれまでの生活を継続することができる。特に，電力系統と接続できない航空機，船舶，自動車の燃料をカーボンニュートラル化するためには，このような取り組みが必要である。

本書では電力（水素）と CO_2 を利用してメタノール，炭化水素を製造する技術とそれらをモビリティーへ適用する取り組みについて，それぞれの専門家の立場で解説していただいた。現在，多くの産業でカーボンニュートラルに向けた取り組みを検討されていると思う。本書がその取り組みの一助になれば幸いである。

2024年9月

成蹊大学　理工学部　教授

里川重夫

執筆者一覧（執筆順）

里川　重夫	成蹊大学　理工学部　教授
古野　志健男	㈱SOKEN　エグゼクティブフェロー
柴田　善朗	(一財)日本エネルギー経済研究所　クリーンエネルギーユニット 担任補佐，研究理事
澤村　健一	イーセップ㈱　代表取締役社長
岡崎　あづさ	東洋エンジニアリング㈱　次世代技術開拓部　プログラムリーダー
松川　将治	三菱ガス化学㈱　グリーン・エネルギー＆ケミカル事業部門 C1ケミカル事業部　カーボンニュートラルプロジェクトグループ 主席
姫田　雄一郎	(国研)産業技術総合研究所 ゼロエミッション国際共同研究センター　首席研究員
多田　昌平	北海道大学　大学院工学研究院　准教授
森　大和	北海道大学　大学院総合化学院　修士課程 1 年生
岡崎　未奈	茨城大学　大学院理工学研究科　修士課程 2 年生
菊地　隆司	北海道大学　大学院工学研究院　教授
室井　髙城	アイシーラボ　代表
細野　恭生	千代田化工建設㈱　フロンティアビジネス本部 テクニカルアドバイザー
梶田　琢也	ENEOS㈱　中央技術研究所　先進技術研究所　副所長

杉浦行寛　ENEOS㈱　中央技術研究所　先進技術研究所
低炭素技術グループ　上席研究員

田中洋平　(国研)産業技術総合研究所　省エネルギー研究部門
熱流体システムグループ　主任研究員

鎌田博之　㈱IHI　技術開発本部　技監

寺井　聡　東洋エンジニアリング㈱　エンジニアリング・技術統括本部
次世代技術開拓部　プログラムリーダー

西脇文男　武蔵野大学　客員教授

岡本憲一　(一財)カーボンニュートラル燃料技術センター
合成燃料技術開発本部　研究部　研究部長

田中光太郎　茨城大学　大学院理工学研究科　応用理工学野　機械システム領域
教授

川野大輔　大阪産業大学　工学部　機械工学科　教授

中原真也　愛媛大学　大学院理工学研究科　機械工学講座　教授

田口真一　㈱商船三井　カーボンソリューション事業群
カーボンソリューション事業開発ユニット 兼 燃料GX事業部
シニアスペシャリスト

杉浦公彦　マンエナジーソリューションズ ジャパン㈱
2ストロークビジネス　シニアアドバイザー

矢野貴久　(国研)新エネルギー・産業技術総合開発機構
再生可能エネルギー部　バイオマスユニット　ユニット長

目　　次

第1章　CO_2由来液体燃料の課題・展望

第2章　e-メタノールの動向

第3章 e-fuel の動向

第4章　CO_2由来液体燃料のモビリティーへの展開

第1章　CO_2由来液体燃料の課題・展望

1　カーボンニュートラル燃料の定義，種類，課題，必要性

古野志健男*

1.1　はじめに

地球温室効果ガス（GHG：Green House Gas）の1つであり，地球上でのGHG排出量の約85%を占める二酸化炭素（CO_2）の削減が世界レベルで最優先課題である。図1のように大気のCO_2濃度は，2024年6月平均で426.9 ppm（ハワイ州マウナロア観測所データ）[1]と2015年の400 ppmから+26.9 ppmと加速度的に増加しており，平均気温上昇1.5℃まで余地がない危機的状態である。世界各地では異常気象による大規模で悲惨な災害が後を絶たない。そういった状況の中で，2023年にドバイで開催された国連気候変動枠組条約第28回締約国会議（COP28）では，カーボンニュートラル達成に向けて化石燃料から脱却し，2030年までに再生可能エネルギー容量を3倍，省エネ改善率を2倍にするという合意がなされた[2]。カーボンニュートラル（以下，CN：Carbon Neutral）とは，何かを生産するとか人為的な活動した際に排出されるCO_2から大気より吸収・削減されるCO_2を差し引いて，実質的にCO_2排出量をゼロにすることである。

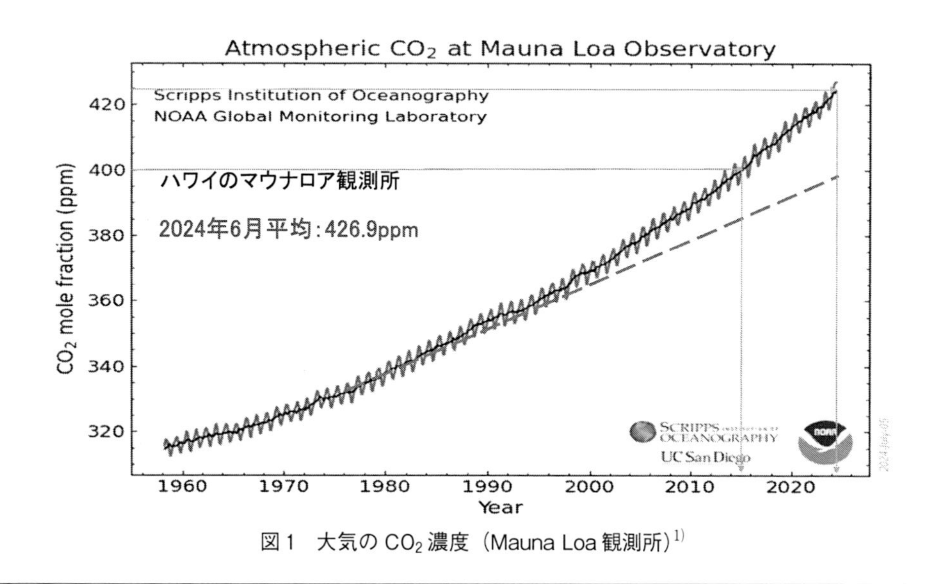

図1　大気のCO_2濃度（Mauna Loa観測所）[1]

＊　Shigeo FURUNO　㈱SOKEN　エグゼクティブフェロー

そのためには，発電所，工場，輸送などの各部門からのCO_2排出量を再生可能エネルギー（再エネ）の活用や省エネ対策によって削減すること，大気中のCO_2を削減するために植林や植物の作付面積を増やしCO_2吸収量を増加させること，加えて直接大気のCO_2を回収（DAC：Direct Air Capture）することが重要である。火力発電所や工場などからの排出口の高濃度CO_2も回収しなければならない。その回収・濃縮したCO_2をどうするのかも大きな課題である。

世界中で行われている対処法は，それらCO_2を地中に埋める/貯蔵するCCS（Carbon Capture Storage）技術と，回収したCO_2を有効利用するCCU（Carbon Capture Usage）技術がある。これらは図2[2)]に示すように，CO_2の循環（カーボンリサイクル）や有効利用（カーボンリユース）であり，社会全体で取り組まなければならない重要なコンセプトである。その代表的な技術の1つが，カーボンニュートラル燃料（CN燃料）であり，それらの種類，課題，必要性について解説する。

また，2023年から2024年にかけて，世界の新車市場では現実的なCO_2低減効果と実用性の観点からハイブリッド車（HEV）やプラグインハイブリッド車（PHEV）などのエンジン搭載電動車が見直されてきた。ただ，それだけではカーボンニュートラルにはならない。また，世界で15億7千万台以上走行している既販車のCO_2低減が大きな課題として顕在化している。それらの課題を解決する手段の1つとしてCN燃料の重要性が急上昇中である。

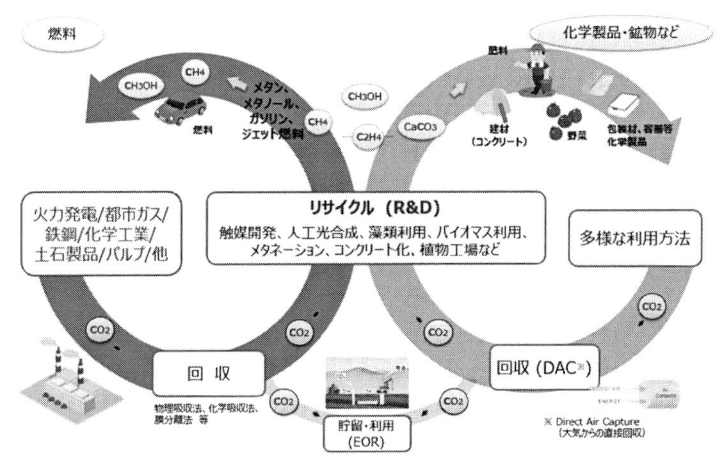

図2　カーボンリサイクルコンセプト（資源エネルギー庁）[2)]

1.2　カーボンニュートラル燃料の種類，課題

CN燃料とは，図3に示すように再エネ由来の電力を100%使用して製造された合成燃料（e-fuel，アルコール，メタンなど）やグリーン水素（H_2），グリーンアンモニア（NH_3），各種バイオマス燃料，化石燃料とCCUSを組み合わせたブルー水素やNH_3などである。e-fuelの種類には，e-ガソリンやe-ディーゼル，e-ジェット（灯油）などが含まれ，アルコールにはe-メ

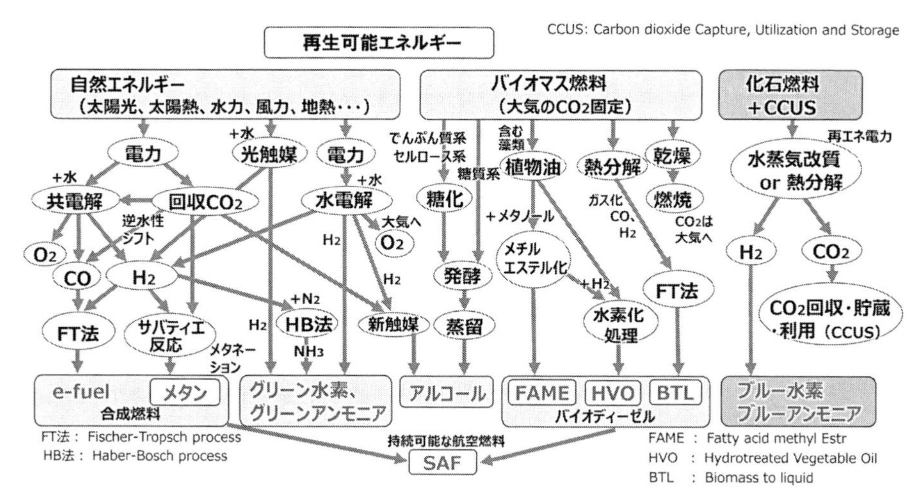

図3　カーボンニュートラル燃料の種類（筆者作成）

タノール，e-エタノールなどがある。近年，CN燃料の活用先として世界中で最優先なのが，持続可能な航空燃料（SAF：Sustainable Aviation Fuel）用である。

1.2.1　e-fuel

(1)　e-fuelの定義

代表的なCN燃料の1つに，太陽光など再エネ電力を用いて回収したCO_2と水（H_2O）から人工的に合成したe-fuelとも呼ばれる液体の炭化水素燃料（synthetic fuel）がある。e-fuelの語源は，ドイツ語の「Erneuerbarer Strom：再生可能エネルギーで発電した電気」の頭文字のEに，「燃料」の英語である「fuel」を付けたものと言われている[3]。一方，主に米国では「Electrofuels」という新しい英単語の略表記ともされる。

e-fuelは，「Power-to-X（P2X，PtX）」技術の1つでもある。P2Xとは，電気エネルギーを別のエネルギーに変換する技術の総称であり，「Power-to-Gas（P2G）」，「Power-to-Liquid（P2L）」，「Power-to-Chemicals（P2C）」などの派生語がある。このうち再エネ電力を利用したP2GやP2Lが広義のe-fuelであるが，モビリティでの利用という観点では，CO_2とH_2からの液体の合成燃料を一般的にe-fuelと呼んでいる。e-メタノールやe-エタノールもe-fuelと言える。

また，サバティエ反応などのメタネーション技術によって再エネ電力で製造される合成メタンや，水を電気分解したグリーン水素はCN燃料であるが，狭義にはe-fuelに分類しない。また，ハーバー・ボッシュ法などで合成されたグリーンアンモニアは容易に液体燃料となるが，一般にはe-fuelと呼ばれていない。グリーン水素含めてエネルギーキャリアと呼ぶ。

(2)　e-fuelの製造法と種類

e-fuelは，前述のように主に大気中のCO_2とH_2Oを原料として，再エネ電力で炭化水素やアルコールを合成するが，その製造法の違いによって作られる燃料種が異なる。まず，分離回収・

濃縮したCO_2を逆水性ガスシフト反応により一酸化炭素（CO）に変換する。逆水性ガスシフト反応とは，$CO_2 + H_2 \rightarrow CO + H_2O$の吸熱反応であり，500℃以上の温度と触媒により実現される。もう一つの原料であるH_2Oからは電気分解などによりH_2を生成する。こうして，得られたCOとH_2を合成ガスと呼ぶ。なお，合成ガスは，大気のCO_2からではなく石炭，天然ガス，バイオマスなどからも700～1100℃の高温水蒸気改質法でガス化して生成できる。CO_2も生成されるが，CCUSすれば石炭や天然ガスからの場合はCNに，バイオマスからの場合はCO_2ネガティブとなる。これらの合成ガスが主なe-fuelのベース原料となる。触媒種や温度圧力条件によって幾つかのe-fuel合成法が存在する。

もっとも一般的なe-fuelの製造法は，100年近く前から確立されているフィッシャー・トロプシュ合成法（Fischer－Tropsch process：FT法）である。このFT法は，1920年代初めにドイツの研究者であるF. FischerとH. Tropschが開発した人工石油生成技術であり，鉄やコバルトの化合物を触媒として高圧条件下での発熱反応を利用している。合成される炭化水素成分の種類は，触媒の種類，圧力，温度条件などによって異なるが，目的の炭素数の炭化水素を高収率で得ることはなかなか容易ではない。つまり，メタンなど炭素数の少ない気体から重質のワックスまで幅広い炭素数分布の炭化水素が生成される。これを合成粗油という。従って，その中にはガソリン，軽油，ジェット燃料（灯油）も多く含まれていて，同時に色々な種類の燃料が生成できるとも言える。

また，合成ガス（CO，H_2）にCu-Zn系触媒を用いて温度約200℃，圧力数3～6 MPaの条件下ではメタノールを選択的に合成できる。ただ，近年，合成ガスからではなくCO_2とH_2から直接メタノールを合成する研究がさかんである。産業技術総合研究所[4]や東京工業大学などで室温レベルと圧力1 MPa以下の条件でもメタノールを合成できる触媒が研究されている。また，北海道大学では，直接CO_2とH_2Oから二次電池のような電気化学セルを用いてアルコールや低級の炭化水素の合成に成功している[5]。

さらに，合成されたメタノールとH_2からゼオライト系触媒を用いるとガソリン成分（e-ガソリン）を製造することができる。この合成法は「MtG法（Methanol to Gasoline）」と呼ばれ，もともとエクソンモービルの前身の1社であるMobil（モービル）が1976年に公表した合成法である。e-ガソリンは，メタノールよりも質量エネルギー密度が高い。

(3) e-fuelの代表的な実証事業：ハルオニプロジェクト

e-fuelに関しては欧州を中心に実証プロジェクトが進んでおり，現在最も大規模なものは，チリ南部マガジャネス州で始まった「Haru Oni（ハルオニ）プロジェクト」である。ドイツSiemens Energy（シーメンス・エナジー）が主導し，ポルシェやチリ電力大手AME（Andes Mining & Energy），AMEの子会社Highly Innovative Fuels（HIF），チリ石油公社（ENAP），イタリアの電力大手Enel（エネル），米石油大手ExxonMobile（エクソンモービル）などが参加する（図4）[6]。

ハルオニプロジェクトの狙いは，風力や太陽光などによるチリの豊富な再エネを100%活用し

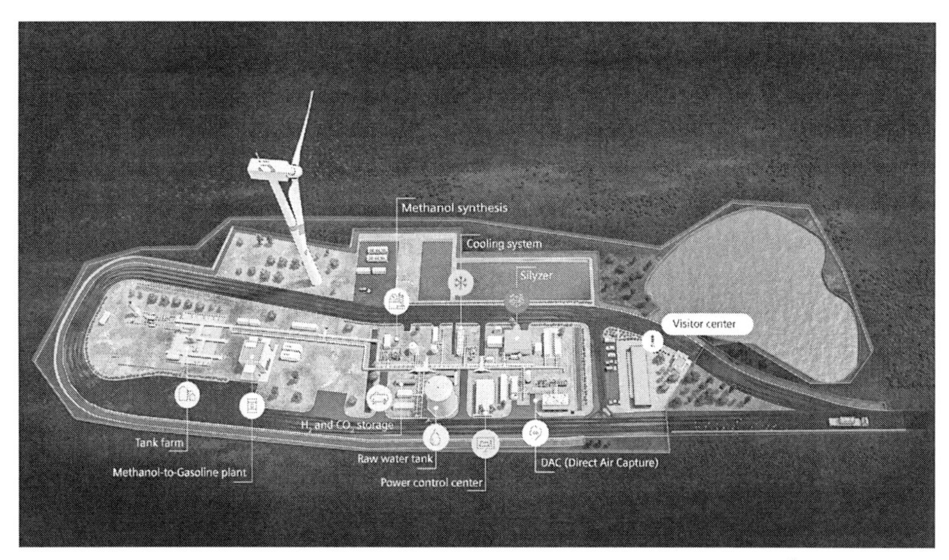

図4　ハルオニプロジェクトの総合 eFuel プラントイメージ（チリ）[6]

た内燃機関用 e-ガソリンの生産である。チリでは風力発電の稼働率が65%と日本の3倍以上と高いなど条件が良く，電力コストも約2.4セント（約3.9円)/kWh と安い[7]。安価な再エネ由来電力とシーメンスエナジー製のプロトン交換膜（PEM：Proton Exchange Membrane）を用いて水電解し，グリーン水素を生成する。これは，燃料電池セル（PEFC：Polymer Electrolyte Fuel Cell）を逆に反応させたもので高効率を狙っている。そのグリーン水素と大気や工場から回収した CO_2 を用いて e-メタノールを合成し，前述の MtG 法で e-ガソリンを製造する。ハルオニプロジェクトでは2024年までに年間5500万L，2026年には年間約5億5000万Lの生産を計画している。大量生産した e-ガソリンは，ドイツを中心に輸出する予定である。

(4)　e-fuel の課題

e-fuel の大きな課題は，製造コストが高いことと生産量確保である。特に重要なコストについて述べる。経済産業省資源エネルギー庁が開催する「合成燃料研究会」が2021年4月に取りまとめた中間報告によると，表1のように水素価格に大きく依存するという[8]。国内で生産した現状の水素価格が100円／Nm^3（ノルマルリューベ）程度で，それを基に e-fuel のコストを試算すると約700円／Lとかなり高い。CO_2 回収と FT 合成法のコストも加算したものである。税を含まないガソリン燃料が90～100円程度だから約7倍に達する。これでは普及は難しい。

資源エネルギー庁が掲げる2040年の仮目標値である20円／Nm^3まで水素価格を下げられると，e-fuel のコストは約200円／Lとかなり下がるが，それでも現状のガソリン燃料価格に及ばない。ただし，水素価格をさらに引き下げられる可能性は十分にある。例えば，米エネルギー省（DOE）が2020年11月に発表した水素エネルギー戦略（Hydrogen Program Plan）では，2030年の水素目標価格を1ドル／kg（約14円／N・m^3：160円／ドル換算）と設定している[9]。これ

表1　日本での e-fuel 価格の試算（水素価格のパラメータスタディ）[8]

H_2		CO_2		製造コスト			ケース
100円/Nm³×6.34Nm³/ℓ		5.91円/kg×5.47kg/ℓ					
= 634円/ℓ	+	32円/ℓ	+	33円/ℓ	=	約700円/ℓ	国内の水素を活用し、国内で合成燃料を製造するケース
(32.9円/Nm³ + 14.65円/Nm³)×6.34Nm³/ℓ							
= 301円/ℓ	+	32円/ℓ	+	33円/ℓ	=	約350円/ℓ	海外の水素を国内に輸送し、国内で合成燃料を製造するケース
32.9円/Nm³×6.34Nm³/ℓ							
= 209円/ℓ	+	32円/ℓ	+	33円/ℓ	=	約300円/ℓ	合成燃料を海外で製造するケース
20円/Nm³×6.34Nm³/ℓ							
= 127円/ℓ	+	32円/ℓ	+	33円/ℓ	=	約200円/ℓ	将来、水素価格が20円/Nm³になったケース

で e-fuel を製造すれば約 154 円／L となり，税制優遇と組み合わせればガソリン価格と同等以下にできる可能性がある。

ただ，日本では水素の低価格化は大変難しい。その最大の理由が再エネ由来の電力料金が高いことである。安い海外と同様レベルの数円/kWh オーダーにならないと，経産省が挙げている 2030 年目標の水素価格 30 円／Nm^3 でも達しないのではないか。その場合の対応として，経産省は，ある条件を満たした水素サプライチェーン事業者に対し値差支援制度として 15 年間補填する施策を打ち出し，2024 年夏頃から公募を開始する[10]。既存燃料のパリティ価格との差額を支援するもの。これは非常に大きな政策で，水素需給を促進でき水素社会への後押しとなりそうである。

1.2.2　バイオマス燃料

バイオマスとは，生物由来の有機性資源の総称である。特に，植物は大気の CO_2 を自然に吸収・固定化してそれ自身が CN 燃料である。ただ，モビリティ用にはバイオマスからのガス化燃料や液化燃料が利用しやすい。

(1)　バイオエタノールの種類と課題

ガソリンエンジン用には，すでにバイオエタノールを欧州や米国で E10（10%混合）のようにガソリンに混合することが義務付けされている。米国では 2024 年から夏期に限定して E15（15%混合）も認められた。ブラジルでは E100 燃料（バイオエタノール 100%）も流通する。ただし，FFV（Flexible-fuel vehicle）と呼ばれるエタノール燃料に対応した専用車両に限定する。バイオエタノールの原料は大きく 3 種類あり，ブラジルのサトウキビで有名な糖質系原料，とうもろこしを代表とするでんぷん質系原料，食料ではない藁や木材の繊維成分であるセルロース系原料である。現時点で大量生産されているのは前者の 2 つ。製造方法はいずれも蒸留酒造りと基本的に同じで，発酵や蒸留となる。でんぷん質やセルロース系原料の場合には，発酵の前に糖化という工程が追加で必要になり，消費エネルギーが増えて高コストとなる。これらは食料資源と競合する問題を抱えるため，特にとうもろこしを原料とするエタノールは問題視されやすい。米国では家畜の飼料であり，バイオエタノールにとうもろこしを多く利用すると，豚肉が高くなってしまう。

米国は最近，非可食性のセルロース系の増産政策を推し進めている。先進的バイオ燃料とも言われている。ただ，セルロースは分解（糖化）しにくいために手間がかかる。その分解酵素も高価で，生産コストが最大の課題となる。現在，米国で少量生産されているものの，バイオエタノール生産量のわずか0.5％程度に過ぎない。

(2)　バイオディーゼルの種類と課題

バイオディーゼル用の原料は，菜種油，パーム油，大豆油などの植物油，魚油・獣油，廃食用油など種類が多い。バイオエタノールと同様に，すでに欧州や米国ではB5（5％混合）やB10（10％混合）などとして軽油に混合されて流通している。

植物油などの製造方法は，バイオエタノールのように糖化，発酵，蒸留の必要がなく，圧搾法など単純である。ただ油脂そのままでは粘度が高い。そこでアルコールによるエステル交換反応を用いてグリセリンを取り除き，脂肪酸メチルエステル（FAME：Fatty acid methyl Ester）に精製することで粘度を下げる必要がある。

ただしFAMEなどのバイオディーゼルにも課題が多い。例えば酸化劣化しやすいことや低温流動性が低いこと，噴射系の腐食やデポジットでつまりやすくなることなどである。解決策の１つが，再エネ由来のH_2を使用してFAMEなどに水素化処理をして，低分子化（ハイドロトリートメント，ハイドロクラッキング）する手法である。水素化処理燃料は，精製植物油（HVO：Hydrotreated Vegetable Oil）と呼ばれ，既に量産化されている。

(3)　藻類からのバイオ燃料抽出

古くから藻類の光合成による炭化水素燃料（油脂）生成の研究が多くあった。近年で代表的な実証事業は，ユーグレナ社が開発したサステオ燃料（廃食油＋ユーグレナ油脂）をマツダがモータースポーツなどで使用した事例がある。廃食油と藻類油脂から成り，その混合油を水素化処理したHVOで100％ CN燃料と言える。この藻類は，淡水に一般に存在する0.1 mm程度の単細胞植物の「ミドリムシ」であり，学名ユーグレナと呼ばれる。サステオは，実証事業として予定通り終了している。

マツダは，近年，微細藻類の代表的な１つであるナンノクロロプシスによるバイオ燃料生成に注力している[11]。ナンノクロロプシスは，海洋に広く多く存在する魚の餌となる植物プランクトンの一種である。球形に近く直径が2～5 μmの単細胞藻類で，太陽光による光合成でCO_2と水（H_2O）から炭水化物や脂肪酸を細胞内に生成する。マツダが研究するナンノクロロプシスの細胞内では，30日くらいで自分の質量の約60％の油脂などを生成，蓄積する。炭素数の異なる成分を広く生成するが，その60％が軽油の中心であるC16の油脂だという。つまり，１個体の質量あたり約36％の軽油ができることになる。

油脂などを細胞内全体に蓄積したナンノクロロプシスを絞って抽出し成分別に精製すれば，C16前後の油脂はそのまま軽油のドロップイン燃料として使用可能となる。FAMEや廃食油などを水素化処理したHVOとは異なり，処理が少なくて効率がいい。また，食料生産とも干渉しない次世代（先進的）バイオ燃料の位置付けである。

この微細藻類の最大の特徴は，ロバスト性，耐環境性にも優れていることである。一般には海に浮遊しているが淡水環境でも繁殖するし，四季の温度変化にも耐性がある。加えて，ゲノム編集などもしやすく，もっと高効率な油脂生成ができるポテンシャルも見えつつあるという。

1.3 カーボンニュートラル燃料の必要性

1.3.1 既販車のCO_2低減

2050年に世界の運輸部門のCNを達成するために，バッテリーEV（BEV）だけでは困難であるとの認識が一般的である。そもそも世界中で保有されている四輪車は，15億7千万台以上(2022年)[12]と言われていて，その95%程度が純内燃機関車である。それらから排出されるCO_2は世界のCO_2排出量の約20%と多く，この低減が大きな課題である。新車のライフサイクルが15～20年とすると，2050年までに全てBEVに代替するのは不可能である。もちろん，それら既販車の燃料を量的にも価格的にも全てCN燃料に代替することはできないが，E20やB20のようにガソリンや軽油に混合すれば，20%オーダーでCO_2を削減することができる。

1.3.2 航空機のCO_2低減

直近でCN燃料の利用先としてもっとも重要視されているのが，前述のSAF用である。現在使用されている航空燃料は，原油から作られたジェット燃料や航空ガソリンであり，世界の航空機からのCO_2排出量は10.4億トンで約3%を占める[13]。CNであるSAFへの代替が急務である。現在の主な原料は，CNな植物油燃料や廃食油であり，HVOなどへの処理をしてSAFとして利用している。ただ，供給量が足りない。

日本では，2030年までに航空燃料の10%をSAFに代替するという目標を掲げている。欧州でもグリーンデール政策の一環として航空会社にSAFの一定割合の使用を義務化している。アメリカでも2050年には航空燃料を100% SAFにするとの目標を設定し，SAFの生産会社などに資金援助を推進する。SAFにe-fuelやバイオ燃料を活用するので，課題はコスト低減と生産量である。特に，各国ともSAFの内製供給を重要視しているが，原料の確保が難しい。いずれにしてもCN燃料の普及はSAFから始まり，量産効果や低コスト化が進んでいく。また，SAFをFT合成法で製造すれば，副産物として同時にe-ガソリンやe-ディーゼルも生成され，自動車用などに利用することができ，航空業界と自動車業界のCN燃料製造の連携が重要となるだろう。

1.3.3 モビリティの航続距離とインフラ活用

CN燃料が普及すれば，既存のエンジンはCNなパワートレインの1つとして生き残る。例えば，e-ガソリンの質量エネルギー密度は，米Tesla（テスラ）「モデル3」の約60倍に達する。モビリティのエネルギーとして液体燃料ほど利便性の高いものはない。二次電池の開発が進み，全固体電池や究極のLi金属空気電池などが量産化されたとしても，質量エネルギー密度は，ガ

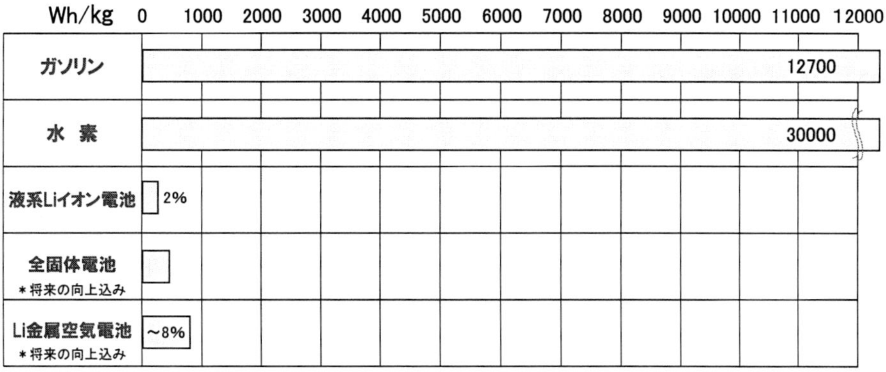

Wh/kg	0　1000　2000　3000　4000　5000　6000　7000　8000　9000　10000　11000　12000
ガソリン	12700
水 素	30000
液系Liイオン電池	2%
全固体電池 ＊将来の向上込み	
Li金属空気電池 ＊将来の向上込み	～8%

図5　質量エネルギー密度の比較（筆者作成）

ソリン燃料の10%を越えることはないだろう（図5）。やはりエンジン車の航続距離が長い利点は大きい。BEVに比べて遠出，寒冷地，牽引などに適している。また，CN燃料は，ガソリンスタンドやタンクローリーなど既存のインフラがそのまま活用できるという大きなメリットも有する。

1.3.4　日本の2050年CN達成の必須条件

地球環境産業技術研究機構（RITE）が21年5月，経済産業省の「総合資源エネルギー調査会基本政策分科会」[14]で示したように，50年に日本でCNを実現するには，水素，アンモニア，e-fuel，バイオ燃料などの国内生産に加え相当量の輸入と，国内外でのCCUS（CO_2の回収・活用・貯留）は避けられないと報告している。また，資源エネルギー庁も日本のCN実現のために運輸部門での必要な技術としてCN燃料（e-fuel，バイオ燃料，水素など）を挙げている[15]。つまり，日本にとっても2050年にCNを達成するためにはCN燃料も必須だということである。

1.4　おわりに

CNに向けて世界の自動車市場で電動化は加速するが，エンジン搭載電動車はなくなることはなく，電動車に最適で特化した高効率なエンジンDHE（Dedicated Hybrid Engine）に進化していく。加えて水素も含めたCN燃料利用のエンジンもCN達成に向けて必須である。ドイツのマックス・プランク化学エネルギー変換研究所は，図6のようにCO_2とH_2からMTG技術を活用したe-ガソリン製造プロセスを紹介し，液体のe-fuelは，既存インフラが活用できるCNな化学電池（Chemical Batteries）だと主張[16]。BEVをベースとして，HEV，PHEVなどのDHE搭載電動車と化学電池であるCN燃料との組み合わせも含めて，モビリティ社会の持続可能な実効あるCN化を推進してくべきだろう。まずは再エネをベースとした豊かな社会の持続的成長があって，初めてCNを達成する意味がある。

いずれにせよ，すでに世界中で運行している15億7千万台以上のエンジン搭載車，9万隻の船舶，2万7千機の航空機などからのCO_2排出量を直接低減する手段は，今のところCN燃料く

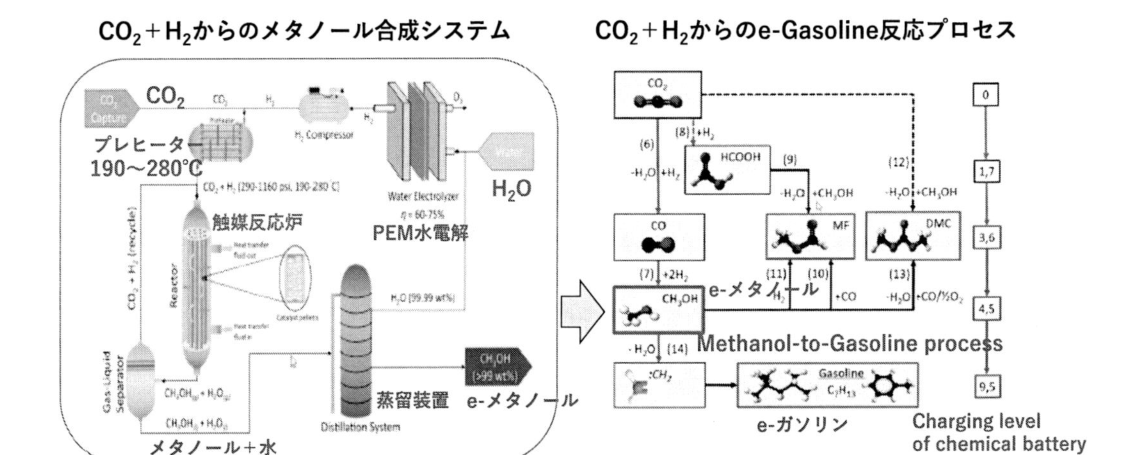

図6　マックスプランク研究所のe-Gasoline合成プロセスと意味付け[16]

らいしかない。e-fuelやバイオ燃料の重要性を再認識し普及させるべく，課題解決に向けて今後も世界中で知恵を絞っていくべきである。

文　　献

1）　Global Monitoring Laboratory，https://gml.noaa.gov/ccgg/trends/（2024）
2）　国立環境研究所，https://www.nies.go.jp/social/navi/colum/cop28.html（2023）
3）　EnviX，https://ecocar-policy.jp/article/201907023/（2019）
4）　産業技術総合研究所，https://www.aist.go.jp/aist_j/press_release/pr2021/pr20210825_2/pr20210825_2.html（2021）
5）　北海道大学，https://www.hokudai.ac.jp/news/pdf/221110_pr.pdf（2022）
6）　Hydrogen Council，https://hydrogencouncil.com/en/haru-oni-fuel-from-wind-and-water/（2022）
7）　橘川武郎，世界経済評論IMPACT，http://www.world-economic-review.jp/impact/article3217.html（2023）
8）　経済産業省，合成燃料研究会，中間取りまとめ，https://www.meti.go.jp/shingikai/energy_environment/gosei_nenryo/pdf/20210422_1.pdf（2021）
9）　山下幸恵，EnergyShift，https://energy-shift.com/news/ec1e2cdb-2abb-49fc-a9c0-d97b25a1fecb（2020）
10）　木山雅之，経済産業省，https://chubu.env.go.jp/content/000197785.pdf（2024）
11）　MAZDA デジタルマガジン，https://www.mazda.co.jp/experience/stories/2024spring/

featured/02/ (2024)
12) 日本自動車工業会, https://www.jama.or.jp/statistics/facts/world/index.html (2023)
13) JTTRI, https://www.jttri.or.jp/images/aviation_portal-01.pdf (2022)
14) RITE, https://www.enecho.meti.go.jp/committee/council/basic_policy_subcommittee/2021/043/043_005.pdf (2021)
15) 資源エネルギー庁, https://www.enecho.meti.go.jp/about/special/johoteikyo/carbon_neutral_02.html (2021)
16) Dr. E. Jacob, 43rd International Vienna Motor Symposium, 38 (2022)

2 e-fuelに求められる視点

柴田善朗*

2.1 はじめに

航空，船舶，道路交通用のクリーン燃料として期待されているe-fuelは再エネ水電解水素とCO_2から合成される炭化水素燃料であるが，CO_2をリサイクルすることが目的ではなく，水素を使い易くするための方策の一つである。e-fuelの製造から利用までのシステム全体において，CO_2の回収・利用・再排出という一連の挙動を伴うことから，e-fuelのメカニズムと本来の意義が正しく理解されていないことが多い。さらには，CO_2排出削減効果の帰属を複雑に考えることで，社会実装に向けた制度設計に関する議論も複雑になっている。水素との関連性からe-fuelのメカニズムや意義を紐解き，必要な制度設計や今後のあるべき姿を議論する。

2.2 e-fuelのメカニズム

e-fuelはelectrofuelとも呼ばれ，eはelectricityつまり電力であるが，脱炭素の文脈では再エネ電力から合成される燃料である。ただし，再エネ電力そのものではなく，再エネ電力の水電解への投入によって製造される水素から合成される。いずれにせよ，入り口は再エネ電力であることから，「ブルー水素からのe-fuel製造」という表現は誤りである。合成プロセスに水素と併せてCO_2が使われる場合は合成炭化水素が製造され，N_2が使われる場合は合成アンモニアが製造される。

e-fuelのfuelには，本来，液体燃料もガス体燃料も含まれることから，e-methaneやe-ammoniaもe-fuelに分類すべきである。しかしながら，日本では“fuel＝液体燃料”との認識が強く，更にはe-methaneは都市ガス，e-ammoniaは石炭火力発電との混焼と，運輸部門の液体燃料とは用途が異なることから，導入制度を議論する上で役所の担当部署が異なるという背景もあり，e-methaneとe-ammoniaはe-fuelには分類されていない。

このような背景の下，ここでは，e-fuelとは，現在の運輸部門において使われている液体化石燃料を代替する再エネ電力由来の液体炭化水素燃料のことを指す。

図1にはe-methaneのメカニズムを示すが，e-fuelの場合も基本的には同じである。図の左側では，水素を直接利用するケースであり，水素がある時点・地点で製造されて需要地まで輸送されるが，水素輸送インフラが存在しないために新たに構築しなければならない。つまり追加的なコストが発生する。また，どこかで排出されている若しくは大気中に存在するCO_2は無視されている。一方，図の右側は，水素をe-methane（図中ではe-gasと表記）に変換して利用す

---

* Yoshiaki SHIBATA　(一財)日本エネルギー経済研究所　クリーンエネルギーユニット　担任補佐，研究理事

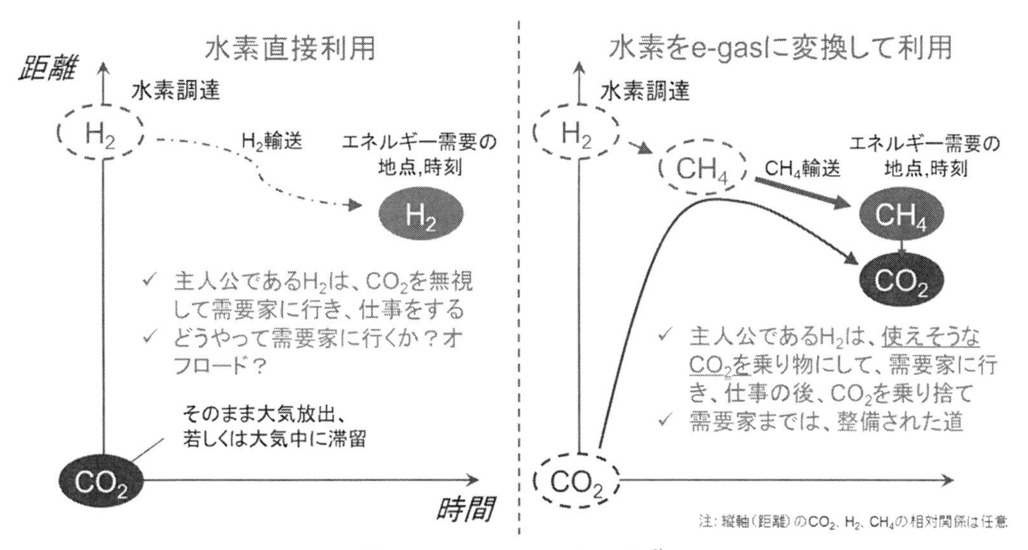

図1　e-methane のメカニズム[2)]

注：図は e-methane の場合を示しているが，e-fuel の場合もメカニズムは同じである。

るケースを示している。ある時点・地点で製造された水素は，どこかで排出若しくは存在するCO_2を利用して e-methane に変身する。e-methane は既存の都市ガスインフラを利用して需要家に送られる。つまり輸送に係るコストを抑制できる。需要家で仕事をした後は，CO_2は大気に放出される。これら二つのケースを比べると，単にCO_2の排出若しくは存在の時点・地点が異なるだけであり，両者でCO_2の量は全く同じであることが分かる。

つまり，両ケースにおいて，水素を使うことにより化石燃料を代替することでCO_2排出削減効果が得られているのであって，CO_2の挙動は無視できることが分かる。言い換えれば，e-methane は水素の変形に過ぎず，水素とほぼ同義であり，CO_2の分離回収・利用・再排出という一連のフローで構成される CCU（Carbon Capture and Utilization）によるCO_2排出削減効果は全く無い。水素と e-methane の唯一の違いは，既存インフラ（都市ガスパイプライン）や既存機器（都市ガス機器）を直接そのまま利用できるか否かという点にある。e-fuel の場合に置き換えると，既存インフラは液体燃料のサプライチェーン例えばローリーやガソリンスタンド，既存機器はガソリン・ディーゼル自動車になる。

e-fuel や e-methane は，あくまで水素の派生物（Hydrogen derivatives）である。これらの燃料を日本では“カーボンリサイクル燃料”，欧州では“RCF（Recycled Carbon Fuels）”と呼ぶことが多いが，このような表現は，CO_2をリサイクルすることでCO_2排出削減効果が得られるとの誤解を招くことから，適切ではない。特に厄介なのは，「e-fuel の製造用に化石燃料由来CO_2を利用してもいい」という主張の裏には，e-fuel は CCU によってCO_2排出を削減できるという誤った認識があることに注意が必要である。正しくは，e-fuel は水素によってCO_2排出を削減できるのである。多くのメディア，企業広告等で散見される「CO_2から燃料を作る」という表現がこのような誤解を誘発していると考えられる。CO_2からは燃料を作ることはできないのであって[1]，水素があるから燃料を作ることができ，従来の化石燃料を代替できるということを理解しなければならない。

では，何故e-fuelかというと，それは，水素を利用し易いe-fuelに変換し，化石燃料をベースとした既存のインフラや需要家機器をそのまま活用することで，経済的に水素を輸送・利用するためである。e-fuelにおけるCO_2は水素が乗る乗り物に過ぎず，水素が目的地に到着し目的を果たすと，乗り捨てられるだけである。

2.3 社会実装に求められる制度

2.3.1 “e-fuel＝水素派生物”という基本原理に基づいた制度設計の必要性

上記のe-fuelのメカニズムや機能に基づくと，e-fuelの製造から利用までの全プロセスにおいて，CO_2は回収・利用・再排出されているに過ぎなく，この一連のフローでCO_2排出量に増減はない。したがって，e-fuelによるCO_2排出削減効果は水素のみに依存している。しかしながら，e-fuelの社会実装に向けた制度設計に関する議論[3]（e-methaneに関するものであるが，本質はe-fuelの場合も同じである）では，e-fuelの利用（燃焼）時の排出CO_2の帰属・アカウンティングが焦点となっている。これが，e-fuelの根本的な課題である。つまり，表1に示すように，e-fuelのメカニズムはH_2（水素）とCCUに分解できるが，CO_2排出削減効果の寄与率はH_2が100％でCCUは0％であるにも関わらず，e-fuelの制度設計における議論の比重はほぼH_2が0％でCCUが100％となっている。このH_2とCCUの“ねじれ現象”が，社会実装に向けたe-fuelの複雑さを示している。

しかしながら，e-fuelのメカニズム，つまり，e-fuelのCO_2排出削減効果はH_2が100％でCCUは0％という事実に基づくと，e-fuel利用者つまりH_2利用者が100％ CO_2削減に貢献しており，最終的なCO_2排出の責任は元々の排出者（原排出者）にあることは自明である。もし，明らかにCO_2排出削減効果のないCCU（e-fuel製造プロセスにおけるCCU），つまりCO_2提供者（原排出者）に対してCO_2排出削減効果を付与してしまうと非常に厄介なことが起こる。例えば，

- e-fuel製造用CO_2を提供する主体にCO_2排出削減効果を与えてしまうと，そのCO_2が化石燃料由来の場合，CO_2を提供するために化石燃料を利用し続けるインセンティブとなり，CO_2排出削減努力を阻害，つまり，化石燃料のロックインを引き起こす。

表1　e-fuelの根本的な課題：H_2とCCUのねじれ現象

e-fuelのメカニズム	e-fuel ＝ H_2 ＋ CCU
e-fuelのCO_2排出削減効果	H_2：CCU ＝ 100：0
e-fuelの制度設計の議論	H_2：CCU ＝ 0：100

表2　e-methaneのCO_2排出帰属ルール策定に向けた動き

EU再エネ指令	非バイオ由来再エネ燃料RFNBO（Renewable fuels of non-biological origin），つまりe-gas/fuelの利用時のCO_2排出は条件付きで控除可能（2023年6月）
日本のSHK制度（GHG算定・報告・公表制度）	e-methaneの排出CO_2ゼロの方針（2024年度から）
ISO 6338（LNGサプライチェーンのGHG計算方法の標準）	e-methaneの排出CO_2ゼロとする算定式が収録（2024年1月）
日米のClean Energy and Energy Security Initiative（CEESI）	e-methaneのCO_2二重カウント回避のための基本合意書締結（2024年4月）

・e-fuel製造用CO_2を提供する主体にCO_2排出削減効果を与えてしまうと，そのCO_2がバイオマス由来やDAC（Direct Air Capture）由来の場合，最終的には，CO_2が再排出されるにも関わらず，CO_2を提供することによってネガティブエミッションを主張できることになってしまう。

・e-fuel輸入の場合に，e-fuel製造国でCO_2回収・利用プロセスが発生するという理屈で，CO_2排出削減効果の一部を製造国が要求すれば，輸入e-fuelの国内利用によるCO_2排出削減効果は目減りし実質コストは高くなる。

等が例として挙げられる。もっとも，e-fuelのCO_2排出削減効果がe-fuelの利用者に属さなければ，従来通り化石燃料を使い続ける方のコストが安いことから，e-fuel利用を促進することができなくなる（意味が無くなる）。

e-fuelのメカニズムや機能に基づくとCCUには如何なるCO_2排出削減効果もないので，CO_2の挙動に惑わされず，CO_2排出削減効果の全てはe-fuel利用者つまり水素利用者に帰属するという制度でなければならない。なお，近年，このような制度の構築に向けた動きがe-methaneを中心に見られる（表2）。

2.3.2　ブルー水素からのe-fuel製造が陥る自己矛盾の罠

e-fuelの名前が示す通り，e-fuel製造に必要な水素は再エネ電力由来でなければならないが，それでも，「経済性の観点からブルー水素（化石燃料＋CCS）からのe-fuelの製造も構わない」との見解も散見される。しかしながら，その行為は自己矛盾の罠に陥ることに留意が必要である。図2には，ブルー水素から合成炭化水素燃料（e-fuelやe-methane）を製造しようとすると，そもそもその行為の意味が無くなることを示している。まず，F1のサプライチェーンでは化石燃料（例えば天然ガス改質）＋CCSで製造した水素（ブルー水素）の輸送を試みるが，水素輸送には新規インフラ・技術（例えば，液化水素等）が必要でコストが高いという課題がある。この課題を克服するために，ブルー水素を合成燃料（例えばe-methane）に変換し，既存インフラ（例えばLNGサプライチェーン）が利用できるF2のサプライチェーンを選択しようと考える。ところが，既存インフラで化石燃料（LNG）が輸送できるので，わざわざ水素製造・合成燃料製

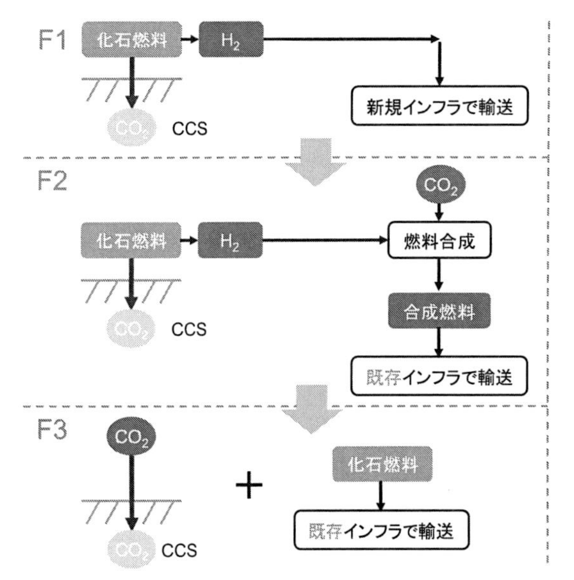

図 2　ブルー水素による e-fuel 製造における自己矛盾[4)]
注：図中の合成燃料は，e-fuel や e-methane 等の合成炭化水素燃料を指す。

造の必要もなく，化石燃料（LNG）をそのまま輸送する F3 のサプライチェーンでいいのではないか，となる。つまり，F3 では化石燃料を輸送先で利用する際に排出される CO_2 量に相当する量を，ブルー水素を製造しようとしていたサイトで CCS することを意味する。F2 と F3 を比べると，システム全体での CO_2 排出削減量は同量（両者ともに CCS による CO_2 固定量）であるが，水素製造プロセス及び合成燃料製造プロセス（CO_2 分離回収を含む）が不要な F3 の方が効率的（つまり経済的）であることが分かる。従って，F2 のようなサプライチェーンを構築する意義が全く無くなる。実は，F3 はまさしくクレジットによる CO_2 排出のオフセットの構造であり，例えばカーボンニュートラル LNG と同じことである。つまり，ブルー水素を合成炭化水素燃料に変換する行為は，それ自体を否定する行為になり，経済合理性の観点から，CCS を用いたクレジットによる化石燃料利用の CO_2 排出のオフセットに帰着する。

ブルー水素からの合成炭化水素燃料の製造は，そもそも化石燃料から人工的な炭化水素燃料を製造するという非合理的な行為であるが，その非合理性を許容したとしても，このような本来的な課題に直面する。

ただし，自然発火の可能性により国際輸送が困難な褐炭からのブルー水素の場合には，合成炭化水素燃料に変換することには一定の合理性が認められる可能性はある。また，水素製造国でブルー水素とグリーン水素がブレンドされる場合には，そのブレンド水素からの合成炭化水素燃料の製造を完全に否定することはできない。

2.4　将来のエネルギーシステムや産業構造を踏まえた議論

上記で整理したように，e-fuelはe-methaneと共に，CO_2分離回収・利用することが目的ではなく，既存の化石燃料をベースとした現在のエネルギーシステム（輸入，燃料輸送・配送ネットワーク，需要側機器等）を座礁資産化させることなく有効活用しつつ，水素を輸送・利用するための方策である。また，より広い意味では，既存の産業構造を維持する目的もある。

e-methaneは，現在の都市ガスネットワークへの水素混合，水素100％への変換が技術的に困難であり，また，都市ガスネットワークに接続された需要家側の対応にも大きな障壁があること等の背景があり，都市ガス供給事業者が選択している。特に，集合住宅はスペース制約で電化が困難，建物内配管を水素配管に変更するには建物の大規模な改修工事が必要等の理由で，e-methaneという脱炭素化に向けたオプションが現実的な解との見方もできる。建築物は，新しいエネルギーインフラと整合させるための建替や改築が容易ではない，つまり慣性が非常に大きい。

e-fuelについては，今後，脱炭素化に向けて道路交通において過度な電気自動車へのシフトは，自動車産業での中国企業のシェア拡大，蓄電池に必要なリチウム等の重要鉱物のサプライチェーンにおける中国リスクの顕在化等を引き起こす懸念があり，現在の日本の自動車産業やサプライチェーンを守るためにe-fuelを推進しようとする背景も見られる。

e-fuelやe-methane推進にはこれらの背景があるものの，どのような既存インフラも建築物も未来永劫は続かず，いつかは更新時期を迎える。また，もし世界が電気自動車拡大に進むのであれば，世界の自動車市場において内燃機関自動車販売台数は減少し，輸出や国外販売での収益は減少することから，現在の国内の自動車産業の規模を内燃機関自動車のみで守ることはできない。

脱炭素化に向けて，e-fuelやe-methaneが最善の方策かどうかは，今のところ分からない。しかしながら，既存産業を保護するのか，それとも新たな産業，例えば，再エネ，水電解，重要鉱物のリサイクル・静脈産業等を促進することで変革するのかという視点も踏まえて，将来の日本にとって望ましいエネルギーシステムや産業構造を描きつつ，そこに向かってどう進んでいくかの議論が必要である。

2.5　おわりに

脱炭素化に向けて電力か水素かe-fuelかという問いに対する答えは一つではない。CO_2削減コストだけでなく，既存インフラの活用やエネルギー利用技術に関連する産業の保護という観点からもe-fuelを見る必要がある。

ただし，それらの観点からe-fuelを選択したとしても，常に本質論を意識する必要がある。まず，e-fuelの意義は，化石燃料をベースとした既存インフラやエネルギー利用技術を座礁資産化させることなく経済合理的に水素を輸送・利用することにあり，決してCO_2を回収・利用することではない。e-fuelは水素キャリアであり，あくまで水素直接利用の次善策である。e-fuel

という手段を目的化してはいけない。

また，e-fuelは再エネ電力からの人工的な化石燃料の製造であり，既存インフラを活用できる間は輸送・利用は安価であるが，入り口の製造は水素よりも必ず高コストになる。更には，バイオ燃料との競合も避けられない。e-fuelを始めたとしても，CO_2が必ず必要となるe-fuel，言い換えれば，これまでの化石燃料をベースとしたインフラや技術にいつまで依存し続けるのかということを，考え続けることが求められる。e-fuelに依存することが目的になってはいけない。大事なことは，効率的な脱炭素化と，それに伴って日本の経済に貢献する産業構造の改革である。CO_2依存になってしまえば水素をそのまま利用するという“simple is best”を忘れてしまう，ということを忘れてはいけない。

文　　献

1) 柴田善朗，“CO_2から燃料を作ることはできない～水素・CCUに求められる正しい分類学～”，日本エネルギー経済研究所（2022）
2) 柴田善朗，“合成燃料の利用拡大に向けて求められる視点”，化学工学会第87年会，CCSU研究会シンポジウム，2022年3月18日
3) 経済産業省，メタネーション推進官民協議会
4) 柴田善朗，“新燃料の意義と課題―水素の多様な利用形態―”，エネルギー・資源学会「2050年に向けた日本のエネルギー需給」研究委員会，2020年度第2回シンポジウム（第10回ESIシンポジウム），2021年2月4日

第2章　e-メタノールの動向

1　CO_2を原料としたメタノール製造技術の最前線

澤村健一*

1.1　はじめに

メタノール合成では，従来の化石資源由来の原料ではCOと水素の混合ガスである合成ガスを経由した合成（式1）がメインであったが，CO_2を原料とする場合，式2～3を考慮する必要がある。

$$CO + 2H_2 \Leftrightarrow MeOH\ (メタノール：CH_3OH) \quad (1)$$

$$CO_2 + H_2 \Leftrightarrow CO + H_2O \quad (2)$$

$$CO_2 + 3H_2 \Leftrightarrow MeOH + H_2O \quad (3)$$

一般的なメタノール合成条件（230～260℃，5 MPa）においては特に上記（式3）が熱力学的平衡の制約を受け，CO_2の平衡転化率は2割弱ほどしかない。反応分離場において原料であるCO_2（分子サイズ：0.33 nm）とH_2（分子サイズ：0.29 nm）を膜透過させずに，生成物であるメタノール（分子サイズ：0.38 nm）や水蒸気（分子サイズ：0.30 nm）を選択的に膜透過分離させることができれば，平衡のシフトにより単流収率の向上が期待できる。

このような触媒反応と膜分離を一体化したメンブレンリアクターのコンセプトはメタノール合成系においては1996年から各種論文発表されていたが，近年のカーボンニュートラル化需要の高まりとともに，その技術の早期実用化がますます期待されている。

本節では，まずメタノール合成系における分離膜・メンブレンリアクターの開発動向を概説する。その後プロセスシミュレーションも活用してメンブレンリアクターの可能性と今後の展望について考察する。

1.2　メタノール合成用分離膜の開発動向

メタノール合成へのメンブレンリアクター（「膜反応器」とも呼ばれる）の有用性については，これまでいくつかの文献[1~6]にて報告されているものの，検討範囲が限定的であった。その主た

＊　Ken-ichi SAWAMURA　イーセップ㈱　代表取締役社長

表1　メタノール合成系における分離膜・メンブレンリアクターの開発動向

研究例No.	発表時期	引用元/グループ	文献番号	分離膜種	試験・検討結果要点
1	1996-2001	Struis ほか／パウル・シェラー研究所（スイス）	1,2)	Li-Nafion膜	205℃以下の条件でしか適用困難（耐熱性に課題）
2	2004	Chen ほか／中国科学院大連化学物理研究所（中国）	4)	シリコンラバー複合膜	メタノール合成条件下で分離選択性1～3
3	2004	Gaullucci ほか/カラブリア大学（イタリア）	5)	A型ゼオライト膜	200℃以上の加熱で膜欠陥発生
4	2007	佐藤ほか/物産ナノテク研究所・早稲田大学	7)	Y型ゼオライト膜	5 MPa, 180℃までなら性能発揮
5	2008	澤村ほか/早稲田大学	8,9)	Na固定-緻密なモルデナイト型ゼオライト膜	200-250℃でH_2から水蒸気の選択的透過を実現
6	2008-2009	澤村ほか/早稲田大学	10,11)	Na固定-緻密なZSM-5型ゼオライト膜	200-300℃の高温条件でもH_2からメタノールと水の選択的透過を実現
7	2018	廣田ほか/大阪大学	12)	イオン液体複合膜	200℃において分離選択性10-74
8	2020	Li ほか/トロイ大学（米国）・浙江工業大学（中国）など	13)	Na固定-緻密なA型ゼオライト膜	メタノール合成系においてメタノール収率10%程度（膜なし）→40%程度（膜あり）まで大幅向上
9	2021-	RITE・JFEスチール	14)	Si-rich LTA型ゼオライト膜	NEDO事業による「CO_2を用いたメタノール合成における最適システム開発」を推進中
10	2022-	三菱ケミカル・三菱瓦斯化学	15)	ゼオライト膜	NEDO事業による「メタノール膜型反応分離プロセスの開発」を推進中
11	2022-	イーセップ・三井金属・やまびこ	16)	Na固定-緻密なZSM-5型ゼオライト膜	メタノール合成系においてメタノール収率20%未満（膜なし）→75%以上（膜あり）まで大幅向上

る原因は後述するように既往の分離膜では耐熱性・分離性能が決定的に欠けており，メタノール合成系で所望の性能を実際に得ることができなかったため，開発がなかなか進展しなかった。ただし世界的なカーボンニュートラル化需要の高まりとともに当該技術開発も活発化し，2020年以降では非常に有望な結果も報告され出してきている。

メタノール合成へのメンブレンリアクター適用を意識した主要な研究例を，表1に時系列にまとめた。以下時系列に開発動向を説明する。

【研究例1：1996-2001年発表】

パウル・シェラー研究所（スイス）のStruis[1,2]らは，各種イオン交換Nafion膜（DuPont製）を検討し，200℃において水素に対するメタノール分離選択性はK型（0.5），H型（5.2），Li型（5.6）とLi型が優れることを見出した。得られたLi型Nafion膜をメタノール合成の膜反応器として実際に適用した。ただし通常のメタノール合成の反応温度は230～260℃であるのに対し，当該分離膜の耐熱性が205℃までであったため膜反応器の効果は限定的であった。そのため用いる分離膜の耐熱性の向上（200～300℃）の必要性が示唆された。

【研究例2：2004年発表】

中国科学院大連化学物理研究所（中国）のChenらは，シリコンゴム-セラミック複合膜を用いてCO_2からのメタノール合成膜反応器構築を試みた。ただし用いた分離膜の分離性能が乏しかったため（分離性能1～3）に得られた効果は限定的だったようである。

【研究例3：2004年発表】

カラブリア大学（イタリア）のGallucciらは，A型ゼオライト膜を用いてメタノール膜反応器を構築し，その効果を検証した。ただその効果は極めて限定的であり，用いたA型ゼオライト膜の分離性能が高温条件では非常に乏しかったのではないかと推測される。

【研究例4：2007年発表】

㈱物産ナノテク研究所の佐藤（＊現在当該ゼオライト膜開発部隊は三菱ケミカルに買収されている）および早稲田大学のグループは，メタノール合成系への応用を試行し，溶剤の脱水膜としても開発が進められていたY型ゼオライト膜の高温ガス分離特性を検討した。その結果，5 MPa，180℃の条件において，水素から水蒸気及びメタノールのみを高選択的に透過分離できることを示した。ただし，200℃以上の高温域では分離性能は大きく低下したのが実情である。

【研究例5：2008年発表】

上記先行研究の課題を踏まえ，早稲田大学の澤村（現在イーセップ㈱）らは，科学研究費補助金（2007～2009年度）の支援によりミクロ多孔膜（ゼオライト膜）を用いたメンブレンリアクターの開発を行った。メタノール合成系に適用可能な分離膜として，既往のA型ゼオライトやY型ゼオライトよりも耐久性に優れるモルデナイト型ゼオライトを選定し，その膜開発を行った。

ここで，ゼオライト膜の透過分離性能の支配因子としては，ゼオライト固有の物理化学的特性に加えて，その膜構造が重要な要素となる。分子篩作用および吸着特性などゼオライト固有の物理化学的特性は，用いるゼオライトの細孔構造，ゼオライト骨格中のSiO_2/Al_2O_3比（＊Si/Al比

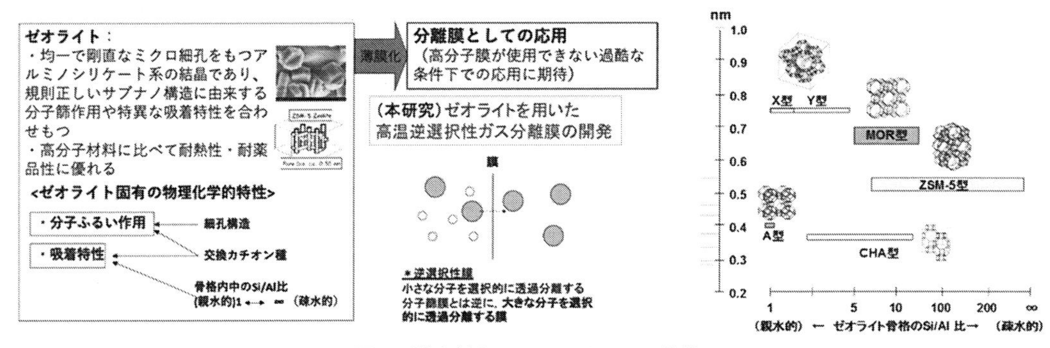

図1　膜素材としてのゼオライト特性

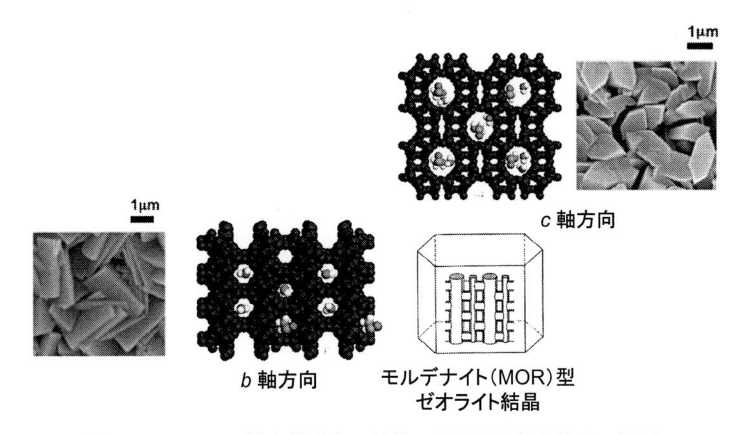

図2　ゼオライト膜を構成する結晶の配向性と膜細孔径の関係

で標記される場合も多い)，および交換カチオン種が支配的因子となる（図1，2）。ここではゼオライトを膜素材として着目し，小さな分子である H_2（0.29 nm）は透過させずに，より大きな分子であるメタノール（0.38 nm）や水（0.30 nm）を選択的に膜透過させる，逆選択性ガス分離膜の設計・開発を行った。

またゼオライト膜は一般に多結晶構造であるため，結晶粒界の空隙の大きさ（細孔分布），膜厚，結晶の配向性などの膜構造も，膜透過分離性能に大きな影響を与える。ゼオライト結晶粒界に空隙がなければ，ゼオライト固有の物理化学的特性に由来する透過分離性能が発現する。しかし結晶粒界に大きな空隙があれば，ゼオライト結晶間の空隙から漏れ出てしまうため，分離性能が発現しにくい。そのためゼオライト膜の製造では，いかにゼオライト結晶の空隙を少なくするかが重要となる。

膜厚に関しては，薄膜化するほど膜透過性が向上する。膜透過性が不十分であれば，必要膜面積が大きくなり分離膜コストが増大する。分離膜の実用化には，薄膜化による膜透過性の向上が極めて重要となる。ただしゼオライトの自立膜では薄膜化により強度を保てなくなることから，薄膜化しても十分な機械的強度を保つため，一般的には α-アルミナなどの多孔質支持体上にゼオライトを製膜する場合が多い。

結晶の配向性に関しては，用いるゼオライト種によっては，分離膜とした際に，膜入口の細孔径が変わってくる場合がある。例えばモルデナイト（MOR）型ゼオライトの場合，c軸方向は12員環（0.70×0.65 nm）の貫通孔が存在するが，b軸方向の8員環細孔はかなり歪んでいる（0.57×0.26 nm）。例えば水（0.30 nm）とメタノール（0.38 nm）の分離試験では，c軸配向のMOR型ゼオライト膜では若干のメタノールの透過が確認されたのに対し，b軸配向のMOR型ゼオライト膜ではメタノールはほとんど透過させず，水のみを選択的に透過分離させることが，後の研究にて確認されている。

以上を踏まえ，当該開発では特にゼオライトの結晶成長過程を明らかにして結晶成長を合理的に制御し，多孔質α-アルミナ支持体上に緻密なゼオライト多結晶薄膜を合成する方法を提案した。開発したモルデナイト膜は水・メタノール・水素の混合ガスから，200～250℃の高温域において水蒸気のみを高選択的に透過分離する性能を発揮した。ただし開発したモルデナイト型ゼオライト膜は他のA型膜と同様に200～250℃の領域で乾燥するとクラック（膜欠陥）が発生することがあり，メタノール合成系（230～260℃）での適用に不安が残った。

【研究例6：2008-2009年発表】

上記モルデナイト型ゼオライト膜での結果を踏まえ，早稲田大学の澤村（現在イーセップ㈱）らはZSM-5型ゼオライトを膜材料に取り上げ，ゼオライトミクロ細孔内のNa^+に対する水やメタノールの強い吸着を利用し，比較的高温でも機能する新規な脱水，脱メタノール膜を世界で初めて開発した（図3）。

水およびメタノール膜透過係数10^{-7} mol/(m^2 s Pa）以上，選択性100程度と，当初の開発目的を達成し，開発したゼオライト膜は200℃を越える高温域でも小分子である水素は透過させずに，水素よりも分子径の大きな水やメタノールを高選択的に透過分離できた（図4）。

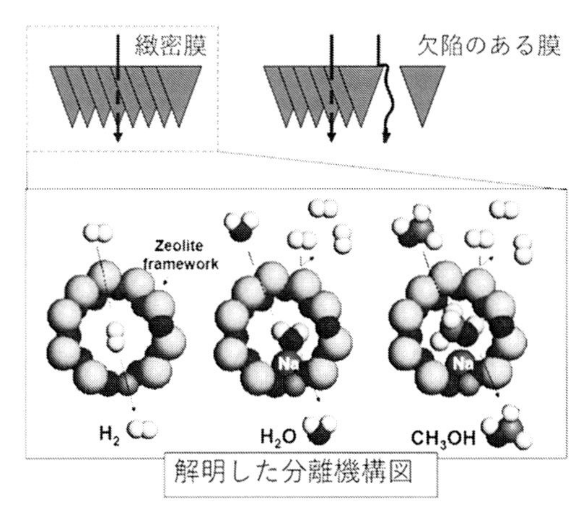

図3　新規ゼオライト膜による水，メタノール（CH_3OH），水素の高温分離概念図

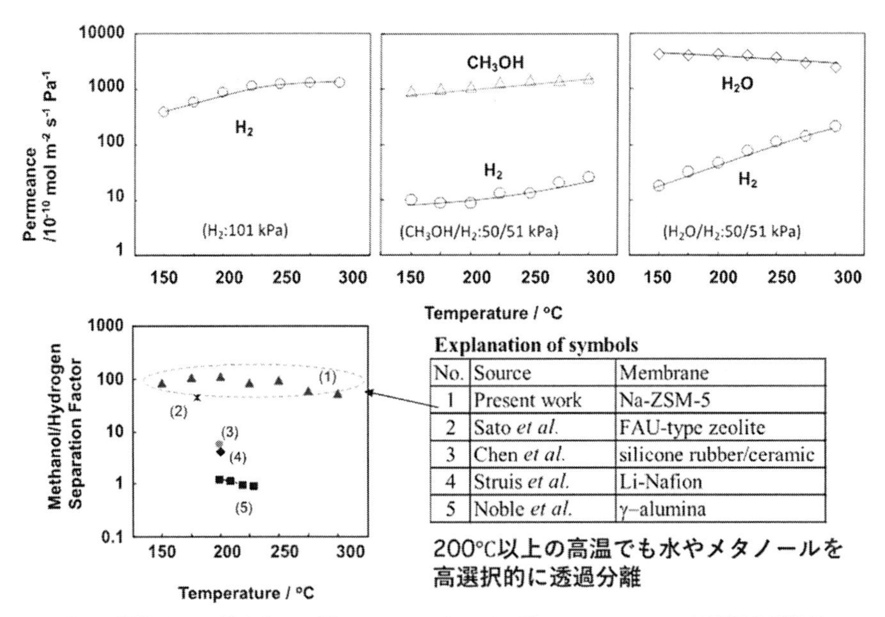

図４　開発された緻密な Na 型 ZSM-5 ゼオライト膜のメタノール・水透過分離特性

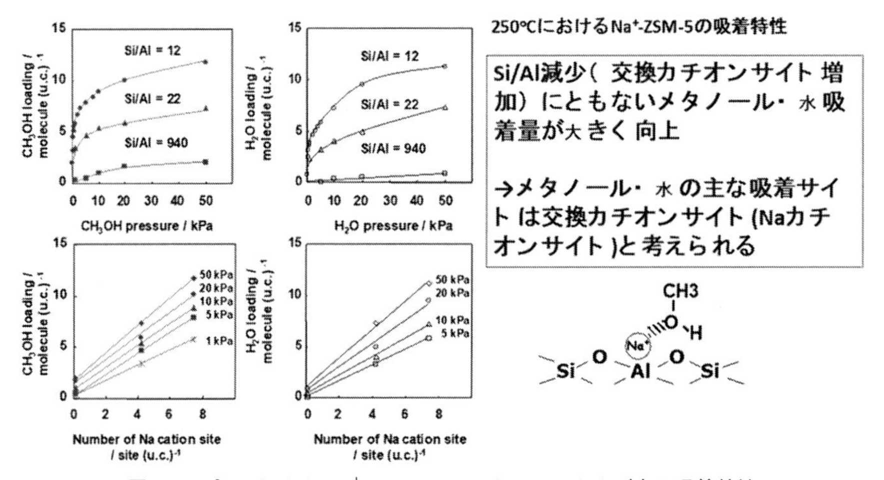

図５　250℃における Na^+–ZSM-5 のメタノールおよび水の吸着特性

このように高温で高いメタノール・水選択的分離性能が発現した原因としては，ゼオライト膜細孔内に配列・固定化させた Na^+ カチオンのメタノールおよび水に対する強い吸着性が貢献している。例えば250℃のような高温条件でのメタノールおよび水の吸着サイトは実質的に Na カチオンサイトのみである（図５）。

またモルデナイト膜と異なり 300℃で乾燥させてもクラック（膜欠陥）が発生することはなくなり，格段に取り扱いが容易になり，実用性が大きく向上した。大学としての基礎開発・メカニズム解明までは完了し，当該分離膜合成の再現性向上，スケールアップ（ラボスケール：3 cm（短尺）から実用レベル（長尺）：40 cm 以上），および当該分離膜の更なる高性能化など実用化に向けた取組みについては，日本国内膜メーカーの仕事として委ねられている。当該 Na 型の ZSM-5 型ゼオライト膜については特に特許権等は設定していないため，自由に活用可能である。ただしその製造に関するノウハウは開示していないため，実際に高い膜透過分離性能を発揮する分離膜を製造できるのは，一部の技術者に限られる。

【研究例 7：2018 年発表】

大阪大学の廣田ら（現在は名古屋工業大学に異動）は，ナノ多孔質基材にイオン液体構造を固定した新規イオン液体複合膜を開発した。メタノール合成系における適用可能性を検討した結果，200℃において分離選択性は 10～74 と，先述の ZSM-5 型ゼオライト膜性能までには及ばないものの，今後期待できるポテンシャルを示した。ただし当該分離膜についてはまだ大阪大学-イーセップ社での共同特許化までしか進んでおらず，実用化に向けた最適化・改良開発はこれからの状況である。

【研究例 8：2020 年発表】

Li らは A 型ゼオライト膜による原料ガス（CO_2, H_2）と水蒸気の分離により，メタノール合成系において CO_2 転化率は 20%→60%程度，メタノール収率では 10%→40%程度までの大幅向上出来ることを実証した。メタノール合成系でのメンブレンリアクターでは，初期のコンセプト提案[1,2]からその有用性が実証されるまでに 20 年以上を要したことになるが，理論だけでなく実験的にその有効性を示した意義は大きい。

【研究例 9：2021 年発表】

公益財団法人地球環境産業技術研究機構（RITE）と JFE スチール㈱は，国立研究開発法人新エネルギー・産業技術総合開発機構（NEDO）委託事業により，CO_2 を用いたメタノール合成における最適システム開発（事業期間：2021 年 10 月 8 日～2026 年 3 月 31 日）を推進すると発表されている。高い水熱安定性と透過分離性能を兼ね備える脱水膜（Si-rich LTA 膜）の開発に成功し，その新規脱水膜をメタノール合成へ適用することが発表されている。

【研究例 10：2022 年発表】

三菱ケミカル㈱と三菱瓦斯化学㈱は，NEDO から公募された「グリーンイノベーション基金事業／CO_2 等を用いたプラスチック原料製造技術開発」の研究開発項目 4「アルコール類からの化学品製造技術の開発」に対して，メタノール膜型反応分離プロセスの開発を提案している。事業期間は 2021 年度～2028 年度で計画され，メタノールを選択的に透過分離するゼオライト膜を導入して転化率の大幅な向上を目指すことが公表されている。

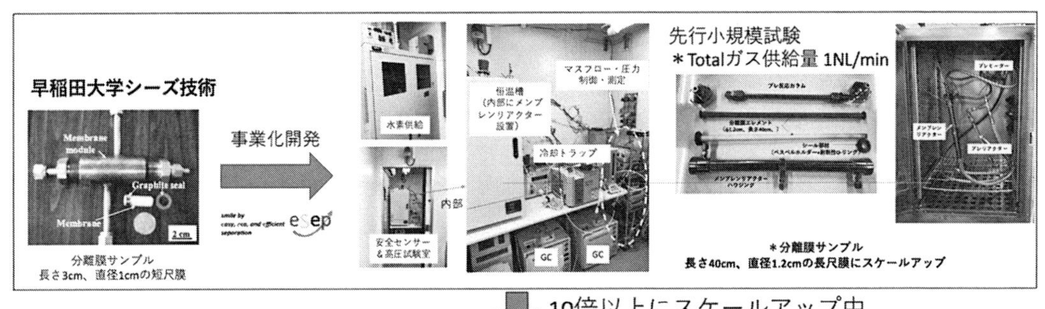

図6　イーセップ社におけるメンブレンリアクター開発例

【研究例 11：2022 年発表】

世界的なカーボンニュートラル化需要の高まりによるメタノール合成へ適用できる分離膜ニーズの高まりを受け，澤村ら（イーセップ）は早稲田大学のシーズ技術（先述の研究例 6）であるZSM-5 型ゼオライト膜の事業化開発に着手した。当該技術の事業化を加速するため触媒技術を有する三井金属鉱業㈱，ユーザー候補企業として㈱やまびこと連携し，小規模試験（供給ガス流量 1NL/min, $H_2/CO_2 = 3$, 5 MPa, 250℃）とは言え，実験的に単流メタノール収率は 75%以上まで向上できることを確認している[16]。後述する膜プロセス解析では今後膜透過分離性能を更に向上させることで，メタノール単流収率は 90%以上にまで向上可能であるとの知見[17]を得ていることから，当該分離膜について更なる改良を行っている。合わせて図 6 に示すようなスケールアップ・実証設備の構築をけいはんなオープンイノベーションセンター内で進めており，産官学連携のオープンイノベーション体制にて当該技術の実証を加速させている。

一旦メタノールまで高効率に合成することができれば，ガソリン（e-fuel）などへの転換は既存技術が適用できる。また後述するようにメタノールを水素キャリアとしてそのまま利用することも想定している。

1.3　メンブレンリアクターの可能性と今後の展望

本格的な事業化を見据えると，理想を言えば CO_2 転化率及びメタノール収率で 90%以上の性能を目指したい。そこで，どのような透過分離性能を発揮する分離膜が最適であるのかを検討するため，著者らは各種メンブレンリアクター用のプロセスシミュレーターの構築も行っている[18]。当該シミュレーターでは，対象分離工程を1万～100億個に分割し，各分割セルにおける反応量及び膜透過量を逐次計算により算出している。解析前提条件としては，解析処理の迅速化・簡略化のため，ここでは流れ方向に対して等温・等圧条件における解析例を紹介する。実プロセスでは必ずしも等温・等圧を維持できる訳ではなく本解析結果は理想的な条件における計算値であるが，開発の方向性を決めるための初期検討としては，非常に有用であると考えている。

一般的なメタノール合成条件（250℃，5 MPa）において，①分離膜なし（従来方式），②水選択透過膜方式，③メタノール（MeOH）・水透過方式の3種を比較した結果を図7にまとめた。

膜分離のない従来型のリアクターでは，CO_2転化率は24.5%，MeOH選択率は65.3%，MeOH収率は16.0%と計算された。次に，CO_2反応系から生成物である水のみを膜透過・分離した場合，生成した水を98%除去した場合において，CO_2転化率は71.8%，MeOH収率は42.3%まで向上したが，逆にMeOH選択率は59.0%に低下した。これは，水除去により（式3）のMeOH生成反応が促進されるものの，（式2）によりCOの生成反応も促進されたため，MeOH選択率が低下したと判断される。一方で，CO_2反応系から生成物であるMeOHと水の両方を膜透過・分離した場合，生成したMeOH及び水を99.9%除去すると，CO_2転化率は95.0%，MeOH選択率は99.3%，MeOH収率は94.3%までに大幅向上する解析結果を得た。

以上より，メタノール合成系において高いメタノール収率を得るためには，CO_2反応系から生

方式比較	CO2転換率[%]	MeOH選択率[%]	副生CO選択率[%]	MeOH収率[%]	MeOH膜除去率[%]	H2O膜除去率[%]	膜透過側状態
①分離膜なし（従来方式）	24.5	65.3	34.7	16.0	0	0	-
②-1 水選択透過膜（他グループ新規方式）	71.8	59.0	41.0	42.3	6.63	98.2	減圧（10kPaA）
②-2 水選択透過膜（他グループ新規方式）	53.1	62.5	37.5	33.2	6.18	91.9	常圧
③ MeOH・水透過膜（本提案技術）	**95.0**	**99.3**	**0.7**	**94.3**	**99.9**	**99.9**	**常圧**

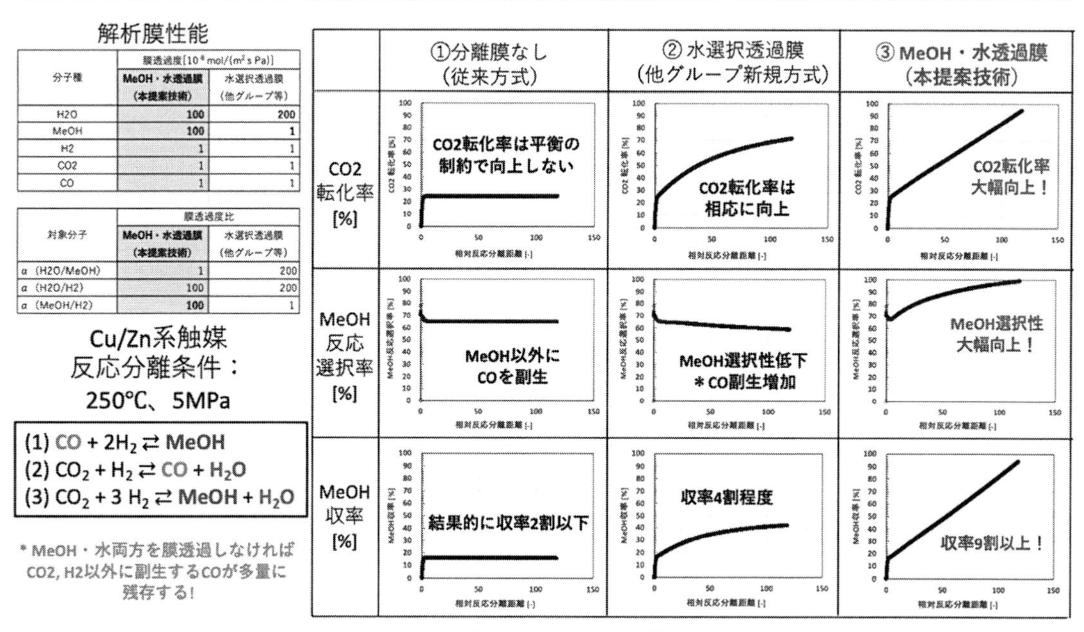

図7　メンブレンリアクターの効果比較

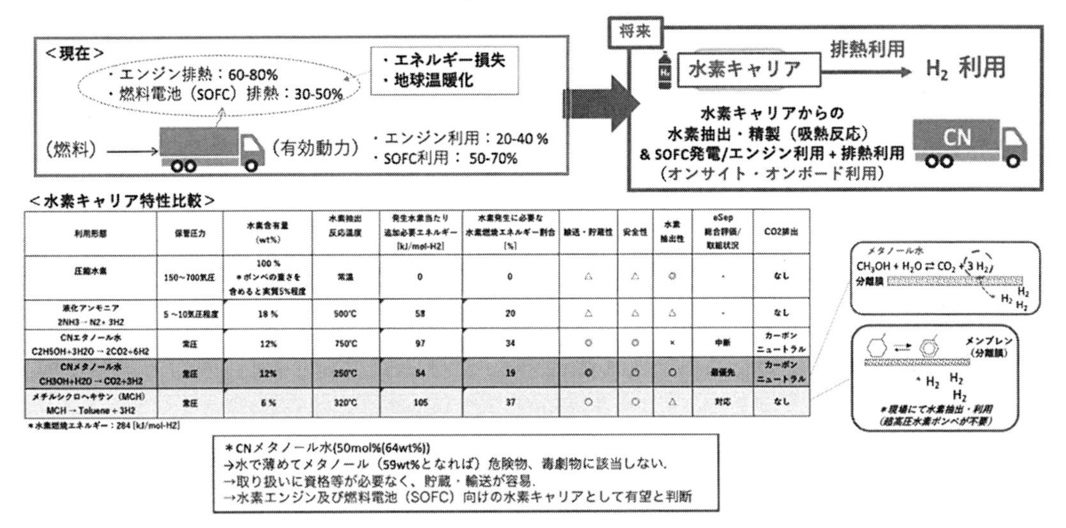

利用形態	保管圧力	水素含有量 (wt%)	水素抽出反応温度	発生水素当たり追加必要エネルギー [kJ/mol-H2]	水素発生に必要な水素燃焼エネルギー割合 [%]	輸送・貯蔵性	安全性	水素抽出性	eSep 総合評価/取組状況	CO2排出
圧縮水素	150~700気圧	100 % ＊ボンベの重さを含めると実質5%程度	常温	0	0	△	△	◎	-	なし
液化アンモニア 2NH3 → N2 + 3H2	5 ~10気圧程度	18 %	500℃	58	20	△	△	△	-	なし
CNエタノール水 C2H5OH+3H2O → 2CO2+6H2	常圧	12%	750℃	97	34	◎	◎	×	中断	カーボンニュートラル
CNメタノール水 CH3OH+H2O → CO2+3H2	常圧	12%	250℃	54	19	◎	○	○	最優先	カーボンニュートラル
メチルシクロヘキサン（MCH） MCH → Toluene + 3H2	常圧	6 %	320℃	105	37	○	○	△	対応	なし

＊水素燃焼エネルギー：284 [kJ/mol-H2]

＊CNメタノール水(50mol%(64wt%))
→水で薄めてメタノール（59wt%となれば）危険物、毒劇物に該当しない.
→取り扱いに資格等が必要なく、貯蔵・輸送が容易.
→水素エンジン及び燃料電池（SOFC）向けの水素キャリアとして有望と判断

図８　回収したメタノール水の水素キャリアとしてのポテンシャル

成物であるMeOHと水の両方を膜透過・分離できる分離膜の方が適していると判断される。

尚，MeOH・水透過膜で膜透過側に回収される液組成はおよそ $MeOH/H_2O$ = 50/50 mol% = 64/36 wt% 程度であるが，含有水分量を調整してメタノール濃度 60 wt% 未満では危険物に該当しなくなるため，輸送・貯蔵が容易となる。メタノール濃度 59 wt% のメタノール水溶液を水素キャリアとして考えれば，水素含有量換算で 11 wt% の水素を含有しており（メタノール濃度 64 wt% で水素含有量換算で 12 wt%），他の水素キャリアとして液化アンモニア（水素含有量換算で 18 wt%）ほど水素含有量は高くないものの，メチルシクロヘキサン（水素含有量換算で 6 wt%）よりも水素含有量は高い。水素抽出（$MeOH + H_2O \rightarrow CO_2 + 3H_2$）に必要なエネルギーは水素燃焼エネルギーの約２割ほどで，250℃程度の温度で可能である。水素抽出には液化アンモニアの場合は500℃，メチルシクロヘキサンの場合で320℃ほどの高温が必要であるのと比べると，メタノール水は比較的低温で水素抽出が可能である。そのため例えば水素エンジンや固体酸化物型の燃料電池（SOFC）の排熱量の半分程度の熱量が回収できればメタノール水からオンサイト・オンボードでの水素抽出が期待出来る。原料となる CO_2 および H_2 が再エネ由来であれば，カーボンニュートラル（CN）な燃料として，従来のガソリンエンジン車やEVに代わる第三の車両用燃料として利用できないか検討を進めている（図８）。

文　　献

1) R. P. W. J. Struis, S. Stucki, *J. Membr. Sci.*, **113**, 93-100 (1996)
2) R. P. W. J. Struis, S. Stucki, M. Wiedorn, *Appl. Catal. A Gen.*, **216**, 117-129 (2001)
3) G. Barbieri, G. Marigliano, G. Golemme, E. Drioli, *Chem. Eng. J.*, **85**, 53-59 (2002)
4) G. Chen, Q. Yuan, *Sep. Purif. Technol.*, **34**, 227-237 (2004)
5) F. Gaullucci, L. Paturzo, A. Basile, *Chem.Eng. Proc.*, **43**, 1029-1036 (2004)
6) F. Gaullucci, A. Basile, *International J. Hydrogen Energy*, **32**, 5050-5058 (2007)
7) K. Sato, K. Sugimoto, Y. Sekine, M. Takada, M. Matsukata, T. Nakane, *Micropor. Mesopor. Mater.*, **101**, 312-318 (2007)
8) K. Sawamura, T. Shirai, M. Takada, Y. Sekine, E. Kikuchi, M. Matsukata, *Catal. Today*, **132**, 182-187 (2008)
9) K. Sawamura, T. Shirai, T. Ohsuna, T. Hagino, M. Takada, Y. Sekine, E. Kikuchi, M. Matsukata, *J. Chem. Eng. Jpn.*, **41**, 870-877 (2008)
10) 澤村健一，学位論文（早稲田大学）「モルデナイトおよびZSM-5型ゼオライト膜による水・メタノール・水素の気相分離」(2008)
11) K. Sawamura, T. Izumi, K. Kawasaki, S. Daikohara, T. Ohsuna, M. Takada, Y. Sekine, E. Kikuchi, M. Matsukata, *Chem. Asian J.*, **4**, 1070-1077 (2009)
12) Y. Hirota *et al.*, *J. Membr. Sci.*, **563**, 345-350 (2018)
13) H. Li *et al.*, *Science*, **367**, 667-671 (2020)
14) https://www.rite.or.jp/chemical/project/2023/07/post_11.html
15) https://www.mcgc.com/news_mcc/2022/1213332_9302.html
16) https://www.meti.go.jp/shingikai/energy_environment/e_fuel/shoyoka_wg/pdf/001_06_00.pdf
17) 澤村健一，車載テクノロジー，**10**(7), 63 (2023)
18) 国際公開番号：WO 2023/153147 A1，発明の名称：膜反応器の開発支援方法、及び、開発支援プログラム

2　再生可能エネルギー由来の水素と CO_2 からのメタノール製造

岡﨑あづさ*

2.1　はじめに

CO_2 の回収・利用・貯蔵は，2050年に向けたカーボンニュートラルの目標達成に不可欠な技術として，重要視されている。メタノールは，これまで天然ガスや石炭等の化石資源を原料として製造され，化学製品や燃料など多岐に渡る用途で利用されてきた。しかし，カーボンリサイクルの新たな波として，再生可能エネルギー由来の水素と，回収した CO_2 を組み合わせてメタノールを生成する方法が注目されている。このプロセスにより生産されるメタノールは，従来のメタノール製法と比較して，炭素強度が低く，環境にやさしい燃料として評価されており，海運業界での採用が進んでいる。更に，MTG（Methanol To Gasoline）やMTJ（Methanol To Jet）技術との組み合わせにより，ガソリンやジェット燃料，更には化学品原料へと市場を拡大することも可能である。本稿では，メタノールの合成技術を中心に，再生可能エネルギーを活用する場合の課題について述べる。

2.2　メタノールの需要と日本における位置づけ

2.2.1　メタノールの需要

2022年のデータによると，メタノールは世界で年間9200万tが生産されており[1)]，その大部分である70%が化学品原料として，残りの30%が燃料として利用されている。これまでメタノールは天然ガスなどの化石資源から合成されてきたが，環境への配慮から，バイオメタノールや再生可能エネルギー（再エネ）由来の水素と CO_2 から合成したメタノール（CO_2 メタノール）のような低炭素メタノールが注目されている（図1）。

これらの低炭素メタノールは，従来のメタノールと品質が同等でありながら，製造過程でのカーボンフットプリントを大幅に削減することが可能である。特に CO_2 の排出量削減が急がれる燃料分野では，低炭素メタノールを船舶や自動車の燃料として直接使用することができる。また，MTGやMTJプロセスを通じて，既存のインフラや機器を改修せずに，自動車燃料や航空燃料として利用が可能である。さらに，化学品分野では，中国で行われている石炭由来のメタノールを原料としたMTO（Methanol To Olefine）プロセスを，低炭素メタノールを原料としたプロセスに変更することで，CO_2 排出量の削減に寄与することが期待される。

このような背景を踏まえると，メタノールの需要は，従来の用途に加え，燃料としての更なる需要拡大が見込まれている。2050年には2020年の5倍に当たる5億tの需要があると推計されており（図2），特に低炭素メタノールの需要増加が期待されている。

＊　Azusa OKAZAKI　東洋エンジニアリング㈱　次世代技術開拓部　プログラムリーダー

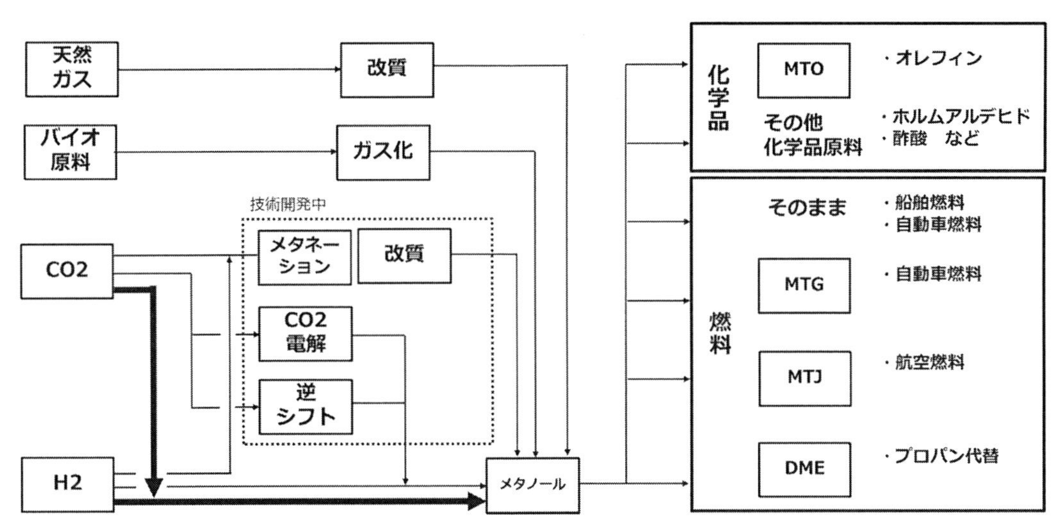

図１　メタノールの製造ルートと下流製品への展開

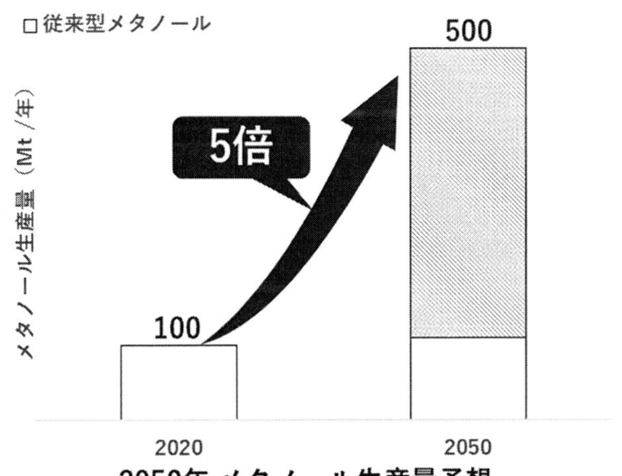

*1) バイオメタノール および e-メタノール(再生可能エネルギー由来の水素とバイオマスやDACなどをソースとするCO2から合成したメタノール)

図２　2050年メタノール生産量の予想[2)]

燃料としての用途別では，船舶燃料，MTJを介した航空燃料（SAF），MTGを介した自動車燃料，DMEプロセスを介したプロパン代替としての活用が期待され，メタノールを基盤とした合成燃料（e-Fuel）の製造が注目されている。特に船舶燃料に関しては，メタノール二元燃料船が既に実用化され，運航実績もあることが大きな利点である。国際海事機関IMO（International Maritime Organization）は，国際海運による温室効果ガス（GHG）排出を削減するための戦略を策定しており，2050年までにGHG排出をネットゼロにすることを目標としている。具体的な規制や課金等のルールが制定されるのは，2027年以降の中期対策導入後と見られている。それに先立ち，EUでは，EU-ETSが2024年の7月から海運業界にも適用され，排出量の取引制度が開始される。さらに，2025年には低炭素燃料への移行を促進するためFuelEU Maritimeが導入される予定である。海運大手のA. P. Moller-Maerskをはじめとする企業では，メタノール二元燃料船の発注が増加しており，2024年以降には年間30～80隻近い船の竣工が見込まれている[3)]。

2.2.2 日本における位置づけ

経済産業省は2023年6月23日に，カーボンリサイクルロードマップの改訂版を発表した。この中で，メタノールは化学品や燃料としての展開可能性が高いことから，基幹物質と位置づけられている。また，2023年2月にはGX実現に向けた基本方針が閣議決定され，合成燃料の利用促進に関する今後のロードマップも発表された。さらに，合成燃料（e-Fuel）の商用化に向けたロードマップの改定によると，2030～2034年にかけてe-Fuelの商用化，2035～2039年にかけて生産量の拡大を目指すとされている[4)]。特にメタノールは，船舶用燃料として既に実用化されており，将来的には他燃料原料への市場シフトも可能であるため，CO_2メタノールは，比較的早期の社会実装に期待が見込める。日本では，CO_2の有効活用と既存インフラの活用を通じて，カーボンニュートラル社会への移行が期待されており，合成燃料がその鍵となると見られている。

2.3 再エネ水素とCO_2からのメタノールの合成方法

多くのライセンサーは，従来から天然ガスや石炭などの化石資源を用いたメタノール合成技術に注力してきたが，近年ではCO_2を利用したメタノールの合成技術への取り組みも進めている。国内では，東洋エンジニアリング株式会社（TOYO）の他に，三菱ガス化学株式会社がこの分野の代表的な企業として挙げられる。一方，海外ではTopsoeやJohnson Matthey等がライセンス供与に関する発表を行っている。また，現在稼働している水素とCO_2からのメタノールプラントとしては，海外ではCRI (Carbon Recycling International) が，2006年に10 kg/dのパイロット設備からスタートし，現在は110,000 t/yの規模で商業生産を行っている[5)]。国内では，2009

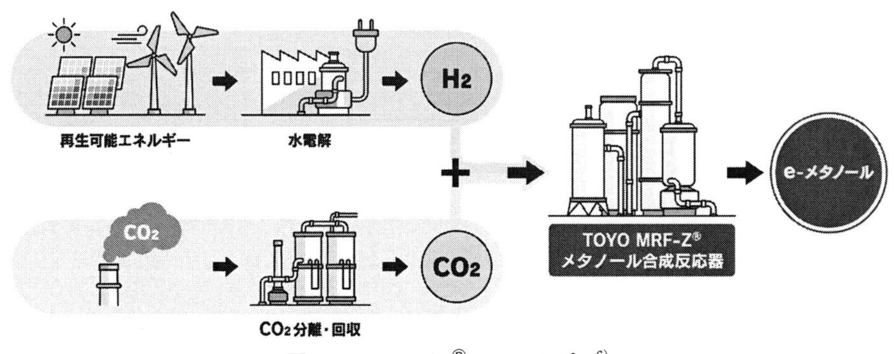

図3 g-Methanol® のコンセプト[6)]

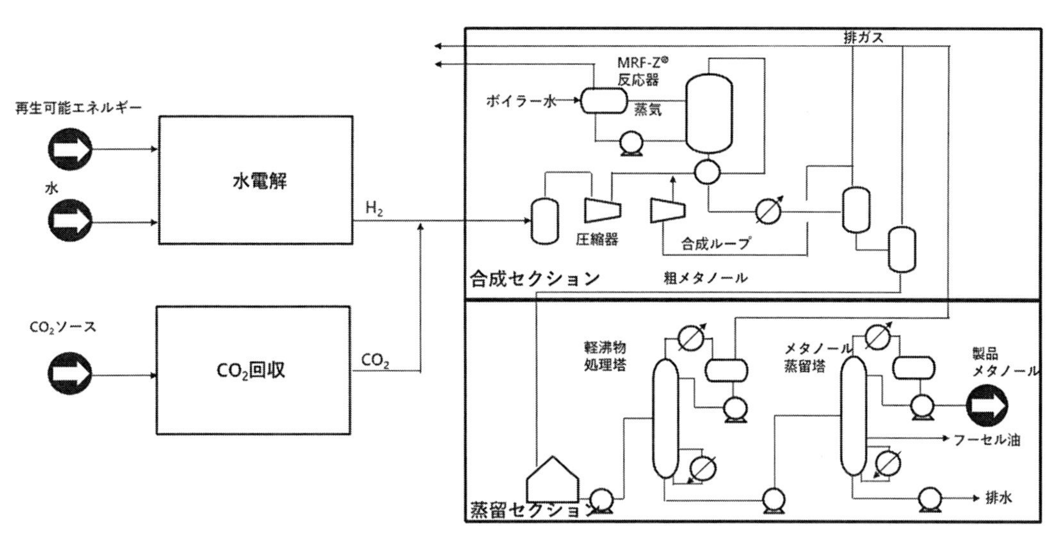

図4　再エネ由来の水素と CO_2 からのメタノール合成プラント（TOYO 法）[7]

年に三井化学株式会社が100 t/y の実証パイロット設備を設置し，実用化に向けての検討を進めていた。TOYO では，再エネ由来の水素と CO_2 を原料とする低炭素メタノールプロセスを g-Methanol®として展開している（図3）。g-Methanol®では，CO_2 は大気・バイオマス由来・排ガス等から回収し，水素は再エネを使用した水の電気分解で生成する。

2.3.1　天然ガスからのメタノール合成方法との違い

従来のメタノール製造プロセスでは，メタンを主成分とする天然ガスを，SMR（Steam Methane Reformer）等で改質することにより，CO，H_2，CO_2 からなる合成ガスを生成し，以下の反応式によりメタノールを合成していた。

$$CO + 2H_2 \Leftrightarrow CH_3OH \ \Delta H = -90.6\ \mathrm{kJ/mol} \tag{1}$$

$$CO_2 + 3H_2 \Leftrightarrow CH_3OH + H_2O \ \Delta H = -49.4\ \mathrm{kJ/mol} \tag{2}$$

一方で，CO_2 メタノールプロセス（図4）では，CO_2 と H_2 を直接メタノールの原料として使用することが可能である。この方法では，従来の改質工程を水電解設備と CO_2 回収設備に置き換えることができ，合成と蒸留セクションは従来のスキームを適用することが可能である。全体の収支で考えると，インプットは再エネ・水・CO_2 の3要素であり，化石資源由来のメタノールと比較すると，低炭素化されたプロセスとなる。

メタノール合成における CO と CO_2 の反応は，それぞれ異なる特性を持つ。平衡転化率を同じ温度と圧力で比較した場合，CO_2 からのメタノール合成の方が低い傾向にある[8]。よって，プラント全体の収支を考慮し，CO からのメタノール合成と同等のカーボン効率を達成するためのアプローチとしては，主に2つの方法がある。一つ目は，平衡転化率が高い低温条件で活性を示す触媒を開発し使用すること，二つ目は，商用的に使用されている既存の触媒を用いてリサイクルを増やすことである。さらに，CO_2からのメタノール合成(2)式の特徴としては，COからのメタノール合成(1)式と比較して発熱量が低く，副生成物として水が生成することが挙げられる。現在の商業メタノールプラントでは，$Cu\text{-}ZnO\text{-}Al_2O_3$系の触媒が一般的に使用されているが，この副生水がシンタリングを引き起こし，触媒の劣化を早め，寿命を短くする傾向にあると考えられている。

カーボンニュートラルの流れからCO_2メタノールへの関心が高まる中，CO_2からのメタノール合成に特化した触媒の開発は，低温活性向上や，触媒の耐久性向上を中心に，世界各所で開発が継続されている。新たな触媒をベースとしたCO_2からのメタノールは，将来的な技術としての位置づけであり，社会実装にはまだ時間が掛かると考えられている。最近のプロジェクトでは，従来型の触媒に対して耐水性を改善した触媒が使用されていると思われる。

2.3.2 メタノール合成反応器

メタノールプラントにおける触媒反応器は，その触媒特性を最大限に活かし，プロセス性能を向上させるために非常に重要である。この反応器の設計は，ライセンサーの技術的特徴を反映しており，その性能に大きな影響を与える。ここでは，TOYO法のMRF-Z®リアクターについて解説する。MRF-Z®リアクターは，1985年に50 t/dのパイロットプラントにてプロトタイプの実証試験を国内で実施した。その後，1990年にスタートアップしたトリニダードトバゴ向けプロジェクトにて，最初の商業設備を納めた。2007年にスタートアップしたオマーン向けプロジェクトは，現時点までの最大実績サイズとなり（図5），他社技術では通常複数系列が必要となるが，MRF-Z®リアクターでは1系列で5,000 t/dクラスの設計が可能である。

図5　MRF-Z®のスケールアップの歴史[7)]

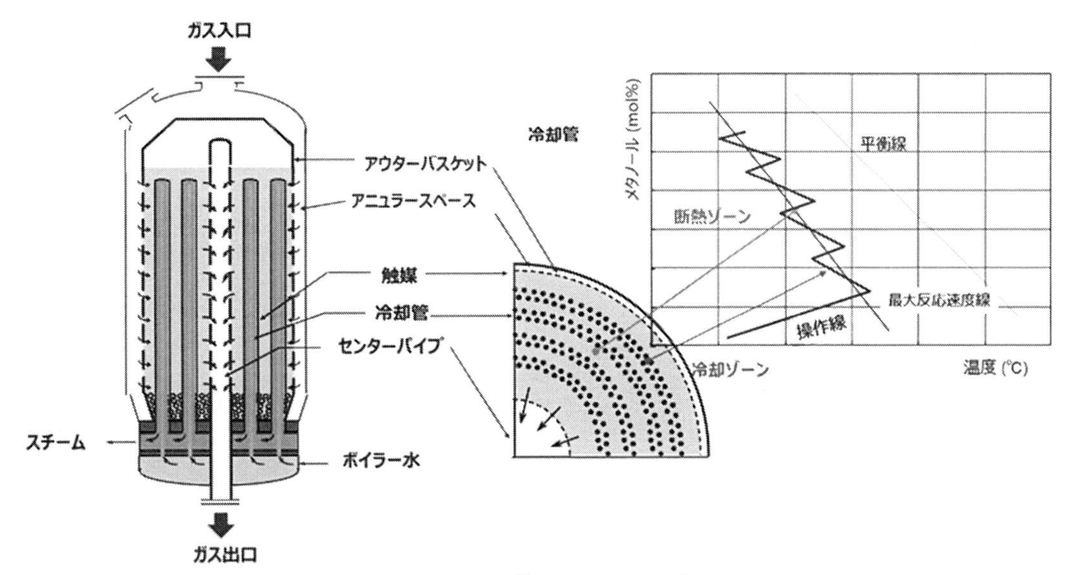

図６　MRF-Z® リアクター構造[6)]

MRF-Z®リアクターは，反応熱を蒸気として回収するタイプのメタノール合成反応器である。図６にその構造を示す。合成ガスは反応器上部より供給され，外周部に分配された後，中央部にあるセンターパイプに向かって，触媒層の中を半径方向に流れる（ラジアルフロー）。その際のメタノール合成反応により発生する反応熱は，触媒層内に配置された冷却管（片側固定管板であるバヨネットチューブ構造）にボイラ水を流し，その圧力での飽和温度の蒸気を発生させることで除熱する。触媒層の温度は，蒸気側の圧力，入口供給ガス温度によって制御される。

MRF-Z®リアクターは下記のようなメリットがある。

- メタノール合成反応により発生する反応熱を，冷却管を通して中圧蒸気として回収でき，プロセス内で使用できる。
- ガスを冷却管に対して，クロスフローにすることで，合成ガスから冷却管への高い熱伝達率を達成でき，冷却管の伝熱面積を小さくすることができる。
- 冷却管を適切な間隔で配置することで，メタノール合成反応器の反応経路をメタノール合成反応の最大反応速度線に乗せることができ，触媒単位体積当たりのメタノール生産量を最大化できる。この結果，反応器サイズの縮小も可能となり，大型化にも容易に対応できる（図６）。
- 合成ガスをラジアルフローで流すことで，触媒層での圧力損失を小さくでき，合成ガス圧縮器の動力を小さくできる。
- センターパイプを利用した容易な触媒抜出が可能であり，触媒抜出時間，人員を短縮できる。

MRF-Z®は伝熱面積の調整や温度制御が容易であるため，発熱反応であるメタノール合成に適している。現在供給可能な触媒では，副生水で短寿命化・交換頻度が多くなると予想される触媒に対して，触媒交換を容易に行えることから，MRF-Z® の特徴が適していると言える。

2.3.3 再エネ由来の水素を使用する場合の課題

(1) 発電量の変動を考慮した設備計画

従来の化石資源からのメタノール製造プラントは，原料の安定供給と連続安定運転が可能であった。しかし，再エネを利用した水素生成では，昼夜や天候による発電量の変動が水素供給に影響を及ぼす。再エネを，より安定的に取り入れるためには，グリーン証書つきのグリッド電源の購入や，太陽光や風力，揚水発電など複数の再エネ電源を組み合わせることが理想的である。しかし実際には，制度やコスト面で多くの課題が存在するため，メタノール製造プラントは，変動するエネルギー供給に対応するための柔軟なシステムの構築が必要である。TOYO では，プロジェクト毎に特有である再エネの発電量変化プロファイルを基に，プラントの設備構成を最適化するためのソフトウェア MethaMaster™ を開発した（図 7）。これにより，発電量変化プロファイルの他，TOYO が持つ g-Methanol® のプロセス性能や，各構成設備のコスト情報等をインプットし，プラントの平均生産量，稼働率，シャットダウン頻度等のシミュレーションが可能となる。その結果をもとに，システム構成や各構成設備の容量を検討し，最適化された平均メタノール製造コスト LCOM（Levelized Cost Of Methanol）が決定される。

安定的に受電できるプラントとのシステム構成と比較すると，以下のような追加の設備が必要となる。そのプラント構成の一例を図 8 に示した。

- 蓄電池：電力不足時のバックアップとして利用するが，現在のコストが非常に高く，適切な容量の選定が必要となる。
- 水素ホルダー：再エネによる発電量が不足した際に，水電解装置からの水素供給を補うために使用される。水素貯蔵に用いるガスホルダーには，無圧ガスホルダー，球形タンク，

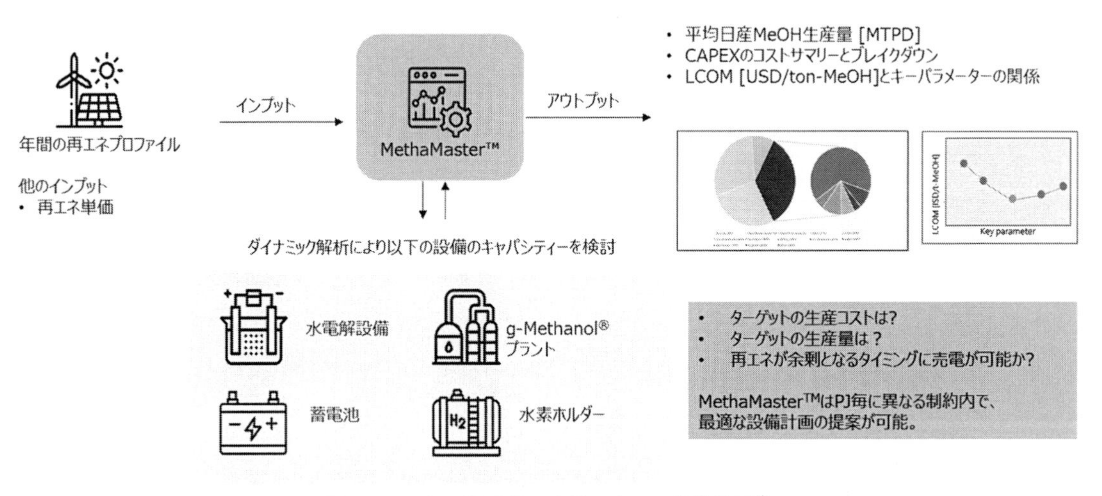

図 7　再エネの発電量の変動に応じた設備計画[7]

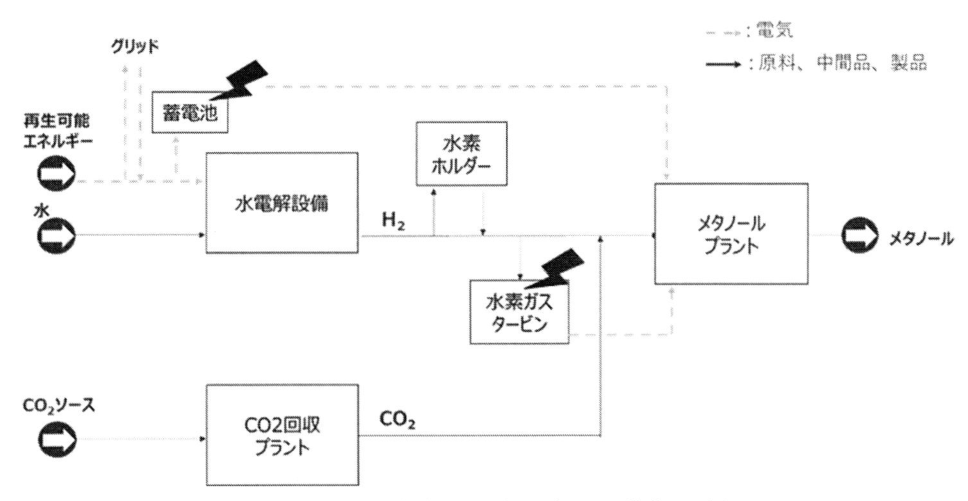

図8　発電量が変動する場合のプラント構成の一例

ビュレットパイプ，蓄圧器などがあるが，容量が大きくなるほどコストも増大する。そのため，貯蔵する水素の量とコスト効率を考慮して，ガスホルダーの種類と容量を適切に選択することが求められる。

・　水素ガスタービン：夜間など再エネが不足する時間帯に，低負荷で運転を継続するために使用される。水素専焼ガスタービンは現在実証段階で，2025年に中小型（数十MWクラス），2030年までに大型（数百MWクラス）の商業化が計画されている。

再エネの導入は設備構成だけでなく，各設備の容量決定にも影響を及ぼす。従来のプラントでは基本的には連続運転が前提であり，安定供給できる原料の量と需要に基づきプラントの容量が決まる。しかし，再エネを利用する際には，実際の発電プロファイルやメタノールプラントのターンダウン性能，水素量変動に追従するためのロード変化のスピードなど，様々な要素を考慮する必要がある。需要だけでなく，再エネの特性やメタノール合成プロセスの運転変動に対する許容性能も容量決定に影響を与えることを考慮することが重要である。

(2)　製造コスト

再エネ由来の水素からメタノールを合成する際，製造コストの大部分は水素の製造にかかる費用である。IRENA（International Renewable Energy Agency）やMethanol Instituteなどの機関が公表しているデータによると，この製造コストは従来のメタノールに比べて約2～3倍高いとされている。将来的には，再エネの価格が下落することで水素価格も低下し，現在の販売価格範囲内で実現可能なプロジェクトが登場すると予想されている。CO_2メタノールの普及には，再エネのコスト削減が不可欠であり，また，再エネに競争力のある立地選びも重要な課題である（図9）。さらに，グリーン製品に対するプレミアム価格の設定やカーボンクレジットの導入など，制度面からの支援も重要である。これらの要素が整備されることで，再エネからのメタノール製造がより普及しやすくなるであろう。

図 9 The Future of Hydrogen 記載の水素の製造コスト[9)]

2.4 おわりに

本稿では，再エネを利用した低炭素メタノールの製造技術に焦点を当て，その課題として発電量の変動がプラントの設計に与える影響や製造コストについて解説をした。カーボンニュートラル社会の実現と合成燃料の早期社会実装に向けて，再エネ由来の水素と CO_2 から合成されるメタノールは，大量の CO_2 を処理できる点，技術成熟度，幅広い市場への展開が見込まれることから，大きな期待が寄せられている。

文 献

1) Chemical Market Analytics by OPIS
2) IRENA, Renewable Methanol Report より Toyo にて作成
3) 日本海事協会，ホームページ
〈https://download.classnk.or.jp/documents/ClassNKAlternativeFuelsInsight_j.pdf（参照日 2024 年 6 月 21 日）〉
4) 経済産業省，合成燃料（e-fuel）の導入促進に向けた官民協議会資料より
5) Carbon Recycling International，ホームページ
〈https://carbonrecycling.com/technology（参照日 2024 年 6 月 21 日）〉
6) 東洋エンジニアリング(株)，メタノール技術カタログ（2021）
7) 東洋エンジニアリング(株)，プレゼンテーション資料
8) 大山，日本エネルギー学会誌，**74**(3)，137（1995）
9) IEA, The Future of Hydrogen

3　環境循環型メタノールの現状と今後の展望

松川将治*

3.1　はじめに

2020年10月，日本政府は温暖化効果ガスの排出を2050年までに実質ゼロとする「2050年カーボンニュートラル」宣言を表明した。脱炭素化の取組や投資・イノベーション，企業の脱炭素経営の加速・促進を図ることを目的とする地球温暖化対策推進法は，目的達成のための制度の拡充，対策の加速のための改正を重ねている。2024年には，二酸化炭素の貯留事業に関する法律（CCS事業法）や水素社会推進法が相次いで成立，そして温暖化を防ぐための取り組みを経済的に支援するための枠組みとして官民あわせて10年間で150兆円を超える規模の脱炭素に向けた投資を呼び込むためのGX経済移行債が発行するなど，国による温暖化ガスの排出削減やカーボンニュートラル社会の実現に向けた法整備，支援制度の策定が着々と進んでいる。国内での法整備に同調して各企業においても2050年に，あるいは更に前倒しで地球温暖化ガス排出をネットゼロとすることを目指すなど，カーボンニュートラル社会を形成するための動きが加速している。

化石資源を燃焼することを主とするエネルギー供給において，燃料のカーボンニュートラル化は目標達成のための大きな課題であり，再生エネルギーを活用しつつ，石油や天然ガスなど化石資源由来の燃料に代わる次世代燃料の確保が求められている。本稿では，製造技術が確立しており，運搬・貯蔵が容易で使いやすく，今すぐできるカーボンニュートラル燃料としてのメタノールの製造技術とその動向を紹介する。

3.2　メタノールとは

3.2.1　化学品

メタノールは化学式CH_3OHで表される炭素原子ひとつから成る比較的シンプルな物質であり，現在はそのほとんどが天然ガスや石炭といった化石資源から製造されている。常温常圧で液体であり，メタノール自体が燃料や溶剤として利用されるほか，メタノールを原料として様々な化学品を合成することができる。溶剤や繊維など幅広い用途を持つ酢酸，エンジニアリングプラスチックの原料や接着剤として利用されるホルムアルデヒド，アクリル樹脂に使われるメタクリル酸メチル，溶剤や医薬品，農薬，界面活性剤などの原料に使われるメチルアミンなど，非常に幅広い分野で誘導品が使われており，重要な基礎化学品となっている。さらに，国内ではナフサのクラッキングにより合成されているエチレン，プロピレンといった基礎化学品も，特に中国で

---

* Shoji MATSUKAWA　三菱ガス化学㈱　グリーン・エネルギー&ケミカル事業部門
C1ケミカル事業部　カーボンニュートラルプロジェクトグループ
主席

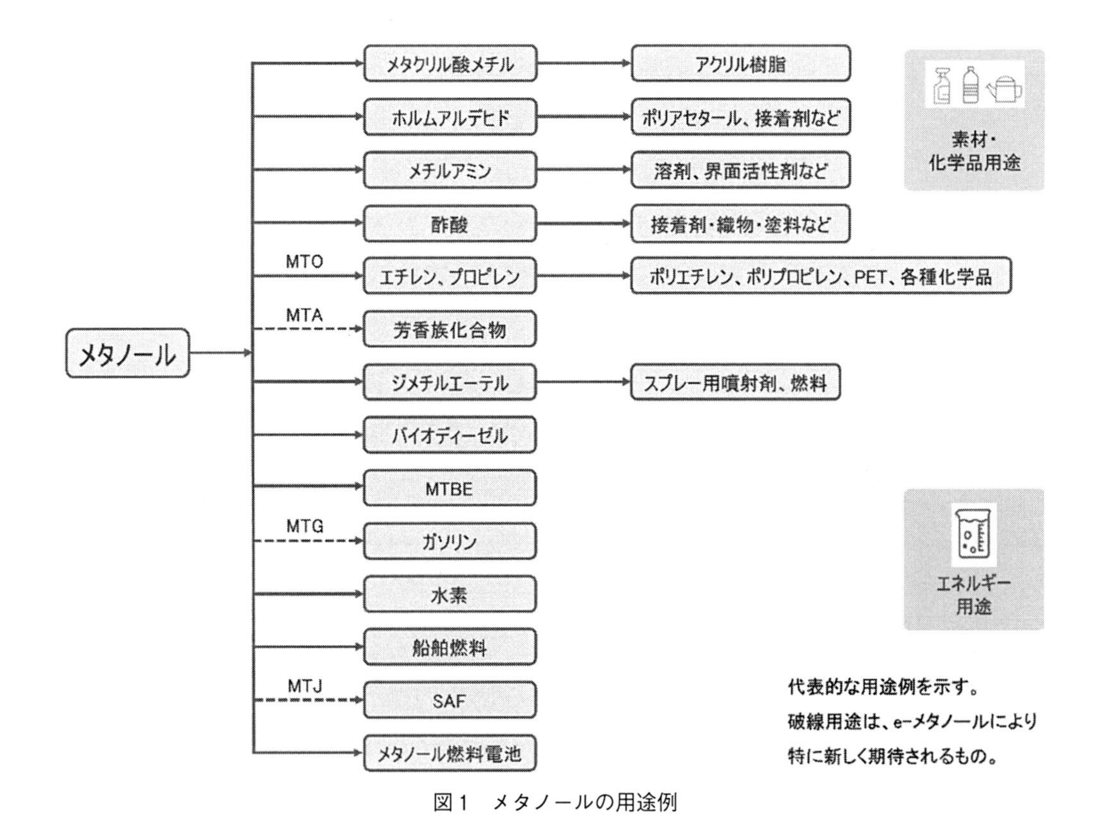

図1　メタノールの用途例

はMTO（Methanol to Olefin）プロセスによる生産が増えており，石油化学品の代替原料としての用途も増加している。

3.2.2　燃料，エネルギー

一方で，メタノールがエネルギー用途に利用される機会も増えている。過去に学校教育で見る機会の多かった「アルコールランプ」もメタノールが燃料であったが，歴史的にはガソリンへの添加剤としてMTBEの用途がメタノール需要の大きな一角を占めてきたほか，ガソリンへの直接添加，船舶燃料への利用など，燃料としての重要度が増している。メタノールの脱水縮合により製造するジメチルエーテルは，スプレーの噴射剤といった化学品用途に加え，ディーゼル，LPG代替の燃料用途としても期待されている。バイオディーゼルもメタノールが原料として使われる。

メタノールはまた，触媒の存在下で水素とCO_2を主とするガスに分解できることから，水素源としても利用することができる。当社はこの技術をMHプロセスとして技術供与しており，常温常圧で液体で運搬，貯蔵しやすいというメタノールの特性を生かし，化学産業や半導体産業において100を超える採用例がある。

3.3　カーボンニュートラル社会に向けて

経済活動においてCO_2を排出することは不可避であり，CO_2を如何に資源として再利用するかが，カーボンニュートラルを達成する上では重要である。メタノールは炭素原子一つから成る分子であり，CO_2利活用との相性が良いこと，取り扱いが容易で社会実装が比較的容易であること，反応性に富み用途が広いこと，といった理由から，今後のカーボンニュートラル社会の構築に向けて重要な位置を占めると考えられている。特に再エネ由来の水素とCO_2からの所謂e-メタノールは，究極のカーボンニュートラル物質として，将来的にエネルギー及び素材の基幹物質となることが期待されている。従来のメタノール用途の低・脱炭素化に加え，脱化石資源社会（ビヨンド・オイル・アンド・ガス）を視野に従来は無かった新しい役割も増えてくるものと考えられており，例えば社会実装の進む用途として船舶燃料が挙げられる。これは，

- 従来の燃料である重油に比べて，燃焼時のCO_2排出量，窒素酸化物，硫黄酸化物，PMの生成が少なく，従来型メタノールそのものがクリーンな燃料であること。
- 常温常圧で液体であるため，アンモニアや水素といった他の次世代エネルギー源よりも扱いやすくハード面での要求が小さいこと。
- 低・脱炭素燃料としての供給が早期に期待できること。

などの理由による。船舶燃料以外にもMTJ（Methanol to Jet）による航空燃料（SAF）やMTG（Methanol to Gasoline）など新たな分野での合成燃料に向けた取り組みも進んでおり，化学品に，燃料に，カーボンニュートラル社会形成に向けたメタノールの可能性は大きく広がりつつある。

3.4　環境循環型メタノール

3.4.1　環境循環型メタノール Carbopath™

メタノール事業をそのコア事業の一つとする当社は，資源開発から製造技術開発，海外での製造およびその技術サポート，ロジスティクス，販売，誘導品の製造に至るまで，メタノールに関わるほぼすべてをカバーするメタノールの総合メーカーとして世界に無二の存在である。循環型経済の構築に向けて，メタノールバリューチェーンへの幅広い関わりをベースに，CO_2や廃棄物からメタノールを介してエネルギーや素材を生み出す環境循環型プラットフォームCarbopath™を提唱し，その社会実装に取り組んでいる。その中心となるのは，CO_2などの新しい資源からのメタノール合成技術である。

3.4.2　環境循環型メタノールに関わる技術

(1)　従来のメタノール合成技術

メタノールは天然ガスや石炭といった化石燃料から製造した合成ガス（H_2とCOを主成分とする混合ガス）を原料に製造されている。即ち，従来のメタノール製造は，天然ガスの水蒸気改質によって合成ガスを作るプロセスと，合成ガスから触媒を用いて高温・高圧の条件下で，式(1)～(3)の各反応の組みあわせでメタノールを合成するプロセスの二つのプロセスから成る。合成ガス製造プロセスにおいては，水蒸気改質に加えて酸素を添加した部分酸化プロセスと組み合わさ

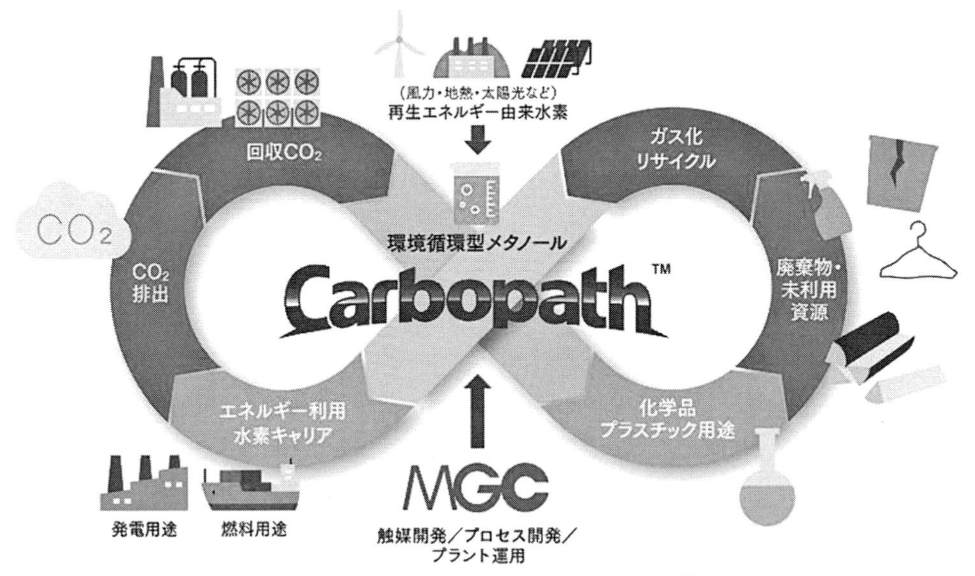

図2　環境循環型メタノール構想 Carbopath™

れることも多い。

$$CO + 2H_2 \leftrightarrow CH_3OH \tag{1}$$

$$CO + H_2O \leftrightarrow CO_2 + H_2 \tag{2}$$

$$CO_2 + 3H_2 \leftrightarrow CH_3OH + H_2O \tag{3}$$

メタノール合成反応は化学平衡に支配される発熱反応であり，化学平衡面においては低温，高圧が有利である。一般には銅/亜鉛系の触媒を用い，反応温度220～300℃，反応温度50～100気圧の条件下で反応させ，未反応ガスは循環して反応器に戻すことで炭素収率を確保している。

⑵　CO_2からのメタノール製造技術

化石燃料由来の合成ガスに代わって，回収CO_2を原料にメタノールを合成するケースを考える。この場合，反応式は上述の式⑶で表される。CO_2は合成ガス中の主原料COに比べて反応性が低いこと，CO_2とH_2からのメタノール合成の平衡転化率が低いこと，高圧条件下で生成する水分が触媒の活性成分である金属の性能劣化を引き起こすことなど，従来の合成ガス原料の場合に比して合成上の課題も多い。当社は，長年のメタノール事業に携わる中で培ってきた技術を活用し，CO_2原料により適した触媒の開発に成功しており，そのノウハウの蓄積を更なる改良にも生かしている。化学平衡上の不利を克服するための取り組みとしては，NEDOのGI基金「グリーンイノベーション基金事業/CO_2などを用いたプラスチック原料製造技術開発」において膜分離技術を活用することによる高効率なメタノール合成技術の開発に取り組んでおり，これに限らず次世代型メタノールのより効率的な合成に向けては産官学での活動も活発に進められている。

(3) ガス化ガスからのメタノール製造技術

合成ガスは，バイオマスや廃プラスチックのガス化でも得ることができる。この場合，ガス化する原料の種類，性状，形状が様々であることに加え，ガス化技術にも複数の種類があること，更には，合成ガスの組成もプロセスによって変わってくる。さらに，原料の組成自体，必ずしも一定でないことも想定されるため，広範なガス組成に対応できる触媒や合成プロセスの開発が求められる。またリサイクルに適さない廃プラスチックや，様々な種類のバイオマスから安定して合成ガスを製造するガス化技術自体，まだ発展途上で，ガス化ガスをメタノールやメタネーションなどに利用する商業機の例は限定的である。

一方で，従来のメタノール合成の主原料であるメタンは，植物残渣やごみ，ふん尿などの発酵からも生成し，これをメタノール合成の原料として利用することが可能である。水蒸気改質を経て合成ガスに導くことでバイオメタノールが製造できる。多くの場合，これらバイオマスはメタンと CO_2 の混合ガス（比率5：5～6：4程度）であることが多い。この場合，余剰 CO_2 を分離するか，水素を追加する必要がある。

(4) 商業化に向けての技術開発

上述のように，メタノールは環境循環型経済を実現する上で重要な役割を担うことが期待されており，当社でも環境循環型メタノールの製造技術の開発に早くから取り組んできた。当社新潟工場には，これら技術を実証するためのパイロットプラントを整備し，Carbopath™ メタノールの商業化に向けたプロセス検討に活用している。本パイロット装置は，水蒸気改質からメタノール合成，反応ガス循環，蒸留精製に至るまでメタノール合成に必要な各プロセスをすべて備えており，商業化において年産百万トンにも達する実装置にスケールアップ可能な設計仕様となっている。

2021年には，CO_2 と水素からのメタノール合成の実証を開始し，約1年間に渡る運転を通し

写真1　当社メタノールパイロットプラント

て，触媒活性や反応速度など，基礎的なデータを取得した。更にスケールアップデータも取得し，CO_2からのメタノール合成について，商業化可能な製造技術を確立し，技術ライセンス可能となっている。また，バイオマスや廃プラスチックのガス化による合成ガスを原料に用いる場合を想定した実証試験も行い，幅広い合成ガス組成に対応する製造技術を確立した。さらに2024年からは，国内初の例として，新潟県所有の浄化センターから排出される未利用の消化ガス（メタン約60%，CO_2約40%）を活用したバイオメタノールの製造を開始し，製造したメタノールはバイオメタノールとして，ISCC PLUSの認証を取得したバイオメタノールとしての販売を開始している。

3.4.2(2)で述べたように，特にCO_2を原料としたメタノール合成においては，化学平衡の制約上，反応率が上がらず，プロセス上，循環ガスの比率が高くなる。また，バイオガスやガス化ガス，回収CO_2など，これまでに経験のない原料ガスを用いることが増える。そのため，ガス中の不純物が濃縮され，メタノールの品質や触媒活性への影響の評価も商業化を進める上では重要である。実機に即した設計により商業機に反映可能なデータを取得するためのプラントとして，当社はパイロット装置を様々な目的に有効活用している。

3.5　おわりに

これまで述べてきたように，回収CO_2やバイオマス，廃プラスチックなどを有効利用し，炭素循環のコアとしてメタノールという形で固定化する技術自体は，既に実用化レベルにある。燃料用途に向けては，船舶燃料での需要が本格化しつつある一方で，メタノール誘導品としてのSAFやLPG代替燃料など，これから本格化しうる用途も多く，素材としてのメタノールの用途も併せ，十分な数量の供給体制を整備することが必須である。一方で，究極のカーボンニュートラル素材としてのメタノールを実現し広く普及させるためには，再エネ水素のコストと供給性，空気中からCO_2を回収する技術とコストなど，大きな課題も残されている。化石資源由来の燃料に比べるとコスト高になるのは避けられず，経済活動として成り立つような国際的な枠組みの整備も含め社会実装を促す制度の整備も必要である。

4　CO_2からのメタノール合成の課題と新規触媒開発

姫田雄一郎*

4.1　緒言

化石燃料の消費に伴う大気中のCO_2濃度の増加による気候変動が深刻化している。今後，再生可能エネルギーの普及や省エネルギー技術の浸透を図り，CO_2排出量の大幅削減が必須であるが，排出が避けられない一定量のCO_2は残る。当面は地中貯留等でCO_2排出を抑制するとしても，最終的にはCO_2を燃料・化成品等の様々な有用化合物に変換する技術開発が必要となる。

CO_2は水素との反応で，メタン，メタノール，一酸化炭素，ギ酸等への変換が可能である。その中で，メタノールは，化学原料や燃料として多様な用途があるため，現在，工業的に天然ガスや石炭から年間約1億トン製造されている。今後，船舶等への合成燃料，合成ガソリンや低級オレフィン類への転換により，需要が増大することが予測されている。特に，再生可能エネルギー由来のグリーン水素とCO_2を組み合わせて製造するe-メタノールが注目を集めている[1]。2012年からアイスランドのカーボン・リサイクリング・インターナショナルでは，近隣の地熱発電を利用して水電解で得られるグリーン水素を用いて，CO_2からのメタノール製造プラント（George Olah Renewable Methanol Plant）が商業稼働している[2]。このプラントでは，触媒として$CuZnO_x$を用いて，200～300℃，10 MPaの反応条件で運転しており，年間5500トンのCO_2から4000トンのメタノールをVulcanolの商品名で販売している。また，これらの技術をもとに，欧米，中国では大規模プラントが建設あるいは稼働中である。最近，チリでは，直接空気回収技術（Direct Air Capture）と風力発電により，メタノールやガソリンを製造するHaru Oniプロジェクトが進められている。日本でも三菱ガス化学が実証試験を開始している。

メタノールを含めた合成燃料における課題は，グリーン水素の供給とコストと考えている。また，CO_2を含めた原料・エネルギーのサプライチェーンを考慮する必要があるが，これらの課題については他章に譲る。本節では，CO_2水素化反応によるメタノール合成における課題を洗い出し，低温低圧でメタノール合成可能な触媒開発について概説する。

4.2　CO_2水素によるメタノール合成の熱力学

CO_2は炭素含有分子の最終燃焼生成物であり熱力学的に安定であるため，CO_2の変換にはエネルギー投入が必要になる。CO_2水素化によるメタノール生成反応は，標準状態（25℃，大気圧）では，発熱・発エルゴン反応であるが，250℃では，吸エルゴン反応となる（式(1)）[3]。このため，CO_2水素化反応によるメタノール合成の平衡転化率は，250℃で20%（5 MPa）から30%程度（10

---

*　Yuichiro HIMEDA　(国研)産業技術総合研究所
ゼロエミッション国際共同研究センター　首席研究員

MPa）であり，多くの未反応ガスが生じる（図 1(a)）[4]。従来の銅系触媒では，200℃以上の反応温度が必要であり，メタノールへの低転換率が課題であった（図 1(b)）。このような制約から，「カーボンリサイクル技術ロードマップ」（2023 年 6 月改訂）では，基幹物質であるメタノールの 2030 年の目標として，「CO_2 からメタノールを低温低圧で合成可能な触媒の開発」が挙げられている[5]。これ以外の触媒関連の目標として，「耐圧性，耐熱性等，実操業を想定した条件での触媒性能の達成」，「メタノール合成触媒の低コスト化の達成」が求められている。

$$CO_2 + 3H_2 \rightarrow MeOH + H_2O \quad \text{（式 1）}$$

$$\Delta H = -51.6\,\mathrm{kJmol^{-1}},\ \Delta G = -0.47\,\mathrm{kJmol^{-1}}\ \text{（25℃，大気圧）}$$

$$\Delta H = -60.7\,\mathrm{kJmol^{-1}},\ \Delta G = +9.0\,\mathrm{kJmol^{-1}}\ \text{（250℃，4 MPa）}$$

4.3 従来のメタノール合成触媒

CO_2 還元によるメタノール製造は 1980 年代から精力的に行われていた[6]。銅系触媒（$Cu/ZnO/Al_2O_3$）は，CO_2 水素化反応に広く用いられているが，一般に 200℃以上の反応温度が必要なため，低いメタノール転換率が問題であった（図 1(b)）。そのため，生成するメタノールや水の分離により平衡をシフトさせてメタノール収率の向上を図る取り組みも行われている。反応温度の低温化に向けて，銅以外の金属を用いた固体触媒の開発も進められている。最近，東工大ではパラジウム（Pd）とモリブデン（Mo）からなる金属間化合物が報告されている[7]。この触媒は室温でも駆動するが，反応温度 80 度以上では，主として一酸化炭素が生成する。

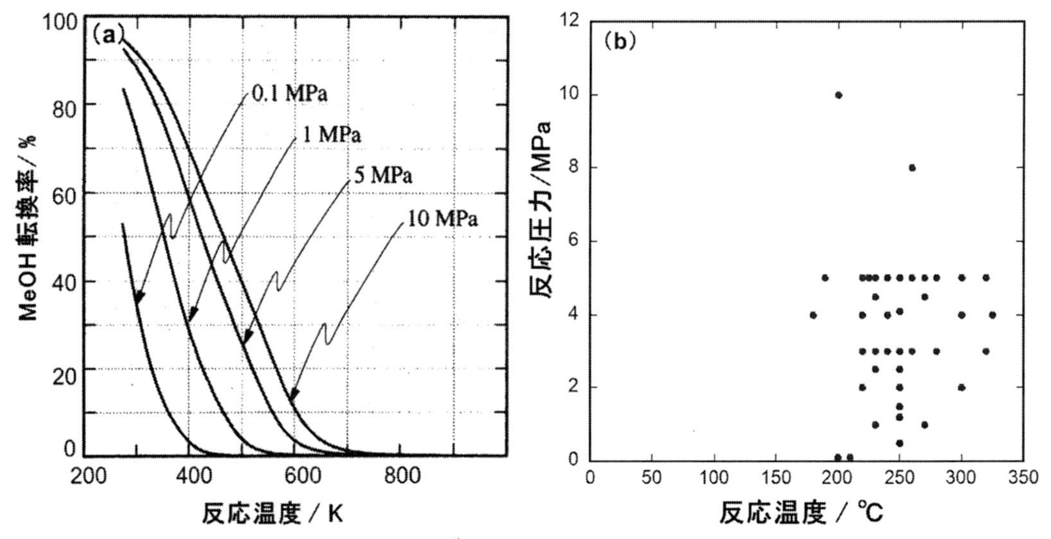

図 1　(a) CO_2 からメタノールへの平衡転化率[4]，(b) 銅系触媒の CO_2 水素化によるメタノール合成の温度＆圧力の反応条件

反応温度の低温化や反応選択性向上には，反応中間体，反応活性点および反応機構の解明が必要であるが，銅系触媒を用いたメタノール合成の反応機構はいまだ議論が継続している。結果として，合理的な触媒設計は困難であり，150℃以下で高い活性を示す固体触媒は限られている。

4.4　錯体触媒を用いる CO_2 水素化によるメタノール合成

一方，錯体触媒（錯体：金属イオンとそれに結合した配位子の複合体）は，触媒構造が明確に定義されるとともに，精密に合成可能な有機配位子によって合理的な触媒設計と合成が可能である。また，均一に液相に溶解しているために，各種分析機器で詳細な反応機構解析や活性種の同定が比較的容易である。このため，錯体触媒は触媒設計により高い活性を示すことができ，一般に温和な反応条件が可能である。

最近，錯体触媒を用いて比較的温和な条件下での CO_2 水素化によるメタノール合成を目指した研究開発が進められている。しかし，CO_2 からの変換が比較的容易なエステルやアミド誘導体を経由し，これらを水素化してメタノールを合成する間接的な方法が一般的である（図2）。これらの間接合成法では，アルコールやアミン等の基質が必要になり，反応終了後の反応溶液から生成物や触媒の分離・精製過程が煩雑になる。

一方，筆者らは，錯体触媒を用いて CO_2 水素化によるギ酸を経由するメタノール合成を報告している[8)]。水中硫酸存在下イリジウム触媒（I）で，$^{13}CO_2$ を用いた水素化を ^{13}C NMRで逐次観測したところ，まずギ酸が生成し，次いでギ酸の還元によりメタノールが生成することが分かった（図3）。しかし，この反応条件では逆反応であるギ酸脱水素化反応が優先するため，更なるギ酸の水素化が困難で，結果としてメタノールの生成量は限られていた（TON = 7.5）。

これらの結果から，CO_2 からのメタノール合成の問題は，CO_2 活性化（及び水素の活性化）と平衡制約と考えている。液相でギ酸あるいはギ酸塩までの生成は可能であるが，ギ酸の平衡制約がメタノール生成を妨げている。ギ酸の水素化には，過剰なエネルギー投入（高圧条件）が必要になる。しかし，CO_2 からのメタノール合成では，比較的温和な条件で反応が進行するギ酸を経由する反応経路が熱力学的に好ましく，CO_2/ギ酸間の平衡制約を回避する工夫が必要になる。

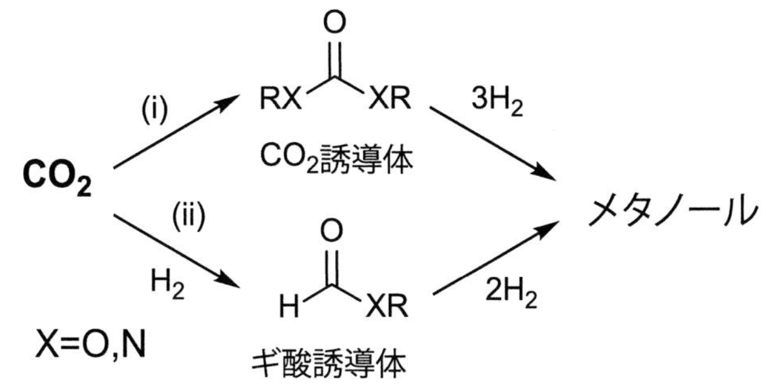

図2　錯体触媒を用いた CO_2 水素化によるメタノール合成反応経路

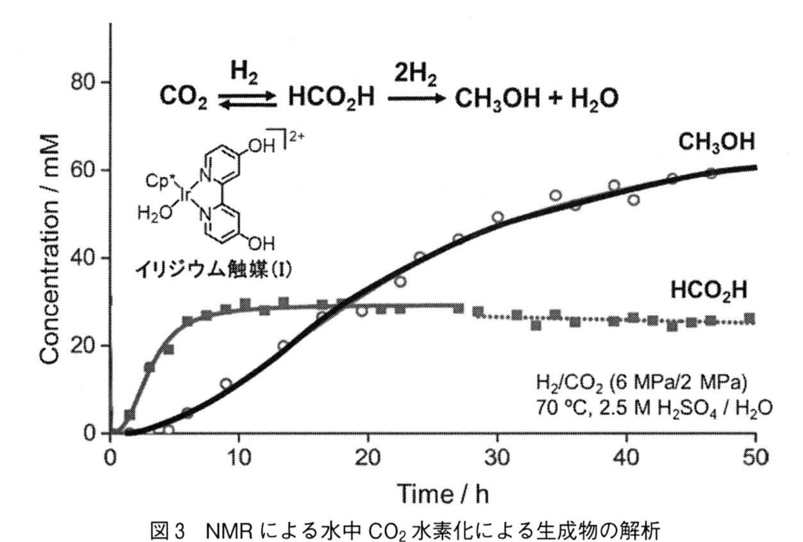

図3　NMRによる水中CO_2水素化による生成物の解析

Reprinted with permission from ref. 8. Copyright 2016 Wiley-VCH Verlag GmbH & Co. KGaA.

4.5　低温メタノール合成のための触媒設計

錯体触媒を用いた均一系CO_2水素化反応のこれまでの研究により，以下の知見が得られている。CO_2還元のための活性種である高活性な金属ヒドリド種の生成には（i）強い電子供与性配位子，（ii）水素分子の不均化による金属ヒドリド種生成促進のためのプロトン受容体が必要になる。筆者らは，強い電子供与性を示し，プロトン受容体を有するピコリンアミドを配位子とするイリジウム触媒（**1**）が（図4），塩基性水中常温常圧でもCO_2水素化によりギ酸塩が生成することを報告している。しかし，さらに水素化が必要であるメタノールは得られなかった。そこで，分子内に複数の反応活性点（金属中心）を有する複核触媒を用いることで，ギ酸を超えてホルムアルデヒドやメタノールへの生成を目指して，単核触媒（**1**）[9]をベースに複核触媒（**2**）を設計した[10]。

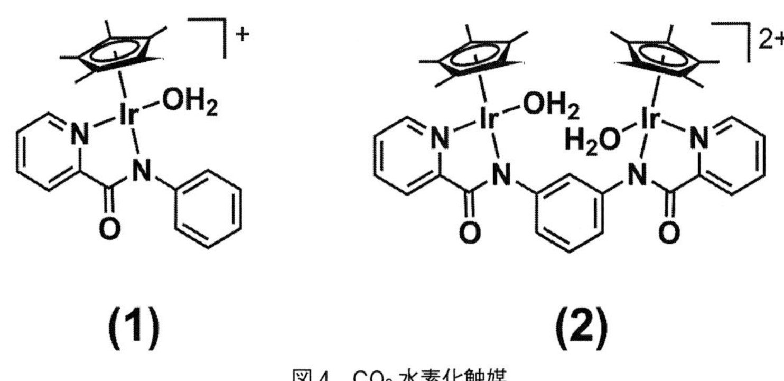

図4　CO_2水素化触媒

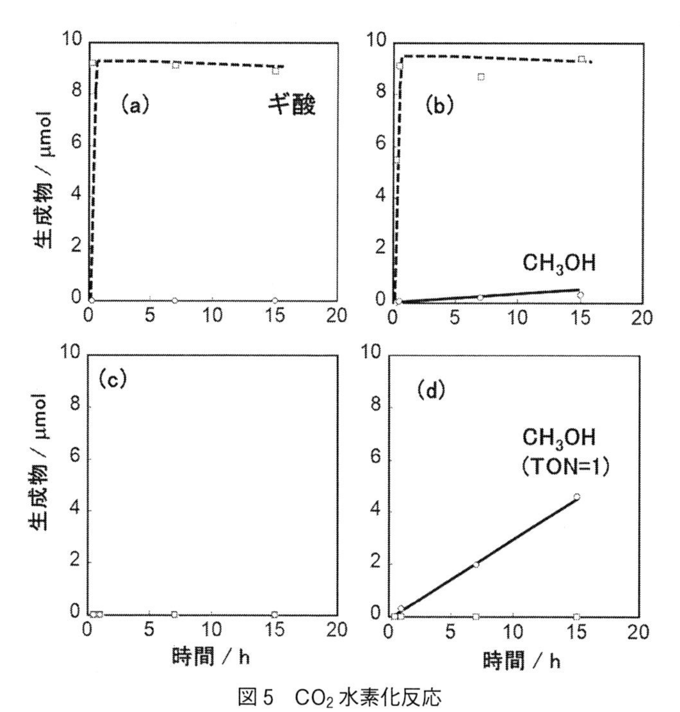

図5　CO_2水素化反応
(4 MPa，60℃)：□点線：ギ酸；○実線：メタノール，(a)1；(b)2：水中均一系反応，
(c)1；(d)2：ガス相不均一系反応

これらの触媒を，均一に溶解した水中60℃の低温条件で反応を行ったところ，単核触媒（**1**）では予想通りギ酸のみが生成し，メタノールは検出できなかった（図5(a)）。一方，複核触媒（**2**）では，わずかなメタノールの生成を確認した（図5(b)）。分子内の複数の反応活性点により，温和な条件下でもCO_2からメタノールが生成したと考えている。しかし，単核触媒（**1**）と同様に複核触媒（**2**）でもギ酸が主生成物であった。

そこで，通常の均一系反応（液相反応）ではなく，オートクレーブ中錯体触媒を固体状態のまま，不均一系反応（気－固相反応）を行った。単核触媒（**1**）の気相反応では，ギ酸，メタノール等の生成物は検出されなかった（図5(c)）。一方，複核触媒（**2**）では，メタノールが選択的に生成することが分かった（図5(d)）。また，回収ガス中からメタンや一酸化炭素の副生成物は検出されなかった。さらに，この触媒システムで，30℃あるいは，0.5 MPaの低温あるいは低圧条件でも，メタノールが生成した。

複核触媒（**2**）を用いたガス相でのCO_2からのメタノール合成の推定反応機構を図6に示す。Step（i）では，水素ガス中でヒドリド錯体（A）が生成する。ここでは，アミド窒素がプロトン受容体として，気相での水素分子の不均化を促進して活性種であるヒドリド錯体が形成する。Step（ii）では，配位子の強い電子供与性効果により，活性なヒドリド種が容易にCO_2と反応して，ホルマト錯体（B）が生成する。Step（iii）では，複核触媒の分子内のもう一つのヒドリド

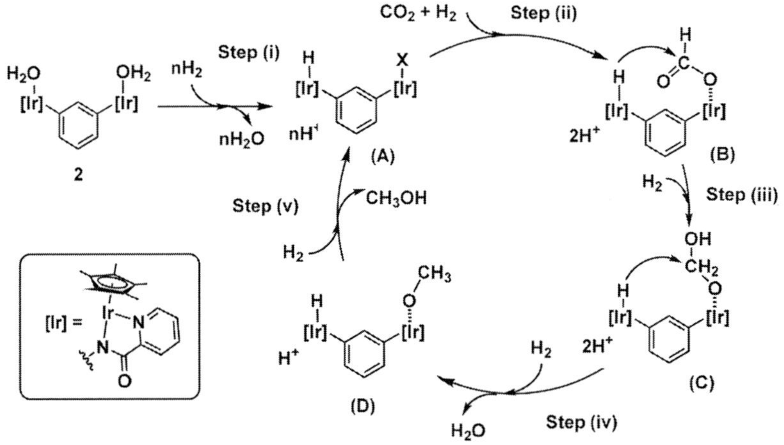

図6　複核イリジウム触媒2を用いた不均一系 CO_2 水素反応によるメタノール合成の推定反応機構

種によって，ホルマト種が容易に還元され，さらにStep（iv）（v）を経て最終的にメタノールが生成する。

本技術は，一般的に液相に溶解して均一系で反応させる錯体触媒を，固体状態のままガスと反応させる不均一系反応である。既に知られている CO_2 水素化触媒を同様に不均一系反応に用いたとしても，メタノールは生成しない。即ち，筆者らが見出した触媒設計に基づく触媒構造が必要であることが分かった[11,12]。

4.6　まとめ

CO_2 水素化によるメタノール合成触媒における課題を洗い出し，錯体触媒の反応機構解析に基づく合理的な触媒設計により，メタノール合成の低温低圧化を達成した。即ち，①水素ガス中でのヒドリド種の生成のために，プロトン受容体により水素分子の不均化の促進，② CO_2 と反応するヒドリド種の活性化のために，電子供与性配位子の設計，③協奏的還元のために複核触媒の設計が必要と考えている。これらの触媒設計指針は，CO_2 からのメタノール合成を低温低圧化するための触媒設計の基盤的な知見と考えている。今後触媒構造の最適化を図ることにより，更なるメタノール合成効率の向上を図る必要がある。また，触媒安定性も今後課題になるであろう。カーボンリサイクルの基幹物質であるメタノール製造プロセスの高効率な触媒開発への貢献が期待できる。

文　　献

1) G. K. スリヤ・プラカーシュ，ジョージ・オーラー，アラン・ゲッペールト，「メタノールエコノミー」～CO_2 をエネルギーに変える逆転の発想～，化学同人（2010）
2) Carbon Recycling International, www.carbonrecycling.is/（accessed 2024.7.5）
3) S. Navarro-Jaén, M. Virginie, J. Bonin, M. Robert, R. Wojcieszak, A. Y. Khodakov, *Nat. Rev. Chem.*, **5**, 564-579（2021）
4) 大山聖一，日本エネルギー学会誌，**74**, 137-145（1995）
5) 「カーボンリサイクルロードマップ資料」，www.meti.go.jp/shingikai/energy_environment/carbon_recycle_rm/20230623_report.html（accessed 2024.7.5）
6) X. Jiang, X. Nie, X. Guo, C. Song, J. G. Chen, *Chem. Rev.*, **120**, 7984-8034（2020）
7) H. Sugiyama, M. Miyazaki, M. Sasase, M. Kitano, H. Hosono, *J. Am. Chem. Soc.*, **145**, 9410-9416（2023）
8) K. Sordakis, A. Tsurusaki, M. Iguchi, H. Kawanami, Y. Himeda, G. Laurenczy, *Chem. Eur. J.*, **22**, 15605-15608（2016）
9) R. Kanega, N. Onishi, D. J. Szalda, M. Z. Ertem, J. T. Muckerman, E. Fujita, Y. Himeda, *ACS Catal.*, **7**, 6426-6429（2017）
10) R. Kanega, N. Onishi, S. Tanaka, H. Kishimoto, Y. Himeda, *J. Am. Chem. Soc.*, **143**, 1570-1576（2021）
11) 尾西尚弥，姫田雄一郎，化学と工業，**77**(1), 7-9（2024）
12) 姫田雄一郎，二酸化炭素回収・有効利用の最新動向，シーエムシー出版（2024）

5 CO_2 水素化反応によるメタノール合成に特化した触媒開発の動向

多田昌平[*1]，森　大和[*2]，岡崎未奈[*3]，菊地隆司[*4]

5.1 はじめに

2020年10月の臨時国会で菅義偉前内閣総理大臣は，「我が国は，2050年までに，温室効果ガスの排出を全体としてゼロにする，すなわち2050年カーボンニュートラル，脱炭素社会の実現を目指す」ことを宣言した。この宣言以降，日本国内でもカーボンニュートラルの機運が高まっている。2023年には，COP 28がアラブ首長国連邦のドバイで開催され，パリ協定で定められた目標に向けた世界全体の進捗を評価するグローバル・ストックテイク（GST）が実施された。GSTでは，世界の平均気温上昇を1.5℃に抑えるという目標達成に向けて，温室効果ガスの排出量を2025年までにピークアウトさせ，2030年までに40%，2035年までには60%削減する必要があることが示された。また，パリ協定の目標に向け，世界各国が自国の強みを生かし，脱炭素燃料の使用，化石燃料からの移行，炭素除去技術の発展などに貢献する必要があることが強調された。

パリ協定の目標達成に向けて，温室効果ガス削減のために様々な技術開発が行われている。その中で着目されているのがカーボンリサイクルである。カーボンリサイクルでは，大気中に放出されるCO_2を炭素資源として捉え，分離・回収し，燃料や化学品に再利用することで大気中に放出されるCO_2を抑制し，燃料資源の安定供給やカーボンニュートラル社会実現への貢献が期待されている。

CO_2の有価物変換反応のひとつに，CO_2水素化反応を活用したメタノール合成がある。太陽光や風力といった再生可能エネルギーを利用し，水電解をすることで水素を得る。この水素と先述のCO_2を反応させ，メタノールを合成する反応である（図1）。ここで重要となるのが，CO_2水素化反応に対する化学平衡の制約である。図2(a)に平衡時のCO_2転化率と反応温度の関係を示す。反応圧力は，10気圧で計算している。一般的にメタノール合成は300度前後で進行する。この温度領域では，平衡時のCO_2転化率は約20%程度となる。図2(b)に平衡時のメタノール選択率と反応温度の関係を示す。反応温度の上昇に伴い，選択率は下落し，300℃以上の高温域では0%に近い値を示している。この時の主生成物は，COである。これは，メタノール合成（式1）と同時に，逆水性ガスシフト反応（式2）によるCO副生が進行することが原因である。メタノール収率（＝CO_2転化率×メタノール選択率）を高くするためには，できるだけ低温での

＊1　Shohei TADA　北海道大学　大学院工学研究院　准教授
＊2　Yamato MORI　北海道大学　大学院総合化学院　修士課程1年生
＊3　Mina OKAZAKI　茨城大学　大学院理工学研究科　修士課程2年生
＊4　Ryuji KIKUCHI　北海道大学　大学院工学研究院　教授

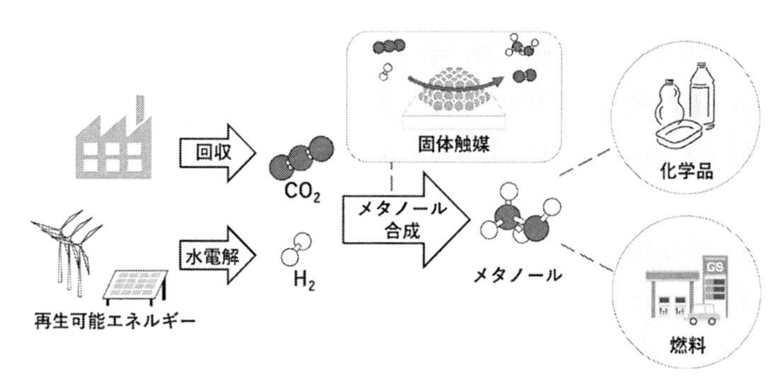

図1　CO_2 水素化反応によるメタノール合成

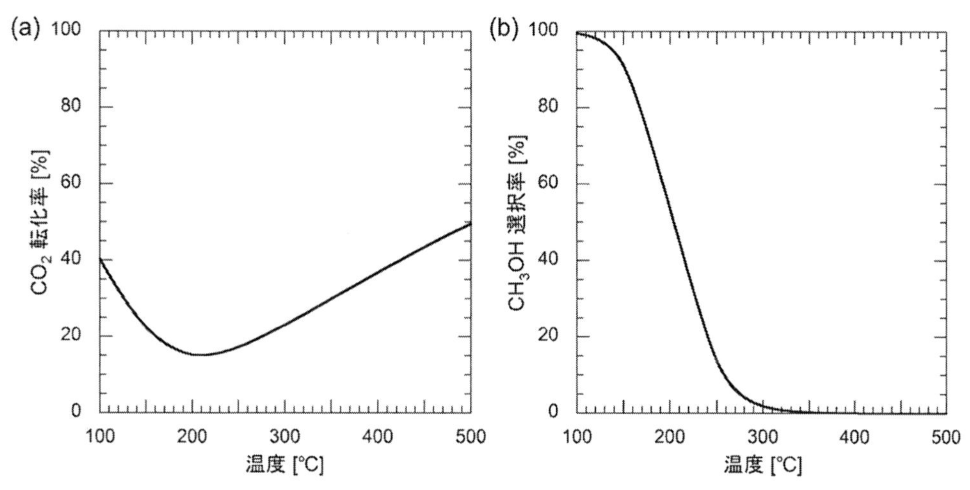

図2　平衡時の (a) CO_2 転化率と (b) メタノール選択率
反応圧力 = 10 気圧，CO_2/H_2 = 1/3。Aspen Plus にて計算。

運用が求められる。しかしながら，低温反応を進行させることは，安定な CO_2 を活性化させることと同義であり，非常に困難である。低温での CO_2 変換反応を進めるためには触媒が鍵となる。本稿では，CO_2 水素化反応によるメタノール合成に特化した固体触媒に関して概説する。

$$CO_2 + 3H_2 \rightarrow CH_3OH + H_2O \tag{1}$$

$$CO_2 + H_2 \rightarrow CO + H_2O \tag{2}$$

5.2　これまでの触媒探索と反応機構

5.2.1　Cu 触媒

CO_2 水素化触媒に特化した触媒に限ってみても，これまでに様々な触媒が検討されてきた。その多くは担持金属触媒であり，活性金属種には Cu がよく用いられている。Cu は CO_2 水素化反応の条件において，メタンよりもメタノールを選択的に生成する特徴を有している。同じくCO_2水素化に用いられる貴金属に比べて非常で安価であるため多くの触媒に用いられている。

報告されてきたCu触媒には，Cu/Al_2O_3触媒[1)]，Cu/ZnO触媒[2)]，Cu/Al/Zn/Zr触媒[3)]，Cu/TiO_2触媒[4)]，Cu/ZrO_2触媒[5)]などが挙げられる。Cu触媒上でのメタノールへのCO_2水素化反応は，一般に構造に敏感な反応として知られており[6)]，触媒特性は金属分散度，金属Cu表面積，Cu-ZnO界面長，Cu/Zn組成比などと密接に関係している。特にCu/ZnO系触媒は，安価であるものの性能が比較的高いため，工業的応用に大きな可能性を示している。一方で，安定性が低く選択性が低い点に課題が残る[7)]。メタノール合成触媒として一般的なCu/ZnO/Al_2O_3はCO（CO_2ではない）水素化反応に特化しているため，CO_2水素化反応に使用した場合，十分な合成活性が得られていない。そこで，CO_2水素化反応に特化した固体触媒の研究が世界規模で行われている。

Cu/ZnO触媒への第三成分添加剤としては，Al_2O_3，ZrO_2，CeO_2，SiO_2といった金属酸化物が広く使われている。ArenaらはCu/ZnO触媒における酸化物担体と触媒特性の相関関係を系統的に研究した[8, 9)]。Al_2O_3，ZrO_2，CeO_2の3種類の担体材料が比較評価のために選ばれ，これらの触媒の活性はCuZnZr > CuZnAl > CuZnCeの順であった。ZrO_2は表面積と細孔容積が最も大きく，還元時の減衰が最も小さく，Cu/ZnO触媒にとって最も効果的な助触媒であることが確認された。

Cu/ZnO/ZrO_2触媒を用いたメタノール合成の反応機構の研究は十分と言いがたい。これは三成分系触媒の，実験による活性サイトの同定や理論計算による経路決定の難易度が著しく高いことに起因する。Arenaらの研究[10)]によると図3に示すように，H_2の吸着と解離がCuサイトで起こり，原子状水素がCu表面から酸化物の表面活性サイト（ZrO_2の水酸基とZnOの塩基性ルイスサイト）に移動して，吸着したCO_2と段階的に反応する。そうするとと，吸着CO_2がギ酸，その他の中間体を経て，最終的にメタノールに転換される。この経路では，ZrO_2とZnOが別々にCuと相互作用して水素化反応が起こる。

Wangらの研究[11)]によれば，ZrO_2－ZnO相互作用によって，CO_2の吸着と活性化が決定づけられる（図4）。大気圧または高圧（3 MPa）でのその場測定から，ZrO_2－ZnO界面がCO_2吸着サイトとして働くことが明らかとなった。この界面にて，吸着CO_2はギ酸塩へ転換される。金

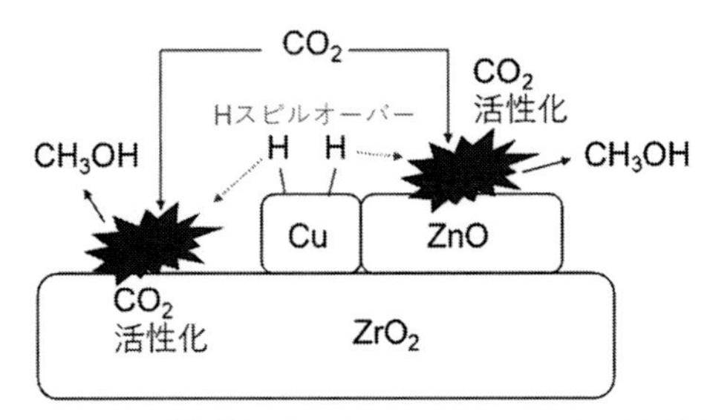

図3　Arenaらが提唱しているCu/ZnO/ZrO_2上での反応機構[10)]

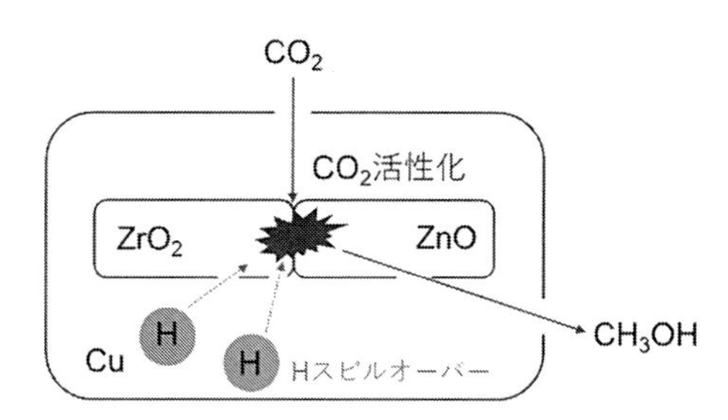

図4　Wangらが提唱している $Cu/ZnO/ZrO_2$ での反応機構[11)]

属Cuサイトは，吸着 CO_2 種にスピルオーバー水素を供給する働きを有している。理論計算も実施されており，ZnO-ZrO_2 界面の形成が*HCOOの活性化を促進することが示唆されている。

Coperetら[12)]は，孤立したZr表面を持つ SiO_2 担体の表面にCuナノ粒子を分散させた触媒を調製し，CO_2 活性におけるZrサイトの役割を評価した。Cu/SiO_2 と比較し，開発したCu/Zr^{4+}/SiO_2 はメタノール生成速度が高い結果となった。特筆すべきは，このメタノール生成速度は，Cu/ZrO_2 と同等の値であったことである。このことから，メタノールへの水素化反応に ZrO_2 中の酸素空孔などを必要としないことが示された。また，Cu触媒の担体として ZrO_2 を用いることで，担体表面に存在する CO_2 水素化の活性点が増加し，メタノールの活性や選択性が向上した。Zrサイトが存在することで，逆水性ガスシフト反応（式2）によるCO副生が抑制されることも特徴である。

5.2.2　Pd触媒

CO_2 水素化によるメタノール合成のための触媒として，Cu系触媒に次いで研究されているのが，メタノールに対する高い選択性や安定性，活性を有するPd系触媒である。Pd系触媒の中でも，Pd/ZnO触媒は，PdとZnOの還元によって形成されるPdZn合金がメタノール生成において重要な役割を持つことが知られている[13,14)]。

Bahrujiら[15)]は，ゾル固定化法を用いてPd/ZnO触媒を合成し，これを還元することでPdZn合金ナノ粒子を作製した。X線回折測定およびX線光電子分光測定を行った結果，Pd/ZnOを250℃で還元することでPdZn合金が形成されることが明らかとなった。このPdZn合金を含有する触媒は，高メタノール選択率と高 CO_2 転化率でメタノールを生成することが可能であった。150℃で還元したPd/ZnOは，150℃で10%の CO_2 転化率を示したが，メタノール選択率は2%と低い値であった。また，反応温度を180℃から275℃へ向上させると，メタノール選択率が増加する傾向を示した。これは，反応雰囲気（CO_2/H_2 混合ガス下）において180℃以上の温度にPd/ZnOを晒すと，PdZn相が形成されたためだと考えられる。一方で，400℃で還元した触媒は，CO_2 転化率は1%と低かったものの，高メタノール選択率（92%）を示した。同様の傾向はGengらによっても報告されている[16)]。

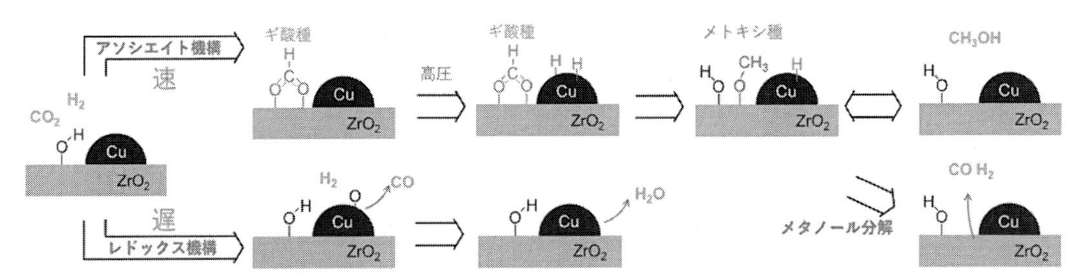

図5　Cu/ZrO_2 触媒上で進行する CO_2 水素化反応によるメタノール合成機構

5.3　非晶質 ZrO_2 を活用したメタノール合成触媒

ここでは，我々が行ってきたメタノール合成触媒の開発研究について解説する。我々は，Cu/ZrO_2 の特異的な触媒能に着目し，研究を重ねてきた。まず，この触媒上での CO_2 水素化反応によるメタノール合成反応機構を検討した。図5に示すように，最初に，CO_2（酸性）が塩基性担体（ZrO_2）に吸着し，ギ酸種を形成する。ギ酸種がCu－担体界面で水素化され，メタノールが生成される。また，触媒上においてメタノールが分解され，COが副生される。すなわち，本反応は全体では，「CO_2→メタノール→CO」となる逐次反応（アソシエイト機構）であると考えることができる[17]。そこで，生成したメタノールの分解を抑制することがメタノール収率を向上させることに繋がると考えた。

次に，先述の CO_2 水素化反応機構に立脚した新規触媒の設計・開発に従事した。これまでに，Cu/ZrO_2 触媒における ZrO_2 の結晶性が反応に及ぼす影響を検討する中で，Cu/非晶質 ZrO_2 触媒が本反応に特異な選択性を有することを見出した[18]。この特異な選択性が発現した理由として，Cu/非晶質 ZrO_2 触媒が，COの副生に関わる反応（メタノール分解反応，「CO_2→メタノール→CO」の逐次反応における後段反応）を抑制していることが挙げられる。メタノール吸着力に着目して検討を行ったところ，結晶化 ZrO_2 上へのメタノール吸着は強かったが，非晶質 ZrO_2 上へのメタノール吸着は弱いことが明らかとなった。以上より，生成したメタノールがCu/非晶質 ZrO_2 上から系外へ素早く放出されるため，メタノール分解反応によるCO副生を抑制することができたと示唆される。触媒調製法の検討を進め，活性点であるCu－非晶質 ZrO_2 界面の増大させることで，メタノール収率が向上することも明らかにした[19,20]。非晶質 ZrO_2 に着目した本研究は，熱的に弱い非晶質材料を触媒へ応用する道を拓くものである。また，世界的な触媒メーカーであるJohnson Mattheyの技術報告書でも特集されており[21]，新規性の高い研究であると自負している。

5.4　おわりに

本稿では，CO_2 水素化反応によるメタノール合成に特化した触媒に関して概説してきた。1960年代にインペリアル・ケミカル・インダストリーズ社が $Cu/ZnO/Al_2O_3$ 触媒を用いたメタノール合成を商用化して，60年以上が経過している。当時のメタノール合成は，化石資源由来の合成ガス（CO/H_2）のメタノール化であり，本稿で取り扱ったCO_2水素化反応によるメタノール合成とは異なることを強調しておきたい。確かに，合成ガスを出発原料としたメタノール合成では，触媒＝$Cu/ZnO/Al_2O_3$と言っても過言ではない。しかしながら，この触媒をCO_2水素化反応に用いたとしても，メタノール合成能は不十分である。更なる触媒改良が求められているのは明白である。2050年カーボンニュートラル，脱炭素達成を実現できるような革新的な触媒プロセスの登場を待ちたい。

文　　献

1）B. Yang, C. Liu, A. Halder, E. C. Tyo, A. B. F. Martinson, S. Seifert, P. Zapol, L. A. Curtiss, S. Vajda, *J. Phys. Chem. C*, **121**, 10406–10412（2017）

2）J. Díez–Ramírez, F. Dorado, A. R. De La Osa, J. L. Valverde, P. Sánchez, *Ind. Eng. Chem. Res.*, **56**, 1979–1987（2017）

3）Y. J. Fan, S. F. Wu, *J. CO_2 Util.*, **16**, 150–156（2016）

4）J. A. Rodriguez, P. Liu, D. J. Stacchiola, S. D. Senanayake, M. G. White, J. G. Chen, *ACS Catal.*, **5**(11), 6696–6706（2015）

5）T. Witoon, J. Chalorngtham, P. Dumrongbunditkul, M. Chareonpanich, J. Limtrakul, *Chem. Eng. J.*, **293**, 327–336（2016）

6）L. C. Grabow, M. Mavrikakis, *ACS Catal.*, **1**, 365–384（2011）

7）Y. Yang, Y. Xu, H. Ding *et al.*, *Catal. Sci. Technol.*, **11**, 4367–4375（2021）

8）F. Arena, G. Mezzatesta, G. Zafarana, G. Trunfio, F. Frusteri, L. Spadaro, *Catal. Today*, **210**, 39–46（2013）

9）F. Arena, G. Mezzatesta, G. Zafarana, G. Trunfio, F. Frusteri, L. Spadaro, *J. Catal.*, **300**, 141–151（2013）

10）F. Arena, G. Italiano, K. Barbera, S. Bordiga, G. Bonura, L. Spadaro, F. Frusteri, *Appl. Catal. A*, **350**, 16–23（2008）

11）Y. H. Wang, S. Kattel, W. G. Gao, K. Z. Li, P. Liu, J. Chen, G. G. Wang, *Nat. Commun.*, **10**, 1166（2019）

12）E. Lam, K. Larmier, P. Wolf, S. Tada, O. V. Safonova, C. Copéret, *J. Am. Chem. Soc.*, **140**, 10530–10535（2018）

13）C. Quilis, N. Mota, B. Pawelec, E. Millan, R. M. N. Yerga, *Appl. Catal. B.*, **321**, 122064（2023）

14）F. Brix, V. Desbuis, L. Piccolo, É. Gaudry, *J. Phys. Chem. Lett.*, **11**, 7672–7678（2020）

15）H. Bahruji, M. Bowker, G. Hutchings, N. Dimitratos, P. Wells, E. Gibson, W. Jones, C. Brookes, D. Morgan, G. Lalev, *J. Catal.*, **343**, 133–146（2016）

16）J. Xu, X. Su, X. Liu, X. Pan, G. Pei, Y. Huang, X. Wang, T. Zhang, H. Geng, *Appl Catal. B.*, **343**, 133–146（2016）

17）K. Larmier, W. C. Liao, S. Tada, E. Lam, R. Verel, A. Bansode, A. Urakawa, A. Comas–Vives,

C. Copéret, *Angew. Chem. Int. Ed.*, **56**, 2318-2323 (2017)
18) S. Tada, A. Katagiri, K. Kiyota, T. Honma, H. Kamei, A. Nariyuki, S. Uchida, S. Satokawa, *J. Phys. Chem. C*, **122**, 5430-5442 (2018)
19) S. Tada, K. Oshima, Y. Noda, R. Kikuchi, M. Sohmiya, T. Honma, S. Satokawa, *Ind. Eng. Chem. Res.*, **58**, 19434-19445 (2020)
20) S. Tada, S. Kayamori, T. Honma, H. Kamei, K. Kon, T. Toyao, K.-I. Shimizu, S. Satokwa, *ACS Catal.*, **8**, 7809-7819 (2018)
21) A. Richardson, K. Smart, *Johnson Matthey Technol. Rev.*, **64**, 192-196 (2020)

第３章　e-fuel の動向

1　合成液体燃料製造触媒技術の動向

室井高城*

1.1　はじめに

CO_2 を増加させない合成液体燃料は CO_2 と再生可能エネルギーによる電解水素と一部は廃材などのウッドマスや都市ごみのガス化によって得られる合成ガス（CO/H_2）から製造される。合成燃料は CuZnOx を用いたメタノールを経由する方法と Fe，Co 又は Ru を用いた FT 合成によって製造される（図１）。

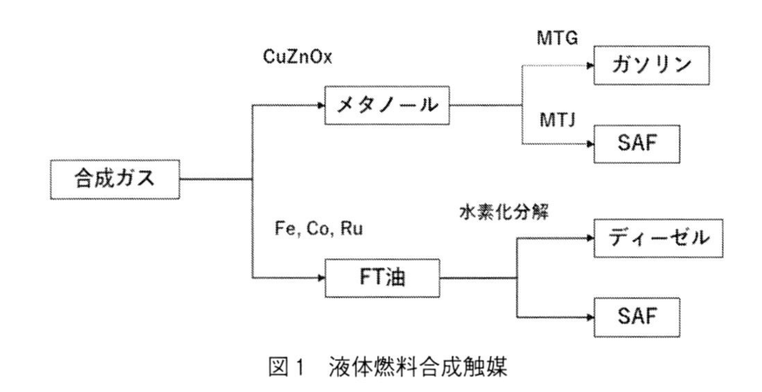

図１　液体燃料合成触媒

1.2　合成液体燃料の製造法と触媒

開発されている合成液体燃料の製法と触媒例を示す（表１）。

表１　液体燃料の合成法と触媒（例）

製法	原料	触媒例	開発会社
MTG	メタノール	γ-Al_2O_3/ZSM-5	ExxonMobil
ETJ	エタノール	Al_2O_3/Ni-SiO_2-Al_2O_3/H-β	LanzaTech
MTJ	メタノール	SAPO-34	UOP
FT 合成	CO/H_2	CoPt-Al_2O_3/Co-TiO_2	Sasol, Shell 他
Direct	CO_2/H_2	Na-Fe_3O_4/HZSM-5	大連化学物理研究所

＊　Takashiro MUROI　アイシーラボ　代表

1.3 MTGプロセス

1970年代にExxonMobilによって開発されたMTG（Methanol to Gasoline）プロセスは1985年ニュージーランドで工業化されたが，石油価格が低迷した1997年稼動を停止している。一方，中国では石炭合成ガスからMTGプロセスによりガソリンが製造されている。COと水素からCuZnOxによって製造されたメタノールはγ-Al_2O_3によって脱水されDME/メタノール混合原料とされた後，ZSM-5を用いて希釈ガスと混合，400～420℃で脱水，縮合，環化反応させガソリンが合成される。主生成物はイソパラフィンと芳香族でC_5+収率は約80%である。この反応を用いて大気中のCO_2と再エネ電解水素から液体燃料の合成が可能である。ニュージーランドのMTGプロセスでは反応基は5基でカーボン析出により劣化した触媒はカーボンバーン再生を3～4週間に一回，5基のうち1基は交替で触媒の再生を行われた。南米のチリのHIFのHaru Oniプロジェクトでは，メタノール合成は，Jhonson Matthey，MTGはExxonMobilの開発した改良型MTGプロセスである流動層プロセスが用いられている（図2）。2022年にはパイロット装置で13万Lの製造を行い，2024年には約5,500万L/年，2026年には約5億5,000万L/年の液体燃料を製造される（図2）[1]。

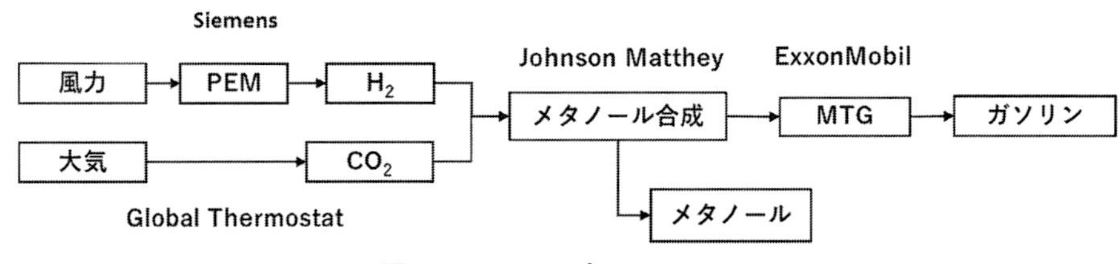

図2　Haru Oniプロセスフロー

1.4 ATJ（アルコール to Jet Fuel）

1.4.1 エタノールから航空燃料（ETJ）

(1) LanzaJet社

電気自動車（EV）が普及するとバイオエタノールは過剰になることが予想される。又，バイオエタノールよりもJet燃料は付加価値が高いためにエタノールからのJet燃料の製造が注目されている。LanzaTechの子会社のLanzaJet社はエタノールの脱水によるエチレンの重合によるジェット燃料の工業化プラントを米国ジョージア州ソペルトンのフリーダムパインズサイトで2024年1月に稼働させた[2]。PNNL（Pacific Northwest National Laboratory）と共同で開発した技術である。エタノールはγ-Al_2O_3で脱水されてエチレンとされてからNi/SiO_2-Al_2O_3で二量化され，次いで250℃，300 psigでH-βにより二量化され，Pt/Al_2O_3で水素化して製造される（図3）[3]。

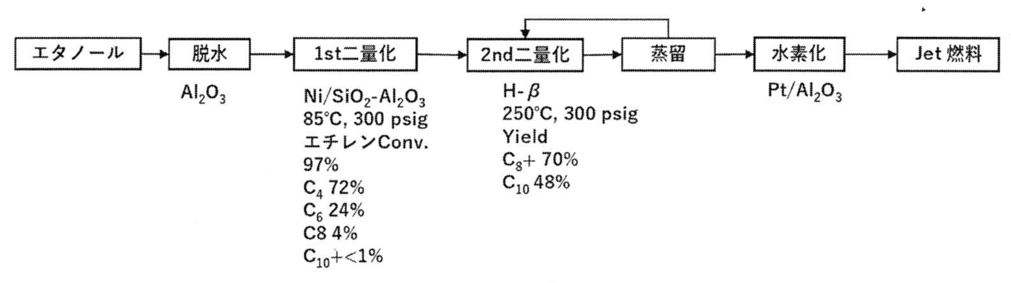

図3　LanzaJet の ETJ プロセススキーム

(2)　Axens

Axens はエタノールをエチレンに脱水する Atol® プロセスとエチレンを二量化する Dimersol™ プロセス，Polynaphtha™ プロセスを持っている。Axens は，これらのプロセスを組み合わせて，Jetanol™ と呼ばれる SAF 製造プロセスを開発している。Atol® プロセスは P/ZSM-5，Dimersol™ は Ziegler 型の Ni 活性化アルキルアルミネート触媒，Polynaphtha™ プロセスは酸性 $SiO_2-Al_2O_3$ 触媒を用いている（図4）。Axens と米国の Gevo は 2021 年に戦略的 ETJ 技術のアライアンスを結んでいる。Axens は世界的にこの技術のライセンス供与を開始し，日本では，出光興産が Jetanol™ プロセスの導入を決めている[4)]。

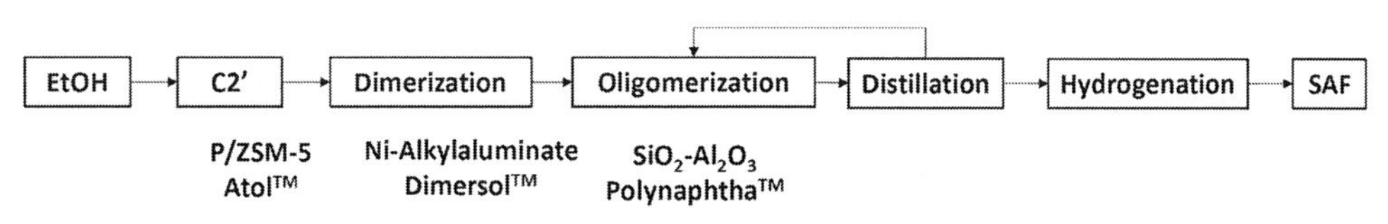

図4　Axens's Jetanol process scheme

(3)　Honeywell UOP

Honeywell UOP はメタノールから C_2'，C_3' を製造する SAPO-34 を用いた流動層である MTO プロセスを開発し，中国にライセンスしている。更に，固体リン酸または樹脂触媒を使用した CatPoly™ 技術およびオリゴマー化プロセスの InAlk 技術を多数工業化している。UOP は，これらの技術を組み合わせてエタノールから SAF の製造プロセスを開発している。米国の Summit Next Gen は，この技術を導入することを決定し，2025 年にはメキシコ湾岸地域に約2億 5,000 万ガロン（94.6 万 kL）の SAF プラントを建設する予定である（図5）[5)]。

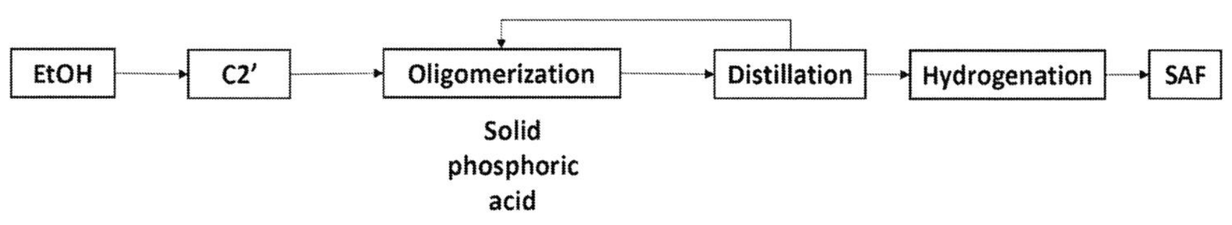

図5　UOP の ETJ による SAF 製造プロセス

1.4.2 メタノールから航空燃料（MTJ）

メタノールは CO_2 と水素から CuZnOx 触媒により製造できる。CRI（Carbon Recycling International）は ETL™ 技術を開発し，アイスランドで工業化し，中国の 2 つの工場にライセンスし，稼働させている。触媒は JohnsonMatthey が供給している。メタノールは CO_2 から製造できるため，SAF 製造法として大きな可能性を秘めている。

(1) Honeywell UOP eFining

Honeywell UOP はメタノールから合成液体燃料製造する eFining™ プロセスを開発している。プロセスでの前段のメタノール製造技術は特定のライセンサーに拘らず既存のライセンサー技術が用いられる。UOP は MTO（Methanol to Olefins）プロセスと固体リン酸触媒を用いた軽質オレフィンの二量体化技術や水素化技術を所有している。eFining プロセスは，これらの技術を組み合わせた技術である（図 6）。チリの HIF グローバルは 2030 年にメキシコ湾岸にこの技術を使用して 11,000 bpd（約 64 万 kL/年）の MTJ プラントを建設することを決定している[6)]。

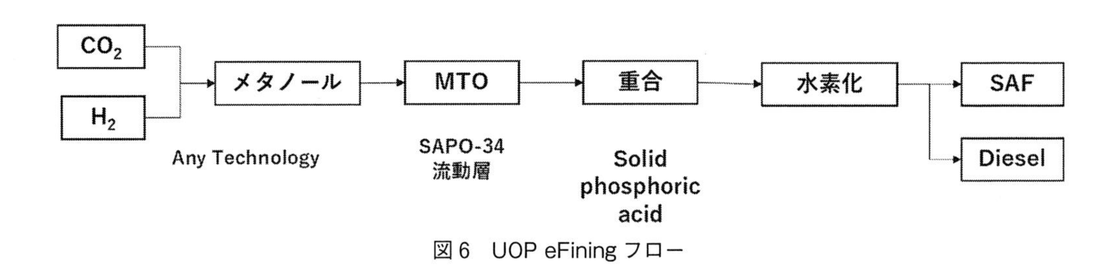

図 6　UOP eFining フロー

(2) Topsoe

Topsoe は天然ガスを原料とした液体燃料製造技術（TIGAS）を開発し，トルクメニスタンで商業化している。天然ガスを改質した合成ガスからは，メタノールではなくメタノールよりも平衡制限が少ない含酸素化合物を合成し，含酸素化合物は分離精製せず，エクソンモービルの MTG プロセスと類似反応により ZSM-5 を使用してガソリンに直接変換される。Topsoe の MTJ プロセスはこのプロセスで含酸素化合物から MTO プロセスで C_2'～C_3' を誘導し，次いで Ni/Y や ZSM-23 で重合し，芳香族化合物を含まないジェット燃料を製造する（図 7）。米国テ

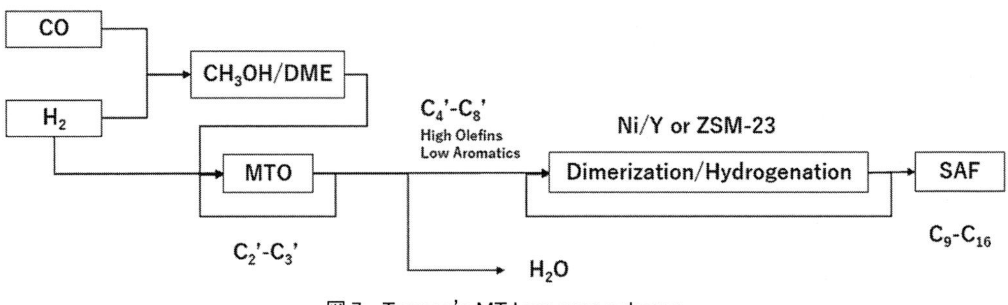

図 7　Topsoe's MTJ process scheme

キサス州のNacero社はパーミアン盆地のバイオガスやフレアガスから含酸素化合物ではなくメタノールを使用し，3万トン/日のメタノールから液体燃料を製造するTopsoeのMTJプロセスを導入することを決定している[7]。

(3)　ExxonMobil

ExxonMobilは1985年に水素の存在下でRu/TiO_2を用いることによりメタノールから液体燃料が合成できることを見つけている。エクソンモービルのSAFの製造方法は公開されていないが，メタノールと水素からRu/TiO_2を用いて直接CH_2+が製造できることを明らかにしている(図8)[8]。

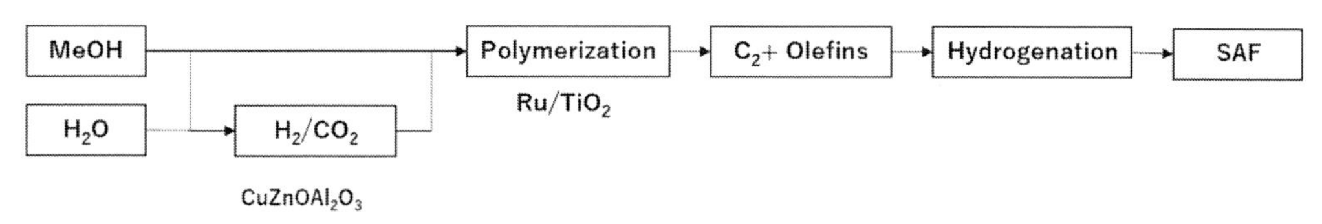

図8　ExxonMobil MTJプロセススキーム（推定）

さらに，$CuZnO/Al_2O_3$によってメタノールを改質したCO_2を含む水素が，メタノールの重合に影響を与えないことも見出している[9]。

1.5　FT合成

1.5.1　FT合成の特徴

FT（Fischer-Tropsch）合成は1940年代にドイツで開発され工業化された合成ガスから液体燃料を合成する技術である。日本でも技術が導入され第二次大戦中大牟田や尼崎，滝川で工業化された。FT合成はCOと水素から生成するカルベン（CH_2:）を経由する連鎖反応で直鎖のパラフィンとαオレフィンを合成する反応で，水を副生する非常に大きな発熱反応である。

$$CO + 2H_2 \rightarrow (-CH_2-) + H_2O \quad \Delta H_{298} = -152\,kJ/mol$$

副反応として水性ガスシフト反応，アルコールの合成反応やブドアール反応（$2CO \rightarrow C + CO_2$）も生じる。FT合成反応は，燃料油（C_5+）の製造が目的であるので主に抑制したい副反応生成物はメタンとCO_2である。また，触媒を被毒する長鎖のWaxやTarの生成も抑制しなければならない。反応は，α値と呼ばれるオレフィンの成長の確率によって決定されるため生成物の分布はAnderson-Schulz-Flory式に従うことになる。そのため炭素数（n）のプロットは，ln(α)に等しい傾きの直線となる。しかし，実際のFT生成物分布は理想的なAnderson-Schulz-Flory分布から外れ，高いメタン生成率と低いC_2選択性，また，鎖成長生成物の増加と，それに伴うオレフィン/パラフィン比が観察される。α値は，HTFT（高温FT合成：310〜340℃）では，

0.70＜α＜0.75，LTFT（低温FT合成：210〜260℃）では0.85＜α＜0.95である（図9）[10]。

Co触媒による反応条件は200〜250℃，2〜3 MPaであるが，反応温度が高いとメタンの生成量が増加しC_5+の収率が低下する。そのため，懸濁床プロセスでは高沸溶媒に触媒を懸濁させ，CO/H_2は気泡で反応器下部から導入し，反応器内部を多管の熱交換器により冷却している。固定床プロセスでは，多管の反応器（Multi tubular）が用いられている。反応管は50 mmφ以上には設計できない。反応管の外壁は水蒸気で冷却されている。

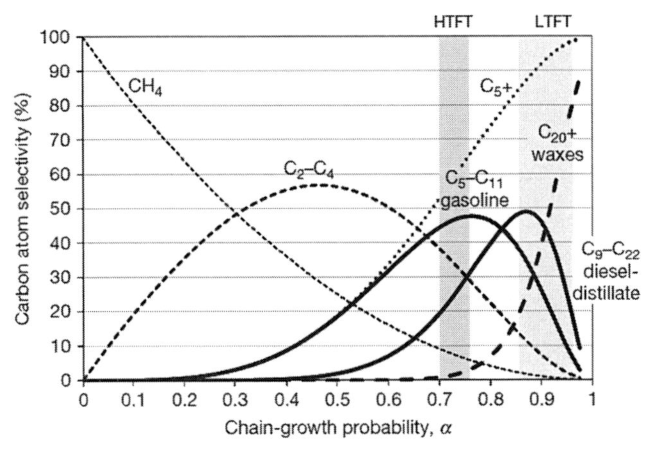

図9　Schulz–Flory分布によるFT生成物分布

（出典）Comprehensive Inorganic Chemistry II: From Elements to Applications, **7**, 525–557 (2013)

1.5.2　FT合成触媒

(1)　Co触媒

COと水素から液体燃料を合成するFT合成触媒はFeとCo触媒が用いられているが，Feは高温FTで用いられ主にガソリンや化学品原料の軽質オレフィンが製造される。ディーゼル燃料やSAFの製造では低温FT合成で行われ，活性の高いCoが用いられる。プロセスによって用いられる触媒形状は大きく異なる。懸濁床では100 μmφのCo/SiO_2，Co/Al_2O_3などが用いられている。固定床では2 mmφ程度のCo/SiO_2やCo/TiO_2が用いられている。

(2)　Co結晶サイズ

FT合成反応はCoの結晶子サイズにより異なる。Coの結晶子サイズが10 nmφより小さいとメタンの選択率が大きい。C_5+選択率は粒子径が10 nmφより大きいと大きい値を示す（図10）[11]。

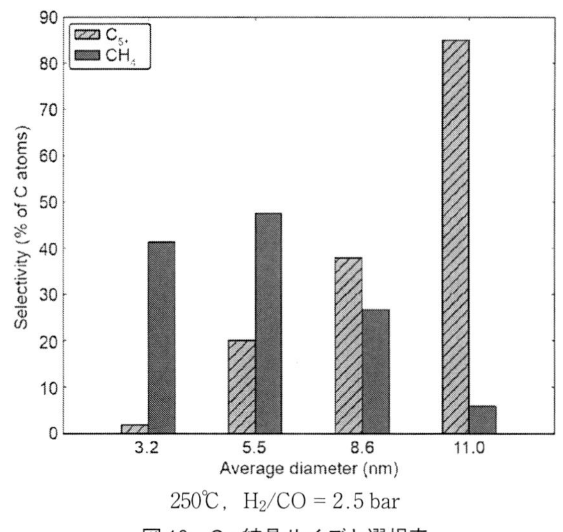

250℃，H_2/CO = 2.5 bar

図10　Co結晶サイズと選択率

⑶　触媒粒子径

触媒の粒子径が異なるとメタンの選択性は異なる。100 μm ϕ の触媒を用いる懸濁床では問題ないが，数 mm ϕ の粒径の触媒を用いるとメタンの選択性が増加する。これは，原料のCOと H_2 の拡散速度が異なるためである（表2）[12]。

表2　拡散速度

Wax中の拡散成分	拡散速度
CO	(1.24〜1.44) × 10^{-8} m^2s^{-1}
H_2	(3.13〜3.62) × 10^{-8} m^2s^{-1}
H_2O	(2.10〜2.42) × 10^{-8} m^2s^{-1}
C_6H_{14}	(5.12〜5.98) × 10^{-9} m^2s^{-1}

触媒粒径が大きいと，相対的に，触媒内部のCO濃度は低下するため鎖成長が抑制され，メタンや軽質成分が生成する。$CoRe/Al_2O_3$ 触媒を篩で3つの異なる粒径に分離して反応させたデータを示す（図11）。

⑴　反応速度は，粒子径が小さいと大きく，粒子サイズが大きくなるにつれて低下する。

⑵　420〜825 μm の粒子では，ブタンまでの軽質炭化水素の選択率は増加を示すが，C_5+ の選択性は大幅に低下している。反応物の化学量論的拡散に加えて，生成された α-オレフィンは，触媒表面に再吸着され，成長プロセスに再挿入される。オレフィンの再吸着と再挿入により，鎖長の長い生成物が生成する。再吸着の主な要因は，活性点付近の滞留時間である[13]。

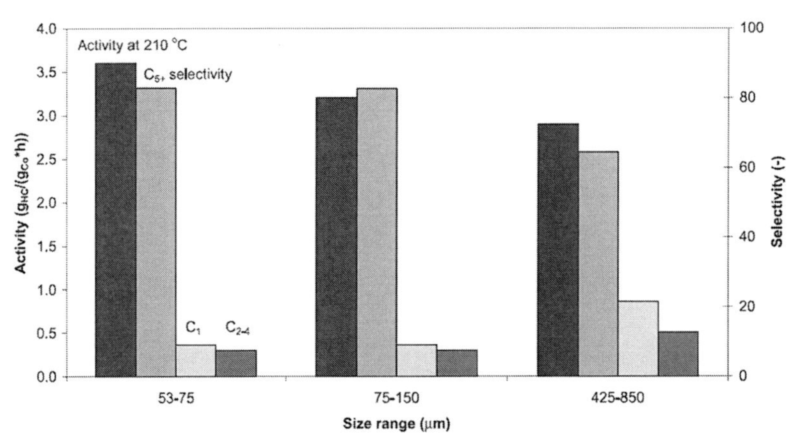

図 11　Co 触媒粒子径と活性

1.5.3　触媒劣化

FT 合成触媒は長期の使用により劣化する。短期的な劣化原因は，触媒細孔内への高沸物の沈着と Co の酸化であるが，長期的には Co のシンタリングと Co と MSC（Metal-support compounds）の生成である。CoO から Co_3O_4 の完全な酸化は生じ難いが，CoO と H_2O からの $Co(OH)_2$ の生成は，140℃以下で生じる。Co は水の存在で MSC が生成しやすい。CoO は担体（Me_xO_y）と反応し MSC を生成しやすい。MSC 生成反応を示す。

$$_aCo + Me_xO_y + cH_2O \rightarrow Co_aMe_xO_{y+c} + H_2$$
$$_aCoO + Me_xO_y \rightarrow Co_aMe_xO_{y+a}$$

Co のシンタリングと MSC 生成による劣化現象を図示する（図 12）[14]。

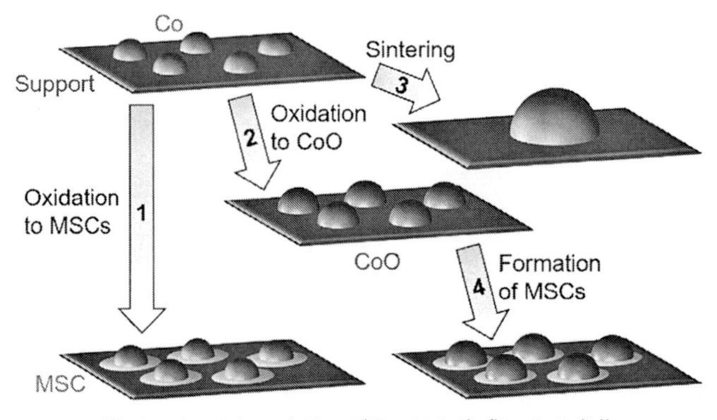

図 12　Co のシンタリングと MSC 生成による劣化

（出典）Moritz Wolf *et al.*, *Chem Catalysis*, **1**, 1014-1041 (2021)

1.5.4　触媒再生

触媒再生は，触媒に吸着された高分子のWaxの除去と，付着カーボン質の酸化除去により行うことができる。Shellは触媒の再生をプラント内で定期的に行っている。Sasolは，反応器からスラリーの一部を連続的に抜き出して再生している。Sasolはワックスの大部分を除去し，その後，残りの炭素質を酸化燃焼させ，再活性化する手順を開示している。脱Waxは水素を用いて220℃で2時間，更に，水素化分解後，350℃で2時間還元している。還元触媒は流動床焼成装置内で空気を用いて，250℃，6時間，10 barの圧力下で酸化され酸化Coとしてから水素で還元される。再還元は425℃で行い，元の活性の98％が回復している。マイクロチャンネル反応器は，in situ再生又は，触媒充填マイクロチャンネルトレイを取り外して，再生される[15]。

高沸物は有機溶媒で洗浄することによって再生可能である。酸化により活性の低下したCo触媒は水素または水蒸気中で処理し，酸化還元サイクルを行うことにより再生できる。酸化工程は，250℃以上の温度で温度制御を行い，緩やかに酸化を行い，カーボンを酸化除去する。酸化ステップは，Coの再分散にとっても重要である。Coの再分散のメカニズムは，2段階のプロセスで行われる。

(1) カーケンドール効果（Kirkendall effect）による酸化による中空球の形成。

(2) 還元中のCo_3O_4の多核生成による結晶子の微小化。

Co/SiO_2の再生処理による再分散化を示す（図13）[16]。

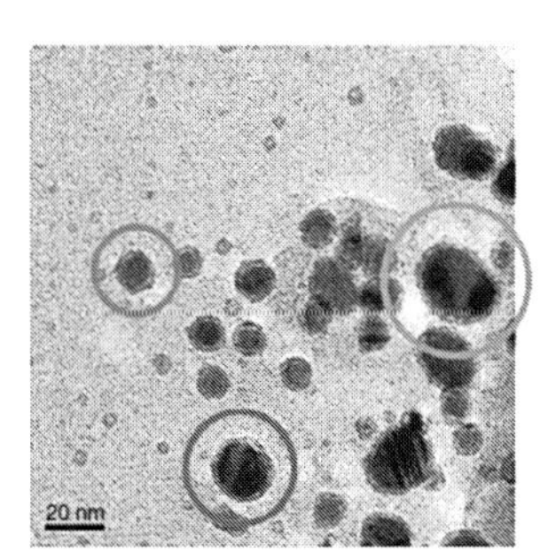

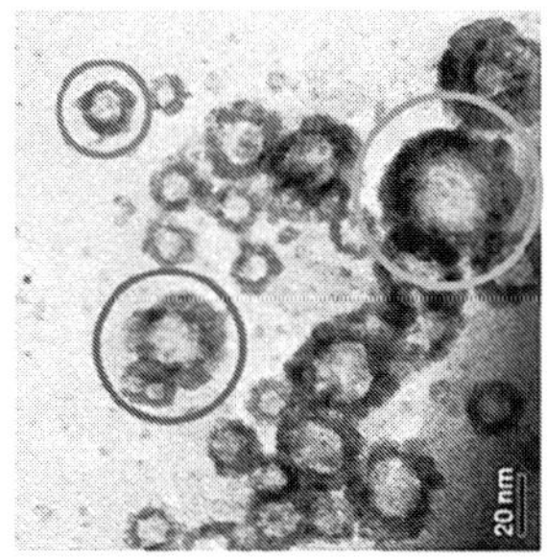

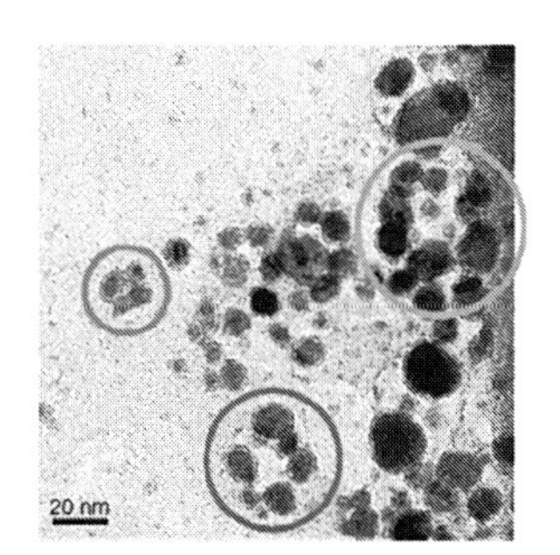

酸化前の金属状態のCo粒子（左）。酸化により形成した中空酸化物粒子（中央）。中空粒子の還元による再分散（右）。

図13　Co/SiO_2の再生処理による再分散化

（出典）van de Loosdrecht J. *et al.*, Comprehensive Inorganic Chemistry Ⅱ, **7**, 525-557, Oxford, Elsevier (2013)

1.6　小型FT合成装置

従来工業化されているFT合成装置は天然ガスや石炭を原料としているため巨大なプラントである。それに対して再エネの電解水素を用いたe-fuelプラントは1/10～1/100のサイズである。そのため小型のFT装置が開発されている。

1.6.1 CANS反応器

Johnson Mattheyとbpは共同でコンパクトなGTLプロセスを開発している。触媒はCANS反応器に充填されている。CANS反応器の反応はラジアルフローで原料ガスはCANS反応器の中心部から外側に流れCANS反応器は多段に反応管に充填されている。触媒サイズは<1 mm pelletで，冷却は多段で行われている（図14）[17]。10% Co-1% Mn/TiO_2を用い，予備還元を300℃，FT合成反応を198℃，GHSV = 1,250で行うと，CO転化率は65%，C_5+選択率は87%，CH_4の選択率は7.4%である[18]。

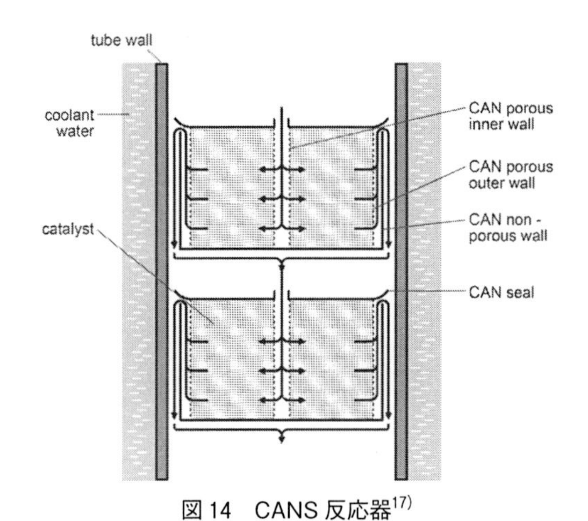

図14　CANS反応器[17]

（出典）M. Peacock *et al., Topics in Catalysis,* **63**, 328-339 (2020)

1.6.2 マイクロチャネル反応器

英国のOxford大学のスピンアウト企業であるOxford Catalystが設立したVelocys社はマイクロチャネル反応器を開発している。マイクロチャネル反応器は0.1～1.0 mmの波型の溝に100～150 $\mu m \phi$の触媒が充填され，熱交チャネルと交互に重ねられて用いられている（図15）。溝の幅が狭いのでFT合成による発熱は隣接する熱交チャネルで冷却され均熱近くに制御されている[19]。

原料ガスは，マイクロチャネルの上部から導入され，交互に挟まれた熱交の冷却水は横からクロスして導入されている。標準触媒ユニットの高さは60 cmで，FT合成マイクロチャネル数は40，冷却チャネルの長さは30 cm，冷却のマイクロチャネル数は425である。このサイズで7 L/日の液体燃料が合成できる[20]。COの転化率は約75%と，極めて高い，C_5+選択率は約90%，メタン選択率は5～6%と低い[21]。開示されている触媒は42% Co-0.2% Re-0.03% Pt/TiO_2-SiO_2で触媒粒径は100～150 μmである。

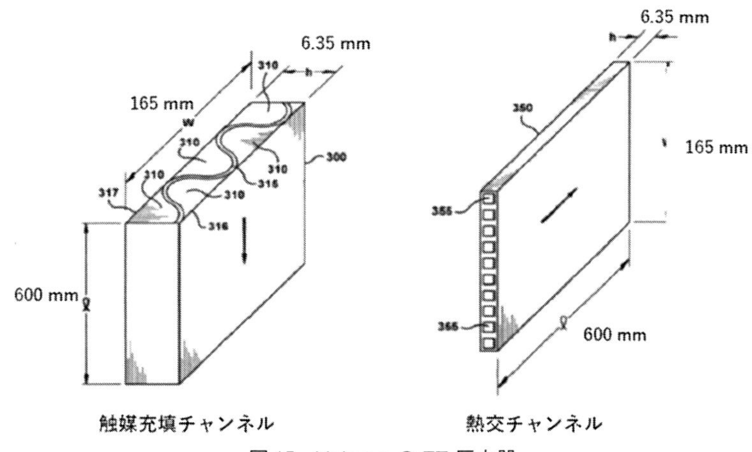

図15　VelocysのFT反応器
（出典）JP2022-535946A ベロシス

1.7　Direct FT合成

FT合成ではカーボン数の広い分布の生成物が生成され，Waxも生成されてしまう。そのため，後工程で水素化分解と異性化を行い，液体燃料が合成されているが，選択的に燃料を直接合成するDirect FT合成プロセスが開発されている。

1.7.1　Greyrock Energy社

米国のGreyrock Energy社はDOEのプロジェクトの一環として＄25 M（約38億円）の資金援助により，オハイオ州トレドに30 bpdのDirect FT合成実証プラントを建設し，現在，商用規模のシステムの開発を行っている。プロセスは，2段階のプロセスで，第1段目は天然ガス液を含む天然ガスから合成ガス（H_2/CO，一部はCO_2を含む）を生成し，第2段目でGreyrock独自のGreyCat^{TM}システムと触媒を用いて合成ガスから直接クリーン燃料を生産する。後処理の水素化分解は必要ない。第2段のプロセスは，中間ワックスを生成する従来のFT触媒とは異なり，液体燃料を直接生成する。Greyrockシステムによって製造されたディーゼル燃料はASTM D975仕様を満たしている。水素化分解を省いたGreyrock技術はFT合成触媒に水素化触媒を導入し，水素化によりCH_2：重合連鎖反応を抑制していることにある。Greyrockから開示されている触媒は，20% Co-0.3% Pt/γ-Al_2O_3 Extruded（押し出し成型品）である。Pt含有量が0.3%と高い[22]。GreyrockはInfinium社を立ち上げている。

従来のFT合成は400～500 psig（27～34 atm）であるが，GreyrockのFT合成は200 psig（14 atm），400 F（204℃）とマイルドで，H_2/COは2.2と大きい[23]。

1.7.2　GTI Energy

米国のGTI Energy社はDirectFT合成プロセスであるCoolGTLプロセスを開発している。元々バイオガスのガス化合成ガスを原料として開発された。ガス化は電熱ヒーターを用いてい

る。CoolGTL の反応は

Cool Reforming Reactor

$H_2O + CH_4 \rightarrow CO + 3H_2$ （800℃）

$CO_2 + CH_4 \rightarrow 2CO + 2H_2$ （800℃）

$CO_2 + H_2 \rightarrow H_2O + CO$ 平衡反応

FT Reactor

$CO + 2H_2 \rightarrow -(CH_2)- + nH_2O$ FT 合成 （200℃）

$-(CH_2)- + H_2 \rightarrow -(CH_2)- + H_2$ 異性化 （200℃）

特徴は，懸濁床の FT 合成反応器に Co/Al_2O_3（FT 合成触媒）と Ga/ZSM-5（水素化分解触媒）を混合して，FT 合成と FT 合成により生成する Wax を同じ FT 合成装置の中で水素化分解を行っている。そのため Wax は生成せず，ガソリンとディーゼル燃料が生成される。CoolFT プロセスの転化率は＞60％で，触媒の劣化速度は，＜5℃/200 h と発表されている[24,25]。

DOE の研究として実験室での試験を行い，次のステップとして 100 Gallon/日のパイロットプラントを稼働させる計画で，10 年後の商業化を目指している[26]。

文　　献

1） Press release Siemens Energy and Porsche, Dec. 2 (2020)
2） LanzaJet, 2024.1.24
3） WO 2016067032 LanzaTech
4） Degital Refining, 2022.10.26
5） Honerwell, 2023.5.15
6） Honeywell, 2023.5.15
7） WO 2022/063994 Topsoe
8） US 4,513,161, ExxonMobil (1985)
9） US 4,579,995, ExxonMobil
10） Jan van de Loosdrecht *et al.*, Comprehensive Inorganic Chemistry II: From Elements to Applications, **7**, 525-557 (2013)
11） Jin-Xun Liu *et al.*, *Engineering*, **3**, 467-476 (2017)
12） Miloš Mandić *et al.*, *Ind. Eng. Chem. Res*, **56**, 2733-2745 (2017)
13） Ronald M. de Deugd *et al.*, *Topics in Catalysis*, **26**, 29-39, December (2003)
14） Moritz Wolf *et al.*, *Chem Catalysis*, **1**, 1014-1041, October 21 (2021)
15） Weststrate C. *et al.*, *Topics Catal.*, **54**, 811-815 (2011)
16） van de Loosdrecht J. *et al.*, Comprehensive Inorganic Chemistry Ⅱ, **7**, 525-557, Oxford,

Elsevier (2013)
17) Petroleum News Bulletin, Vol. 15, No. 66 (2009)
18) M. Peacock *et al., Topics in Catalysis*, **63**, 328-339 (2020)
19) JP2022-535946A ベロシス
20) John Brophy, 10th PIN Meeting, Heriot-Watt University, Edinburgh, June 3 (2004)
21) Steve LeViness *et al.*, Improved Fischer-Tropsch Economics Enabled by Microchannel Technology, ResearchGate, January (2011)
22) Submitted via Federal eRulemaking Portal CC: PA: LPD: PR (REG-132634-14) Greyrock Energy, August 4 (2015)
23) US 20190233734 Greyrock
24) US 20230348800A1 GTI Energy
25) Terry Marker, DOE Bioenergy Technologies Office, 2021 Project Peer Review, Gas Technology Institute, March 25 (2021)
26) DOE Bioenergy Technologies Office (BETO) 2023 Project Peer Review, GTI Energy, April 4 (2023)

2 CO_2原料合成液体燃料製造のサプライチェーンと持続可能性

細野恭生*

2.1 はじめに

カーボンニュートラル（CN）実現には，再エネ等をベースにした電化やクリーン水素，アンモニアの最大活用を基本とするが，これらの直接的適用が難しい産業（Hard-to-Abate）分野がある。限られたスペース/大重量輸送条件下で大きなエネルギー出力を必要とする大型車，航空機，船舶などがその典型例である。液体燃料はエネルギー密度が極めて高く，可搬性に優れている特徴を有しており，脱炭素化された持続可能な「人工原油」の開発実装化の意義は極めて大きい。そのためには原料のクリーン水素製造・輸送，CO_2回収・供給，それらを用い MeOH（メタノール）合成や FT（フィッシャートロプシュ）反応を経たガソリン，ジェット燃料，ディーゼルなどの製品に至る長いサプライチェーンが必要となり，需要への安定供給を前提にしたCO_2削減と経済性向上を目指した合理的なバリューチェーン構築が要求される。ここでは，サプライチェーンの概要とそれを構成する個別の要素技術を俯瞰し，トータル視点でエネルギー効率，環境性および経済性から合成液体燃料（SLF：Synthetic Liquid Fuel）の持続可能性について述べる。

2.2 合成液体燃料の必要性とサプライチェーンの概要

2.2.1 合成液体燃料の必要性

現在，ガソリン，ジェット燃料等石油由来液体燃料で必要エネルギーを賄っているセクターは多く，その供給量（2022年）は年間約42億tに達し，CO_2排出は世界の約1/3にあたる130億トン/年を占めている[1)]。これをすべてクリーンな合成燃料で代替できればよいが，原料のクリーン水素と回収CO_2の供給制約のため高価となり，利用先は液体燃料の特徴と利用形態が合致した分野（航空機燃料等）に限定される。ここでいう液体燃料の特徴とは，①圧倒的な高エネルギー密度，②安価で大量に安定供給可能，③輸送・貯留・ハンドリングが容易な点に集約される。表1に現状で合成液体燃料（SLF）が必須な分野とその必要推定量を示した。

自動車分野では電動化（EV）の流れは趨勢ではあるが，実質的にはエンジン車（ICE）との併存が続き，特に大型商用車の電動化は困難で合成液体燃料が必須となる。EVは走行距離，充電時間，インフラ整備，イニシャルコストなどの課題も多く，ICE存続の希望は根強い。欧州では最近，これまでの電動車一辺倒方針から合成燃料の使用に対して前向きな政策が打ち出されている。

航空分野は電動化が著しく困難でSAF（Sustainable Aviation Fuel）の供給が不可欠である。

---

* Yasuo HOSONO　千代田化工建設㈱　フロンティアビジネス本部　テクニカルアドバイザー

表1　セクター別液体合成燃料需要予測

セクター	用途	現状主要燃料	石油系燃料 @2022		脱炭素化手段	SLFを必要とする分野	SLF需要量 @2050	
			需要 億t/y	CO_2排出 億tCO_2/y			Min 億t/y	Max 億t/y
運輸用	乗用車	ガソリン、ディーゼル、電気	10	30	電動化、水素・アンモニア・バイオ燃料、SLF	スポーツカー等	0	0.2
	トラック	ディーゼル	6	18	SLF、バイオ燃料	大型トラック	0.1	1.0
	航空機	ジェット燃料	3	8	SAF（バイオジェット燃料、SLF）、（電動化）	航空機全般	0.5	2.4
	船舶	重油、軽油、LNG	3	9	水素・アンモニア・バイオ・グリーンLNG燃料、SLF、（電動化）	大型船舶	0.0	0.2
産業用	加熱	軽油・重油・都市ガス	3	9	電気加熱、水素・アンモニア・グリーンメタン/LPG燃料、SLF、CCUS	特殊加熱	0	1.0
民生用	給暖房	都市ガス、灯油	10	30	エアコン、電気加熱、グリーンメタン、エネファーム、SLF	特殊加熱	0	0.2
発電用	大規模	石炭、LNG、重油、再エネ	2	6	再エネ化、水素・アンモニア・バイオ燃料、グリーンメタン、CCUS		0	0.0
	小規模	都市ガス、軽・重油、再エネ			再エネ化、水素・アンモニア・バイオ燃料、グリーンメタン/LPG、SLF			
合計			36	109			0.6	5.0

出所：IEA World Energy Outlook 2023 を基に筆者作成

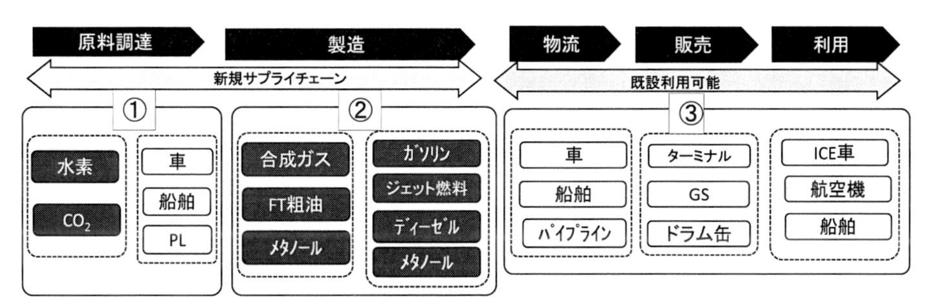

図1　合成液体燃料サプライチェーン

欧州では SAF の混合義務化，米国では SAF に対する優遇政策・導入義務化政策等により，その需要は大きく伸びる事が予想されている。現状では SAF の開発・実装化は，バイオ資源由来が先行しているがバイオ系燃料の原料収集コスト高と供給量制限のため，将来的には合成燃料へのシフトが進む蓋然性が高い。一方，船舶分野も大型船の電動化が難しく CN 燃料（H_2/NH_3/合成燃料特に MeOH）導入が見込まれている。

これらを合計すると表1に示すように 2050 年での SLF 需要は 0.6-5 億 t/y（現状の 2～14%程度）と見積もられる[2)]。

2.2.2　合成燃料サプライチェーン

合成燃料のサプライチェーンを図1に示す。原料調達から販売利用に至る流れは既存の石油の場合と同様であるが，①原料調達が原油に代わりクリーン H_2 と回収 CO_2 であり，②製造は石油精製に代わり合成燃料製造となる。従って①②の設備・インフラは新規に必要となるが，③物流/貯蔵販売/利用部分は既存の設備の有効活用が可能となり，社会実装の早期実現およびトータルコストの大きな削減要素となる事が期待される。

新規に必要となる①および②の技術視点での合成液体燃料概念フローを図2に示す。現在，大

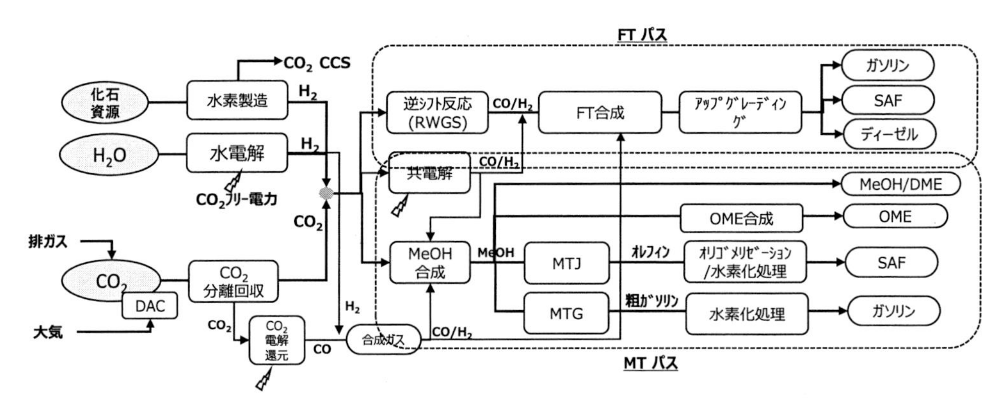

図2　合成液体燃料製造フロー

きく分けてMeOH経由のMTパスとFT合成経由のFTパスの2通りの開発が並走している。MTパスでは，MeOH，ガソリン，SAFなどの比較的軽質燃料までのラインナップである。一方，FTパスは，原油と同様に製品はガソリン，SAF，ディーゼルと幅広い。また，これらの原料となる水素の製造法，CO_2の回収法およびそれらの供給方法も各種開発・実装化が進展中である。合成燃料は，現在開発途上にあり2030年までには商用化が期待され，2050年には価格も既存製品と同等を目指している。

2.3　合成燃料製造のサプライチェーンの要素技術

2.3.1　水素/CO_2供給

合成燃料製造の原料となる水素，CO_2のサプライチェーンとその要素技術を図3に示す。現状，合成燃料製造コストの主要部分は原料H_2コストであり，経済性に最も影響する。CO_2フリー水素の定義としては現状世界的な統一基準はなく，水素製造・供給・消費に際してどれだけのCO_2を排出するかという炭素強度（CI：Carbon Intensity）が尺度になりつつある。低CIが期待されるグリーン水素は再エネ電源による水の電気分解法が主流で①AWE（アルカリ水電解法），②PEM（固体高分子膜法），③SOEC（固体酸化物電解法），④AEM（アニオンイオン交換膜法）の4種類に集約され，①②は実用段階にある。一方，天然ガス原料SMR（Steam Methane Reforming）法などの既存の水素製造にCCSを組み込んだブルー水素のCIはCCSによるCO_2削減量に依存する。また，水素は最も軽いガスで貯蔵移送が難しいため，水素貯蔵/移送に適した水素キャリアー変換が必要となる。現在，水素キャリアーとしては液化水素，MCH（メチルシクロヘキサン），NH_3（アンモニア）が検討されている。

合成燃料の炭素源となるCO_2は，当面は産業からの排ガスに求められる。各種産業排ガスはそのCO_2濃度，圧力も多種多様であり，最適なCO_2分離回収方法も異なっている。ガス精製，セメント，鉄鋼，化学プラントからのCO_2は圧力も高く濃度も比較的大きい事から物理吸収法が経済的とされ，実用化も進んでいる。これに対して低圧，低濃度の火力発電燃焼排ガス等の

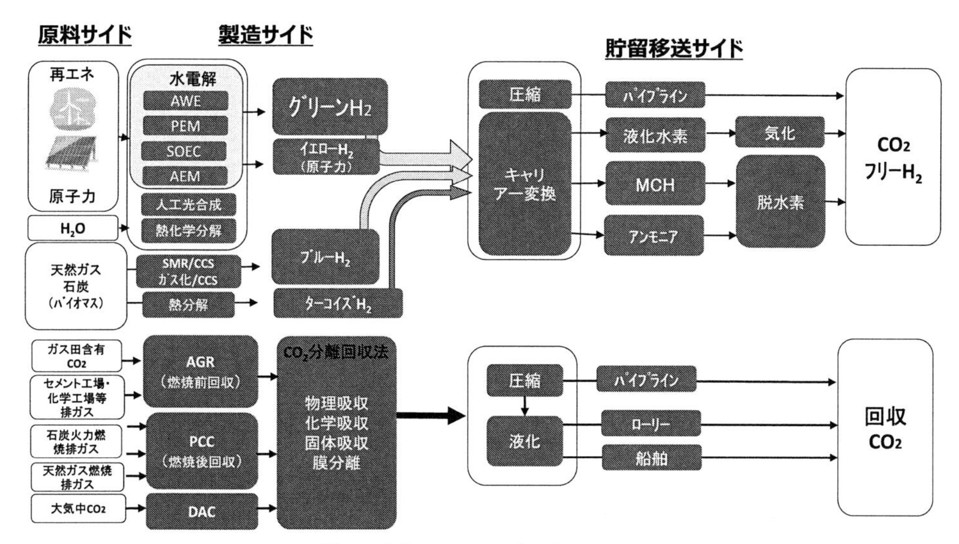

図3　水素・CO_2 サプライチェーン

CO_2 回収はでアミン化学吸収法など各種開発が進められている。特に DAC（直接空気分離：Direct Air Capture）は，大気中の 400 ppm の極めて低濃度 CO_2 の分離回収方法であり，場所制約が少なく持続可能な CO_2 源として注目が集まっている。ただし，現段階では必要な CO_2 分離回収エネルギーは大きく，そのコストも高い。回収 CO_2 は，移送・貯留・利用のため圧縮・液化・移送が必要となり，大規模液化 CO_2 運搬船の検討や複数排出源からの CO_2 集積・払い出しのためのハブ&クラスターというプラットフォーム形成が欧米で始まっている[3)]。

2.3.2　合成燃料製造[4～8)]

CO_2 は反応性に乏しいため CO に変換し水素との混合ガス（合成ガス）にすると既存の下流の各種製造法がそのまま利用可能になる。主な CO 製造法は，①触媒による水素と CO_2 による RWGS（逆水性ガスシフト）反応法，② CO_2 電解還元法，③水電解と組み合わせた共電解法などの方法がある。①の RWGS 反応法が商用化に最も近いが，吸熱反応のため 700℃以上の高温が有利であり，併行して起こるメタン化反応やサバティエ反応によるメタン副生が課題となる。また，RWGS 反応には入熱が必要であり，FT 反応で副生する軽質ガスをリサイクルして ATR（自己熱反応）や POX（部分酸化）を組み込んだ技術開発が進められている。

FT 合成は上述の合成ガスを合成燃料に転換する技術で，天然ガスを原料とした合成燃料製造（GTL：Gas to Liquid とも呼ばれる）では既に Shell 社，Sasol 社などで大規模な商用プラントが操業中である。FT 合成の特徴は重合反応のため生成物は ASF（Anderson-Schulz-Flory）分布則制約を受け，軽質ガス（C_1～C_4），液体炭化水素（C_5～C_{18}），ワックス（C_{19+}）等幅広な製品の混合物となる。ワックスなどの生成重質成分をディーゼルなどの中間成分収率を増加させるため水素化精製を行っている例が多い。また，触媒の工夫により，この分布は調整が可能で，SAF 収率を最大化するような開発も行われている。RWGS 工程を経ない CO_2 直接 FT 合成の研

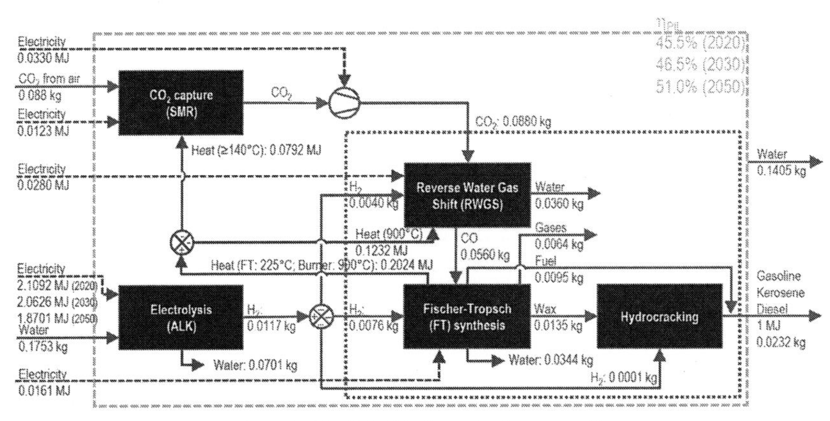

図4　合成液体燃料（FT パス）フロー例

究も開始されている。図4[8]に電解水素/排ガス回収CO_2原料から FT 経由で液体合成燃料製造する場合のブロックフロー例を示した。この例では，エネルギー効率は51%（@電解効率45 kWh/kgH_2ベース）となっている。

MT パスでの合成燃料化は，商用化もされているものも多く，技術的ハードルは比較的低い。MeOH は，前述のCO_2→CO 変換によって既に確立された合成ガス（H_2/CO 混合ガス）経由 MeOH 合成法とH_2とCO_2の直接 MeOH 合成法があるが，近年は後者の直接合成法が主流になりつつある。このパスからの合成燃料製品としては，MeOH 自身が軽油代替になるほか，MTG（Methanol to Gasoline）法によりガソリン，MeOH の脱水反応による DME（ジメチルエーテル）などがある。これらはいずれもガソリンやディーゼルなどの代替となるがそのまま既設に投入できるドロップイン燃料（Drop-in Fuel）化は難しく，各燃料適用に対する混合率などの検討や規格整備の必要がある。MTG 法による合成ガソリンは，既にエクソンモービル社，トプソ社，ハネウェル（UOP）社などにより商業化している。SAF 製造を目的とした MTJ（Methanol to Jet）は，MTG の同じライセンサー等で1段合成や MTO（Methanol to Olefin）とオレフィン重合の2段法で実証が進められている。

2.4　トータルシステムとしての持続可能性と事業性[4~6,8]

2.4.1　エネルギー効率視点

前述の各要素技術を組み合わせた合成液体燃料チェーンは多くのパスが考えられる。各パスは現在実証段階が多く，商業化に至っているケースは少ない。図5[8]に各種燃料製造におけるエネルギー効率の比較例を示した。水素→MeOH→合成燃料に変換する場合，その工程が多いほどエネルギー効率は低下する。標準的な現状の合成燃料チェーン（H_2：PEM 電解，CO：RWGS 法-FT 合成）に対する全体のエネルギー効率は約50～60%程度と推算されている。FT パスと MT パスを比較すると数% MT パス系の方が高い。H_2製造に SOEC を採用する事により総合効

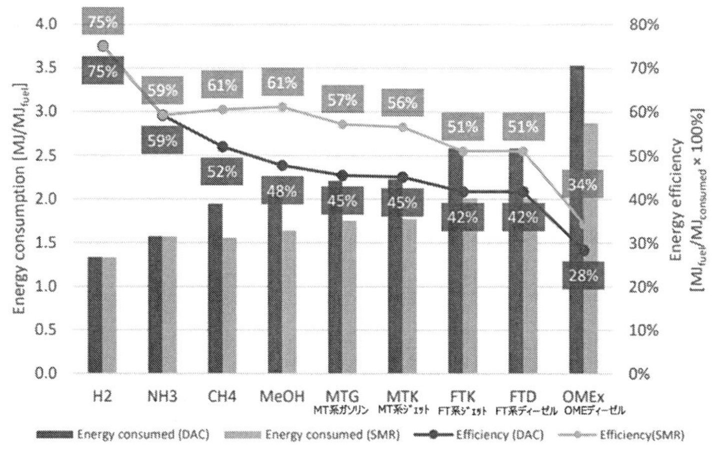

図5　各種合成燃料のエネルギー効率比較例

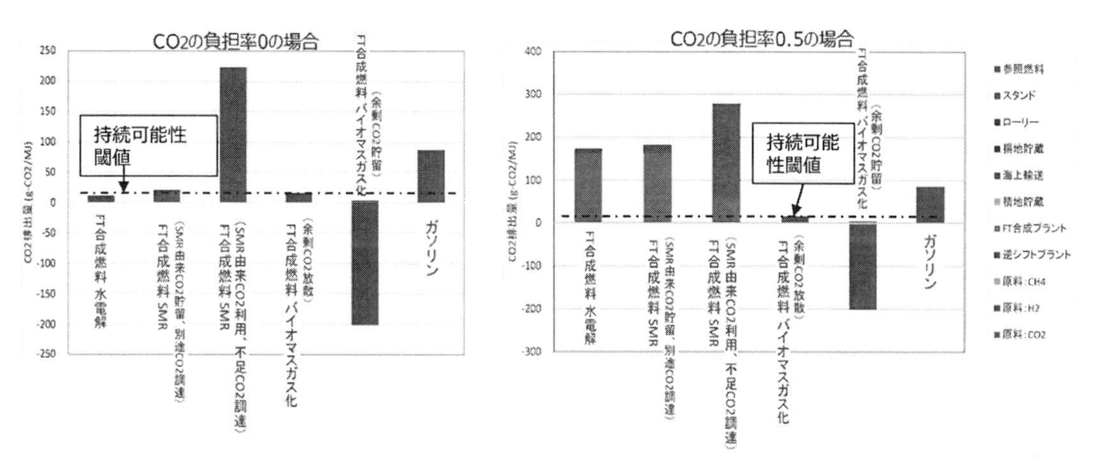

図6　合成液体燃料（FTパス）の炭素強度比較例

率は5～10%の上昇を，また共電解，直接FTも数%の効率上昇を目標として開発が進められている。また，CO_2としてDACを用いると10%程度効率は低下する。これは現状DACによるCO_2回収のエネルギーが大きい事に起因する。

2.4.2　炭素強度視点

合成燃料チェーン全体でのCO_2排出量は水素の製造法，CO_2回収法により大きく異なり合成燃料製造部での寄与率は小さい。図6[4]にFTパス合成燃料製造のCIを原料水素/CO_2別に比較した例を示す。回収CO_2をDACのようなカーボンニュートラル原料とする場合，原料CO_2のCIは0となり，合成燃料トータルのCIは現ガソリンの1/4以下となるとの推算がある。一方，排ガス回収CO_2は合成燃料使用後にCO_2が排出されるため原料CO_2のCI設定が国際的にまだ定まっていない。CO_2排出負担を発生側で全量見込む場合はDACと同じになるが，仮に発生側

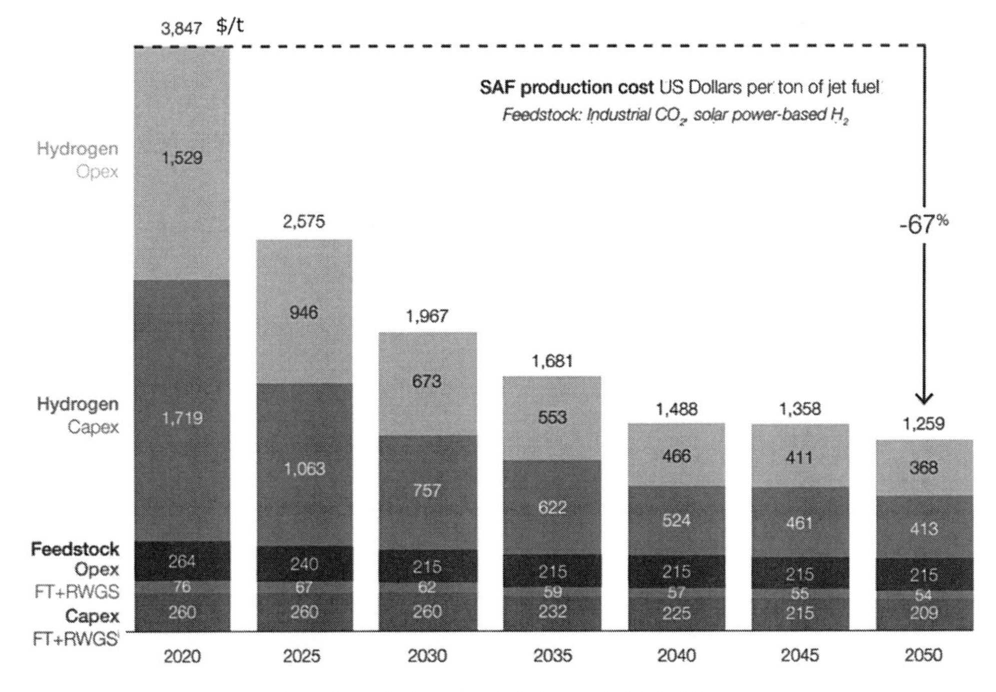

図7　合成液体燃料コスト低減シナリオ SAF の例

と合成燃料側で折半すると現在のガソリン燃料排出の場合より多くなってしまう推算もある。このため，欧州の e-Fuel の基準は，再エネ水素と DAC による CO_2 原料または ETS（排出量取引制度）ペナルティーを支払った排ガス CO_2 に現在限定されており，多くの実証プロジェクトには DAC CO_2 が採用されている。合成燃料の閾値は既存の石油製品を 94 gCO_2/MJ とし，その 70%削減値 28 gCO_2/MJ が目安になりつつある[9]。

2.4.3　経済性視点

合成液体燃料のコストは，水素製造コストが大きく影響し現状では石油由来品の 3～5 倍程度と推算される[10]。図 7[10]に示すように再エネ電源コスト低減等による H_2 コスト低減，FT 合成の効率向上や CO_2 回収コスト低減，炭素付加価値化等によって経済性は向上し 2050 年には 0.8～3 倍まで低減が期待される。FT パスと MT パスでは前者の方が現状では割高と推算されている。これは，FT パスの方がエネルギー収率，燃料収率が低く，原料，特に高価な水素の必要量が多いためで FT 合成の効率向上による H_2，CO_2 コストの低減が期待されている。

2.5　技術開発・事業化動向と今後の展開

合成燃料プロジェクトは，米国の IRA（インフラ抑制法）45 Q 税控除や EU の再エネ指令（RED III），Refuel EU Aviation など現在世界各国で優遇制度・政策が設けられ現実味を帯びた実用化のロードマップも策定され始めている。この結果，図 8[11]に示すように実証プロジェクト

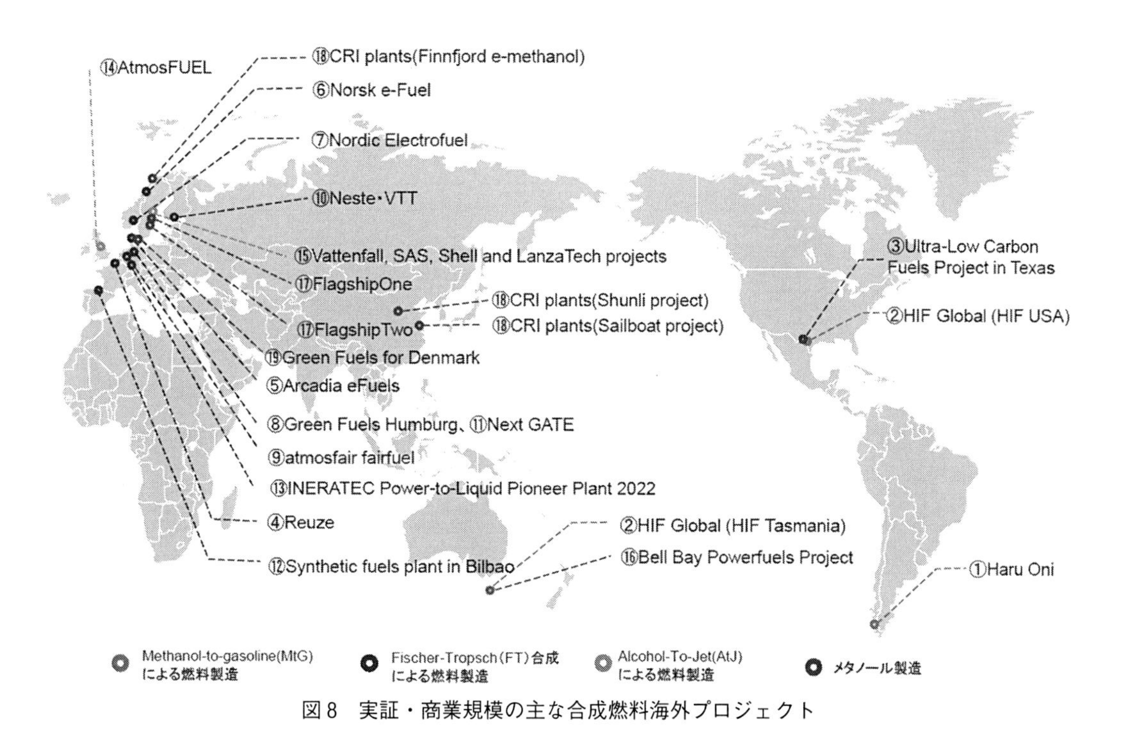

図8　実証・商業規模の主な合成燃料海外プロジェクト

も数多く展開され，HIF社によるチリ，米国，タスマニア3プロジェクト計画に代表される商用案件も出てきている[11]。これらのプロジェクトの特徴は，一社単独ではなく，クリーン水素，CO_2回収・供給，合成燃料製造，合成燃料利用のサプライチーンの各プレーヤーがコンソーシアムを組み，一体となったプラットフォームが形成されている事にある。我が国においても2019年に経産省よりカーボンリサイクルロードマップが示され，2021年の改訂では合成燃料も明記された。GI基金プロジェクトにも合成燃料実装のプロジェクトが予定されている。

2050年ネットゼロ実現に残された時間は多くない。電化ですべてを賄う事は不可能であり，石油に代わる合成燃料の早期社会実装が不可欠である。合成燃料は既存インフラを最大限活用可能であるが，課題は，高製造コストにあり，原料となるCO_2フリー水素，回収CO_2の低廉化によるところが大きい。合成燃料製造プロセスの高収率化もこれら原料のミニマム化に直結し，極めて重要であり，そのためには装置構成のシンプル化が必要で直接FT合成，直接MeOH合成，共電解装置などの早期技術確立が期待される。また，原料水素，回収CO_2，合成燃料化がチェーンとして合理的に繋がっている必要がある。2050年5億t/年の合成燃料製造のためには水素が約2.5億t/年必要でこのための必要な水電解は1,300 GWにもなり，ここがチェーンのネックになる可能性もある。既に世界では，サプライチェーンプロジェクトが多数進行中で，日本もその形成に注力すべき時期にある。その際，チェーン全体としてLCA的にカーボンニュートラリティーが確保できるような計画・遂行が必要となる事は言うまでもない。

文　　献

1) World Energy Outlook 2023-Analysis-IEA
2) https://www.meti.go.jp/meti_lib/report/2022FY/000080.pdf
3) https://www.globalccsinstitute.com/resources/publications-reports-research/global-status-of-ccs-2023-executive-summary/
4) NEDO 報告書，CO_2 からの液体燃料製造に関する開発シーズ発掘のための調査，2020 年 8 月
5) NEDO 報告書，再生可能エネルギー由来水素等を活用する低環境負荷な内燃機関自動車用燃料に関する調査，2019 年 3 月
6) NEDO 報告書，再生可能エネルギー由来水素等を活用する低環境負荷な内燃機関自動車用燃料に関する調査報告書炭化水素系燃料編，2020 年 7 月
7) 細野恭生，カーボンニュートラル燃料最新動向，第 4 節，pp. 189-209，情報機構社（2022）
8) *Concawe Review*, **28**(1), October 2019
9) E-Fuels: A techno-economic assessment of European domestic production and imports towards 2050-Update (researchgate.net)
10) WEF_Clean_Skies_Tomorrow_SAF_Analytics_2020.pdf (weforum.org)
11) https://www.meti.go.jp/shingikai/energy_environment/e_fuel/shoyoka_wg/pdf/001_07_00.pdf

3　CO_2を原料とした直接FT合成の研究開発

梶田琢也[*1]，杉浦行寛[*2]

3.1　FT合成とは

合成燃料を製造する技術としてFT（Fischer-Tropsch）法が知られている。合成ガスと呼ばれる一酸化炭素と水素の混合ガスを原料として，液体炭化水素を得るための製造技術であり，ドイツの研究者であるフランツ・フィッシャーとハンス・トロプシュにより1920年代に開発された（式1）。天然ガスを水蒸気改質（式2）して得られた合成ガスを原料とするGTL法（Gas To Liquid）などが1990年代以降に盛んに開発された。

$$\text{FT反応：}CO + 2H_2 \rightarrow (1/n)(CH_2)n + nH_2O \quad \Delta rH = -167\ \text{kJ/mol-CO} \tag{1}$$

$$\text{水蒸気改質反応：}CH_4 + H_2O \rightarrow 3H_2 + CO \quad \Delta rH = 206\ \text{kJ/mol} \tag{2}$$

FT法に用いられる触媒としては，鉄（Fe），コバルト（Co），ルテニウム（Ru）等の活性金属を用いることが知られている。表1に鉄系触媒とコバルト系触媒の特徴を，図1に鉄系触媒とコバルト系触媒を用いた場合の液体炭化水素生成物の炭素数分布比較を示す。諸説あるが，一般的に考えられている反応機構と鉄系触媒とコバルト系触媒の違いについて以下に述べる。FT反応では，CO結合が開裂して生成したCは，水素化されて吸着カルベンとなり，生成した吸着カルベンが，順次，連鎖成長して直鎖の炭化水素が生成する。鉄系触媒とコバルト系触媒ではCO結合を開裂可能な温度が異なる。コバルト系触媒では，鉄系触媒と比較し，100℃程度低温で吸着カルベンが生成するため，吸着カルベンの安定性が高く，吸着カルベンの連鎖成長が促進される。従って，コバルト系触媒では，長鎖の直鎖炭化水素であるワックスまで生成する。また，吸着カルベンが連鎖成長して生成する直鎖の炭化水素は，末端に二重結合があるαオレフィンであり，鉄系触媒では，αオレフィンが熱的に脱離しやすく，αオレフィンが主生成物となる。一方，コバルト系触媒では，αオレフィンが水素化されて脱離しやすく，直鎖のパラフィンが主生成物となる。

鉄系触媒では，コバルト系触媒と比較し，副生成物として含酸素化合物であるアルコールやカルボン酸の生成が多い。吸着カルベンが連鎖成長して生成した直鎖の炭化水素が脱離する前にCOが挿入され，これが水素化されて脱離するとアルコールが生成し，水和されて脱離するとカルボン酸が生成する。

＊1　Takuya KAJITA　ENEOS㈱　中央技術研究所　先進技術研究所　副所長

＊2　Yukihiro SUGIURA　ENEOS㈱　中央技術研究所　先進技術研究所
低炭素技術グループ　上席研究員

表1　鉄系FT触媒とコバルト系FT触媒の比較

触媒	鉄系	コバルト系
反応温度	300～350℃	200～250℃
生成物	ガスから液体炭化水素 オレフィン※1主体 副生成物として，含酸素化合物（アルコール類，カルボン酸類）が生成	液体炭化水素からワックス パラフィン※2主体

※1　オレフィン：二重結合を有する炭化水素
※2　パラフィン：飽和炭化水素

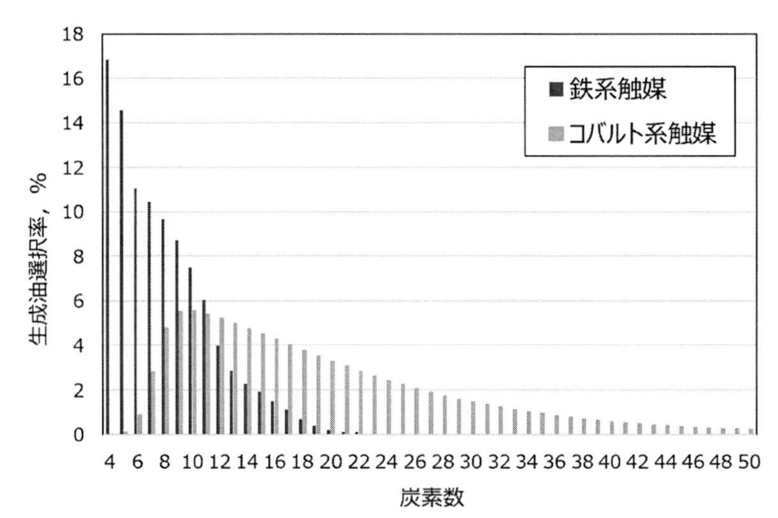

図1　FT触媒による液体炭化水素生成物の炭素数分布の比較[1)]

3.2　直接FTについて

天然ガスや石炭を原料とした合成燃料製造では，温室効果ガスである二酸化炭素排出量の低減にはならないため，原料として二酸化炭素を用いるカーボンリサイクルな合成燃料製造プロセスの開発が進められている。GTL（Gas to Liquid，天然ガスからの合成燃料製造プロセス）と，CO_2を原料とした合成燃料製造プロセスの比較を図2に示す。

二酸化炭素を原料として従来のFT合成触媒を用いる場合，まず二酸化炭素を一酸化炭素に変換する必要がある。二酸化炭素の変換方法としては触媒反応である逆水性ガスシフト反応や二酸化炭素の電解還元技術などがある。逆水性ガスシフト反応は式(3)に示す反応であり，この反応の熱力学的平衡組成の温度依存性は図3の通りである。

$$\text{逆水性ガスシフト反応：}CO_2 + H_2 \rightarrow CO + H_2O \quad \Delta rH = 41.2\,\mathrm{kJ/mol} \tag{3}$$

図3に示す通り，平衡上，反応温度が高くなるほど，原料の二酸化炭素から多くの一酸化炭素

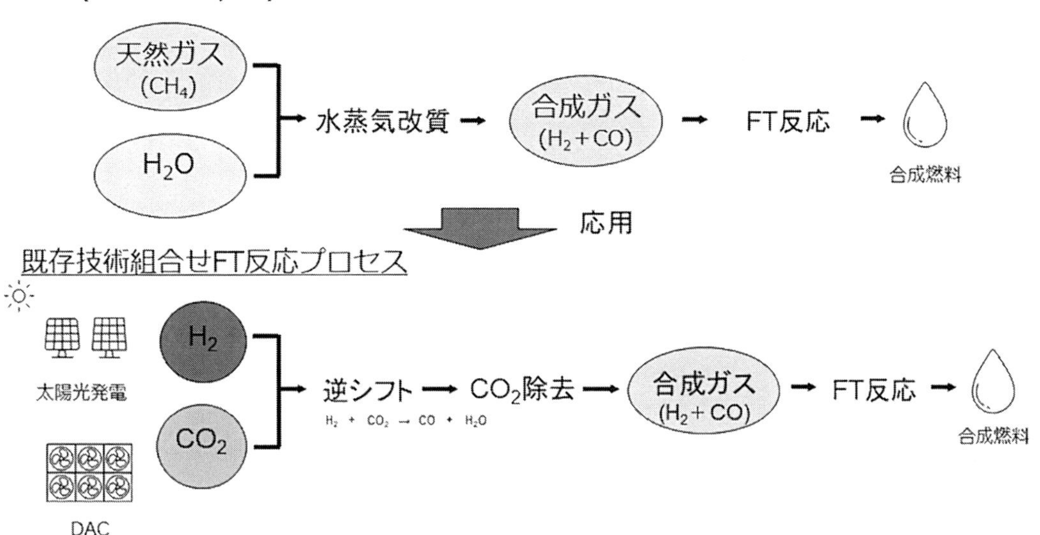

図２　GTL（天然ガス原料）と二酸化炭素原料の合成燃料製造プロセス比較[1)]

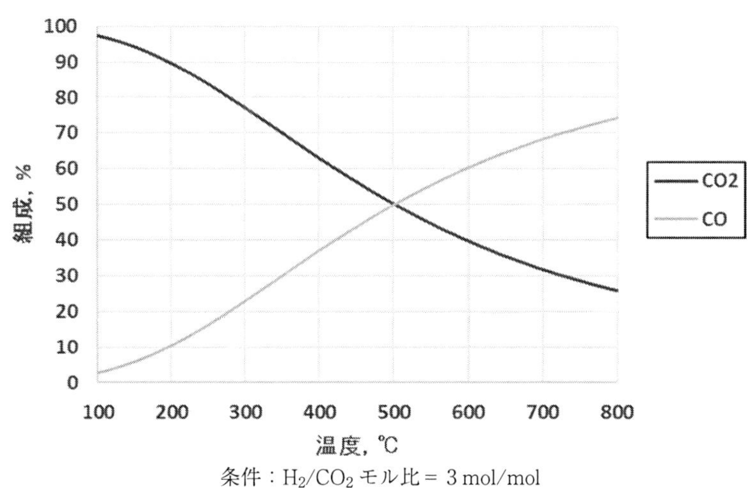

条件：H_2/CO_2 モル比＝ 3 mol/mol

図３　逆水性ガスシフトの熱力学的平衡組成

を得ることができるが，反応温度 800℃においても 25％以上の二酸化炭素が反応できずに残る。二酸化炭素を 80％変換するためには，反応温度 940℃とかなりの高温が必要である。また，逆水性ガスシフト反応は吸熱反応なので，反応温度を維持するためには外部加熱が必要となる。一方で FT 反応は発熱反応であるから，FT 反応の発熱を逆水性ガスシフト反応に用いることは可能であるが，FT 反応の反応温度が 200～300℃程度であるため，800℃の熱を逆水性ガスシフトに与えるためには，別途熱源が必要となる。熱源として天然ガスなどの燃焼熱を利用する場合は，燃焼により二酸化炭素を発生することになり，製造工程における温室効果ガスである二酸化炭素の発生を低減させるためには，別途，二酸化炭素を回収する装置が必要となる。このように二酸化炭素を原料として，FT 合成により合成燃料を製造する場合，従来の FT 反応用触媒では装置構成が複雑になると推測される。装置構成を簡略化し，低エネルギーで合成燃料を製造するためには，FT 反応器の前段に逆水性ガスシフト反応器を別途配置することなく，直接 FT 反応器に二酸化炭素を供給して反応できる新たな FT 触媒の開発が必要となる。二酸化炭素と水素を原料として反応させる FT 反応を従来の一酸化炭素と水素を原料とする FT 反応と区別するために直接 FT（Direct-FT）法と呼んでいる。

●直接FT(Direct-FT)

逆シフト反応＋FT反応

$H_2 + CO_2 \rightleftarrows CO_2 + CO + 2H_2 \longrightarrow CH_2\text{-}CH_2\text{-}\ldots$ + 副生物

(合成燃料)

(CH_4~C4)

FT反応が同時に進行
平衡以上に反応が進む

Direct-FT触媒

●既存プロセス(逆シフト＋FT)

逆シフト反応(RWGS)

FT（フィッシャートロプシュ）反応

$H_2 + CO_2 \rightleftarrows CO_2 + CO + H_2 \longrightarrow CH_2\text{-}CH_2\text{-}\ldots$ + 副生物

平衡反応

(合成燃料)

(CH_4~C4)

CO_2がFT反応を阻害
脱炭酸プロセスが必要

逆シフト触媒

Co-FT触媒

図 4　直接 FT 反応と逆水性ガスシフト＋ FT 反応の比較

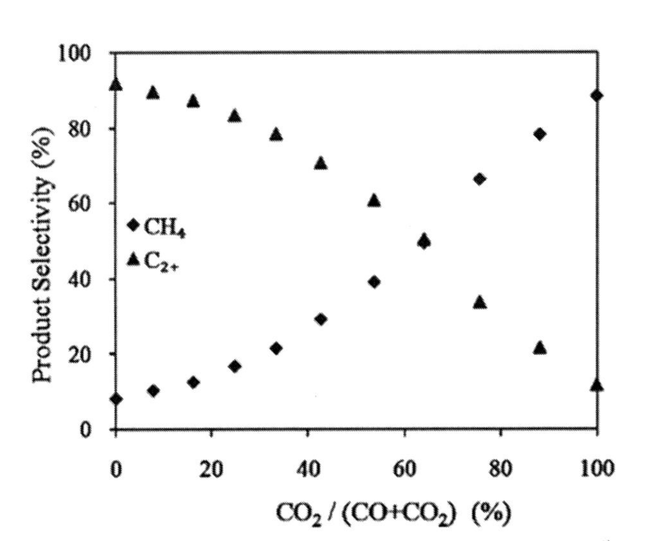

図 5　コバルト系 FT 触媒における原料中の二酸化炭素の影響[2)]

直接FT法と，逆水性ガスシフト反応とFT反応を組合わせた場合について，反応の比較を図4に示す。直接FT法においてはFT触媒を充填したFT反応容器内で逆水性ガスシフト反応とFT反応とが逐次的に行われる。逆水性ガスシフト触媒とFT触媒を別反応器に充填して組合わせる場合，生成物にガス成分の少ないコバルト系のFT触媒が選択されることが想定される。しかし，コバルト系のFT触媒は原料に二酸化炭素が含まれると，図5のように二酸化炭素の濃度が高くなるほどメタンが多く発生することが知られているため，逆水性ガスシフト反応器とFT反応器の間に二酸化炭素を除去する脱炭酸プロセスが必要となる。

3.3　直接FT触媒の開発状況

二酸化炭素を原料とした直接FT法による液体燃料製造を行うためには，FT触媒として以下の要件が必要となる。

・原料中の二酸化炭素によるメタン生成が抑制できること
・ガス成分（炭素数1～4）の生成を抑制できること（C5以上の選択性が高い）
・ワックス成分（炭素数20以上）の生成を抑制できること
・原料である二酸化炭素の転化率が高いこと
・原料である二酸化炭素の炭化水素への転化率が高いこと
・耐久性が確保できること

上記の条件を満たす触媒を開発するために様々な研究開発が行われている。以下では鉄系触媒とコバルト系触媒において，どのような研究が行われているか紹介する。

3.3.1　鉄系触媒

(1)　反応メカニズム

触媒開発を加速させるためには，最初に反応メカニズムを把握することが有効である。鉄系FT触媒であるNa/Fe_2O_3触媒を用いた場合の触媒層内での反応推移を図6に示す。基準のSVに対し，SVを2倍，4倍，8倍にした評価を実施し，基準のSVでの触媒層内での反応の推移が分かるように横軸を触媒層相対位置とした。触媒層入口でCO_2転化率，およびCO転化率が大きく上昇し，これに伴い，炭化水素としてCH_4，C2-C4，C5-C9，C10+が多く生成していることが分かる。触媒層中段から後段においては，CO_2転化率，およびCO転化率の上昇率は小さくなり，炭化水素の生成も少なくなる。CO_2からの炭化水素生成は，逆水性ガスシフト反応とFT反応の逐次反応であり，鉄系触媒上で2つの反応が同時に進んでいると考えられる。反応温度320℃でのCO_2平衡転化率は25.8%であるが，触媒層出口のCO_2転化率は30%以上とCO_2平衡転化率を大きく上回っている。この理由は，逆水性ガスシフト反応で生成したCOがFT反応で消費されるため，逆水性ガスシフト反応がさらに進行したと考えられる。一方で，逆水性ガスシフト反応とFT反応では，水が生成するため，平衡上，生成した水の存在により逆水性ガスシフト反応がそれ以上進まなくなると考えられる。生成した炭化水素を除いたH_2，CO，CO_2，H_2Oで計算した平衡組成から算出したCO_2転化率（平衡）を点線で示したが，実際のCO_2転化率よ

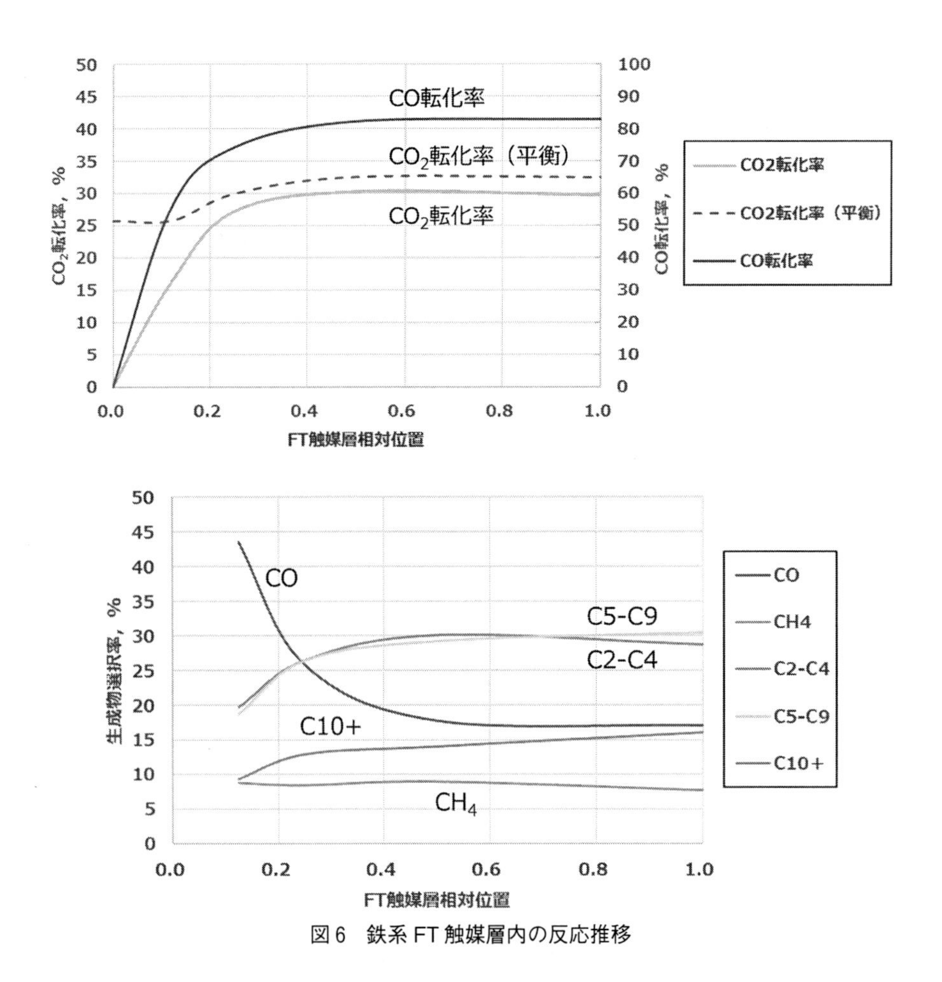

図6　鉄系 FT 触媒層内の反応推移

り，数％高い値であった。従って，上述通り生成した水による平衡制約により逆水性ガスシフト反応がそれ以上進まなくなったのは妥当と考えられる。

反応後の Na/Fe_2O_3 触媒を分析した結果を図7に示す。触媒層入口部分は Fe_5C_2 のみが確認され，触媒層の後段ほど Fe_5C_2 の比率が減少し，Fe_3O_4 の比率が増加した。触媒層の入口では，逆水性ガスシフト反応と FT 反応が進行しているため，これらの反応の活性種は Fe_5C_2 と考えられる[3,4]。触媒層の後段ほど CO が減少し，酸化剤である H_2O が増加するため，Fe_3O_4 の生成比率が増加すると推測される。

⑵　鉄系触媒の研究開発状況

直接 FT 法では，液体炭化水素に相当する C5＋選択率の向上を目的とした検討が多く行われている。直接 FT 法に関する多くの文献では，鉄系触媒について検討されているが[5~16]，メタンや C2-C4 の軽質ガスが多く生成することが課題である。鉄系触媒では，K 等のアルカリ金属を添加することにより，メタンや C2-C4 の軽質ガスの生成が抑制され，C5 以上の液体炭化水素の生成が促進されることが確認されている。アルカリ金属の添加効果は，鉄系触媒の塩基性の向

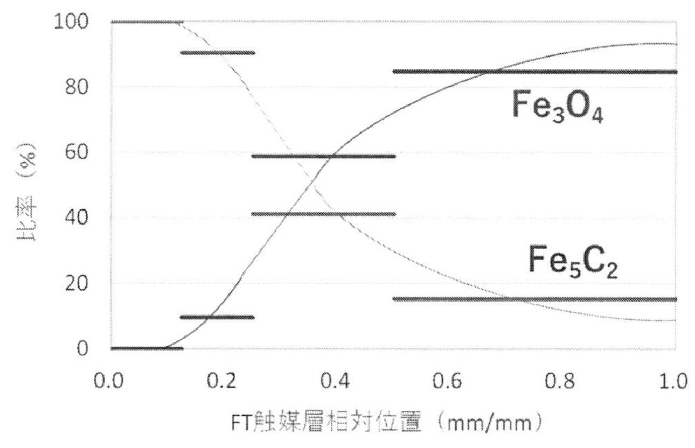

図７　鉄系 FT 触媒の反応後の組成分布

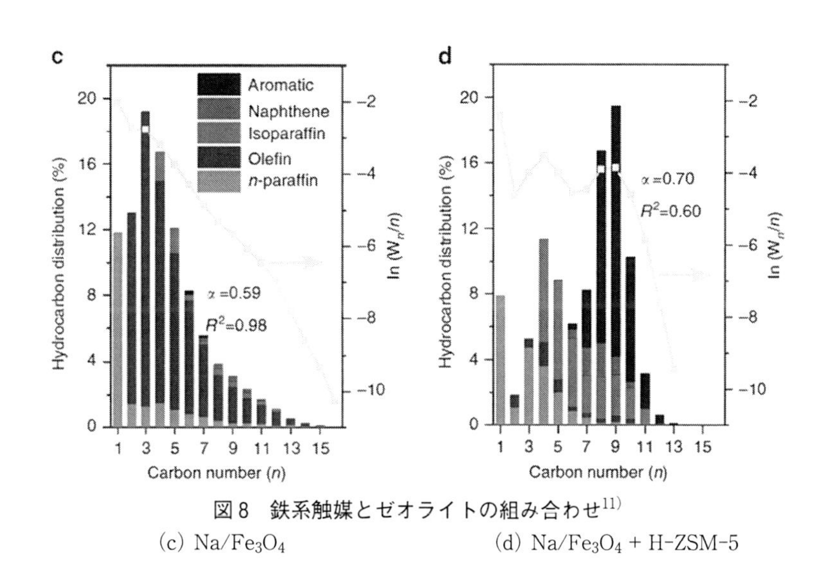

図８　鉄系触媒とゼオライトの組み合わせ[11)]

（c）Na/Fe_3O_4　　（d）Na/Fe_3O_4 + H-ZSM-5

上によるカーバイド化の促進であり，FT 反応の活性種である鉄カーバイドが増加することにより，CO 結合の乖離が進み，連鎖成長確率が向上すると考えられている。また，鉄系複合酸化物についても検討されており，Fe-Mn-K，Fe-Zn-K，Fe-Cu-K の共沈系では，C5+ 選択率 60% 以上と高く，Fe-Mn-K においては有機酸と混合することにより C5+ 選択率がさらに向上すると報告されている[10)]。さらには，C5+ 選択率を向上させる手段として，鉄系触媒とゼオライトの組み合わせが検討されている（図８）。鉄系触媒では，C2-C4 オレフィンが多く生成するため，鉄系触媒の後段にゼオライトを積層することにより，ゼオライト中で C2-C4 オレフィンを重合・環化させることができる。これにより，C2-C4 オレフィンが減少して，C7-C11 の芳香族が生成し，ガソリン留分である C5-C11 選択率が 78% まで向上すると報告されている[11)]。

(3) 鉄系触媒の課題

鉄系触媒は，C5＋選択率が低いことが課題であり，鉄系触媒の改良やゼオライトとの組み合わせにより，C5＋選択率の向上が図られている状況である。鉄系触媒の特徴としては，生成物はC2-C4の軽質ガスが多く，また，液体炭化水素もガソリン留分に相当するC5-C11が主成分である。触媒改良により生成物選択率を改善するには限界があり，鉄系触媒の特徴を活かした生成物の有効利用の検討も重要になる。

直接FT法の根本的な課題としては，反応温度に対するCO_2転化率は，CO_2平衡転化率を上回るにしても，そもそもCO_2転化率が低いことが挙げられる。CO_2転化率を上げるためには，反応系から水を抜く必要があり，多段反応器や膜分離反応器などを用いるといったプロセスの開発も必要になる。

3.3.2 コバルト系触媒

直接FT法にコバルト系触媒を用いた検討は，鉄系触媒と比較すると少ない[2,16~19]。前述したように，直接FT法にコバルト触媒を用いるとメタンが多く生成することが課題である。コバルト触媒上では，CO_2はサバティエ反応によりCOを経由せず直接メタンが生成すると言われており，C5＋選択率を向上させるためには，このサバティエ反応を抑制しつつ，逆水性ガスシフト反応を促進する必要がある。里川らは，担体にセリア系の複合酸化物を用いたCo/LaCeOxにより，メタンの生成が抑制され，コバルト触媒でも大幅にC5＋選択率を向上できることを見出した（図9）。LaCeOxの酸素空孔を用いて逆水性ガスシフト反応を促進させることが有効であり，La以外の希土類元素（Y，Gd，Sm）も有効と報告している。このように逆水性ガスシフト反応を促進させれば，大幅にC5＋選択率を改善できると考えられるが，コバルト触媒の反応温度域は200～250℃と低温であり，低温域でのCO_2平衡転化率は低く（例えば250℃でのCO_2平衡転化率は16.3%），平衡制約により，CO_2転化率を上げられない課題がある。

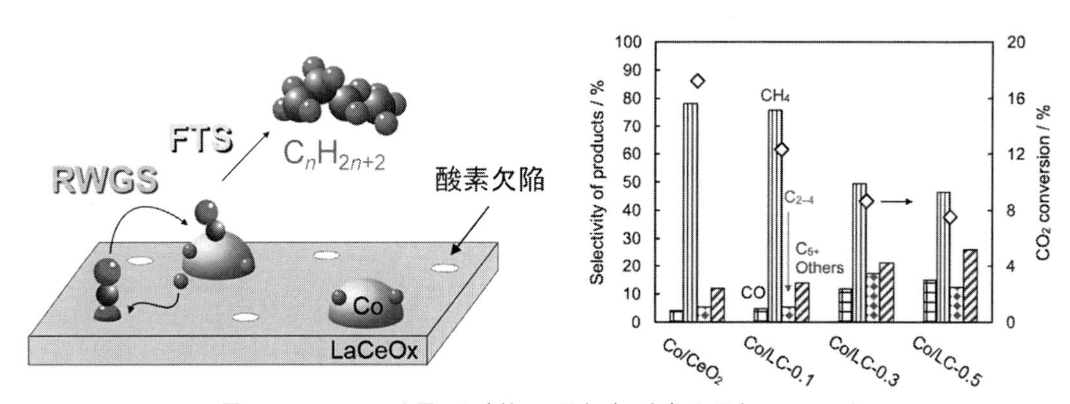

図9　Co/LaCeOxを用いた直接FT反応（280℃）と反応のイメージ

文　　献

1) 2023年度JPECフォーラム，“CO_2を原料とした直接FT反応の研究開発”
2) Yali, Y., Diane, H., David, G., Xinying, L., *Ind. Eng. Chem. Res.*, **49**, 11061-11066 (2010)
3) Liu, Y., Murthy, R. P., Zhang, X., Wang, H., Shi, C., *New J. Chem.*, **45**, 22444 (2021)
4) Chen, H., Zhao, Z., Wang, G., Zheng, Z., Chen, J., Kuang, Q., Xie, Z., *ACS Catal.*, **11**, 14586 (2021)
5) Riedel, T., Schaub, G., Jun, K. W., Lee, K. W., *Ind. Eng. Chem. Res.*, **40**(5), 1355 (2001)
6) Owen, E. R., Mattia, D., Plucinski, P., Jones, D. M., *Chem. Phys.*, **18**(22), 3211 (2017)
7) Panzone, C., Philippe, R., Nikitine, C., Bengaouer, A., Chappaz, A., Fongarland, P., *Ind. Eng. Chem. Res.*, **61**, 4514 (2022)
8) Choi, H. P., Jun, K. W., Lee, S. J., Choi, M. J., Lee, K. W., *Catal. Letters*, **40**, 115 (1996)
9) Albrecht, M., Rodemerck, U., Schneider, M., Bröring, M., Baabe, D., Kondratenko, V. E., *Appl. Catal. B.*, **204**, 119 (2017)
10) Yao, B., Xiao, T., Makgae, A. O., Jie, X., Gonzalez-Cortes, S., Guan, S., Kirkland, I. A., Dilworth, R. J., Al-Megren, A. H., Alshihri, M. S., Dobson, J. P., Owen, P. G., Thomas, M. J., Edwards, P. P., *Nat. Commun.*, **11**, 6395 (2020)
11) Wei, J., Ge, Q., Yao, R., Wen, Z., Fang, C., Guo, L., Xu, H., Sun, J., *Nat. Commun.*, **8**, 15174 (2017)
12) Wu, T., Lin, J., Cheng, Y., Tian, J., Wang, S., Xie, S., Pei, Y., Yan, S., Qiao, M., Xu, H., Zong, B., *ACS Appl. Mater. Inter.*, **10**, 23439 (2018)
13) Karakaya, C., White, E., Jennings, D., Kidder, M., Deutschmann, O., J. Kee, R., *ChemCatChem*, **14**, e202200802 (2022)
14) Liu, J., Zhang, A., Jiang, X., Liu, M., Zhu, J., Song, C., Guo, X., *Ind. Eng. Chem. Res.*, **57**(28), 9120 (2018)
15) Barrios, J. A., Peron, V. D., Chakkingal, A., Dugulan, I. A., Moldovan, S., Nakouri, K., Thuriot-Roukos, J., Wojcicszak, R., Thybaut, W. J., Virginie, M., Khodakov, Y. A., *ACS Catal.*, **12**, 3211 (2022)
16) C. G. Visconti, M. Martinelli, L. Falbo, L. Fratalocchi, L. Lietti, *Catal. Today*, **277**, 161 (2016)
17) Z. Shi *et al.*, *Catal. Today*, **311**, 65-73 (2018)
18) A. L. Tarasov, V. I. Isaeva, O. P. Tkachenko, V. V. Chernyshev, L. M. Kustov, *Fuel Process. Technol.*, **176**, 101-106 (2018)
19) T. Tashiro, H. Konno, A. Yanagita, S. Shimoda, E. Taira, D. S. R. Rocabado, K. Shimizu, T. Ishimoto, S. Satokawa, *ChemCatChem*, e202400261 (2024)

4 固体酸化物形電解セルを用いた液体合成燃料製造プロセス

田中洋平*

4.1 はじめに

大型自動車，航空機，大型船舶など運輸部門でのカーボンニュートラル化が重要な課題の一つとして言われている。経済産業省資源エネルギー庁の「カーボンリサイクル技術ロードマップ」によれば[1]，二酸化炭素（CO_2）を資源として捉え，これを分離・回収し，燃料へ再利用することが提唱されている。大気中への新たな CO_2 排出を抑制するためのカーボンリサイクル技術の早期確立が期待されている。

ガソリン，灯油，軽油などの液体炭化水素燃料は体積あたりの発熱量（J/m^3）が大きく，液体状態のため輸送や貯蔵が容易で今後も大きな需要が期待されている[2]。また，災害の多い日本では，液体燃料が活躍する場面が多々見られ，社会の強靭性確保に向けても重要な燃料と位置付けられている[3]。

CO_2 から液体合成燃料を得るには，CO_2 と水素（H_2）を900℃程度の高温で逆シフト反応（$CO_2 + H_2 = CO + H_2O$）させ，水素と一酸化炭素（CO）からなる合成ガスを製造する必要がある。水を除去した後，$H_2/CO = 2.0$ 付近の合成ガスを30気圧程度に昇圧し，200-300℃のFischer-Tropsch（FT）反応で液体合成燃料が得られる[4]。後述するように，水素源として再生可能エネルギー（再エネ）を用いた水の電気分解の効率は70-80%程度で，再エネ電力から液体燃料への変換効率は40%と低いのが課題である[5]。液体合成燃料の低コスト化に向けては，プロセス効率の向上が重要である。

本稿では，新エネルギー・産業技術総合開発機構（NEDO）から委託の下，カーボンニュートラル燃料技術センター（JPEC）と連携し，FT反応で発生する200-300℃の熱を利用し水蒸気を発生させ，800℃程度で作動する固体酸化物形電解セル（SOEC：Solid Oxide Electrolysis Cell）を用いて効率よく合成ガスおよび液体燃料を製造するプロセスの研究開発を行っている。本稿では，SOECとFT合成を統合した新しい液体合成燃料製造プロセスの研究開発状況と最新の結果について紹介する。

4.2 SOECを用いた液体合成燃料製造プロセスの特徴

産業技術総合研究所のゼロエミッション国際共同研究センター，エネルギープロセス研究部門，および省エネルギー研究部門では，上記NEDOプロジェクトへ2020年度終盤から参画している。弊所は，SOECを用いた水蒸気と CO_2 の共電解（ともに電解するという意味）およびFT

* Yohei TANAKA (国研)産業技術総合研究所 省エネルギー研究部門
熱流体システムグループ 主任研究員

合成反応を組み合わせた新しい液体合成燃料製造プロセスの研究開発を実施してきた。

本プロセスの概要を図1に示す。本プロセスは，主に3つのステップから構成される；

水の蒸発：　$2nH_2O(l) \rightarrow 2nH_2O(g)$　(1)

共電解：　$2nH_2O(g) + nCO_2 \rightarrow 2nH_2 + nCO + 1.5\,nO_2$　(2)

FT 合成：　$2nH_2 + nCO \rightarrow (\text{-}CH_2\text{-})_n + nH_2O(l)$　(3)

総括反応：　$nH_2O(l) + nCO_2 \rightarrow (\text{-}CH_2\text{-})_n + 1.5\,nO_2$　(4)

式(1)で示す SOEC 用の水の蒸発には，発熱反応である 200-300℃の FT 合成反応（式(3)）の熱を水蒸気発生・過熱に利用し，システム内部で熱を循環させることを想定した。式(2)で示す共電解反応には，原料ガスとして水蒸気と CO_2 を 2：1 の比で供給することにより，800℃の熱力学的平衡では $H_2/CO = 2.0$ 付近の合成ガスが得られる。共電解反応は強い吸熱反応であり，反応エンタルピー ΔH を電圧換算（6電子関与の電気化学反応）すると 1.35 V となり，これは熱中性電圧と言われている。すなわち，断熱系でかつ，熱中性電圧で共電解を行うと SOEC 入口と出口のガス温度が等しくなる。出口ガスと入口ガスとの熱交換および SOEC スタックから環境への放熱を考慮すると，動作電圧は熱中性電圧より高い方がよい。逆に，熱中性電圧未満の運転の場合，SOEC 出口ガス温度が下がることから，前段に予熱ヒーターを設けることが想定される。いずれにしても，SOEC の場合，従来の水電解電圧より3割ほど低い電圧で電解できることから，高効率に水素あるいは合成ガスが製造できる特長を有する。

式(1)～(3)を総括すると，水と CO_2 から液体炭化水素と純酸素が生成する式(4)が得られ，液体燃料の純酸素燃焼の逆反応となる。燃料の高位発熱量（HHV）を電圧換算すると 1.14 V となり，外部から投入するエネルギーを SOEC 共電解電力のみと仮定すると，理論最高効率は 1.14/1.35 = 84.4%（HHV）となる。本プロセスの課題は水の蒸発に必要な熱に対し，FT 反応熱が2倍程度と高いため，余剰の熱を利用しなければシステム効率が下がることである。また，FT 反応器からの徐熱量に限界があり，FT 反応のグローバル CO 転化率は 80％程度に抑えられていると言われている。

表1にオーストリアの AVL 社がまとめた SOEC あるいは従来の水電解を用いた各種エネルギーキャリアの製造効率を示す[5]。燃料の発熱量基準が不明ではあるが，液体合成燃料について

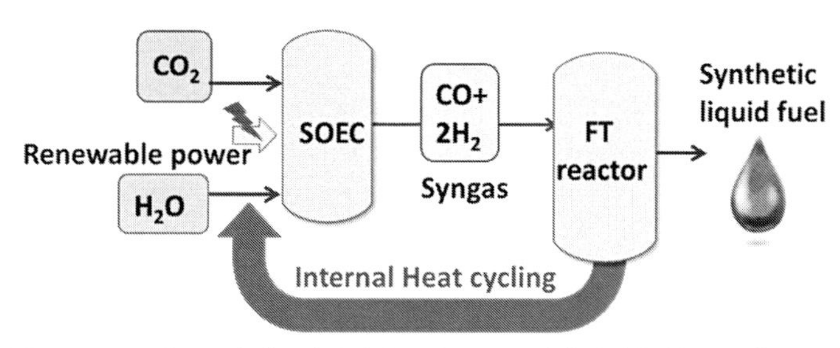

図1　SOEC と FT 合成反応器を組み合わせた液体合成燃料製造プロセス

表1　SOEC あるいは水電解を用いた各種エネルギーキャリア製造効率の比較

エネルギーキャリア	燃料製造効率（%）	
	SOEC	水電解
水素	～85	～70
メタン	～80	～50
液体合成燃料	～55	～40
アンモニア	～70	～50

*文献5）を基に筆者が作成。燃料発熱量の基準が不明。

は水電解より SOEC の方は3割以上効率が良いのが分かる。同社は SOEC 共電解と FT 合成を組み合わせた 200 kW プラントを 2024 年第4四半期から運転開始予定であり，軽油と持続可能な航空燃料（SAF）を年間 100 kL 製造する計画である[5]。

しかしながら，SOEC を用いた液体合成燃料製造効率を水素やメタンと比較すると（表1），30 パーセントポイント程低い。これは上述したように，原理的に FT 反応熱が余っており，かつ FT 反応の CO 転化率が 80% 程度に抑えられているためと考えられる。

NEDO プロジェクトでは，後述するように SOEC 生成ガスの再循環や熱の高度利用などにより，プロセス効率向上に取り組んでいる。また，SOEC で原料ガスを 80% 以上反応させすぎると，燃料極内で炭素が析出しやすく，電解温度が 800℃ 未満の場合燃料極が剥離する急速劣化が見られることがある。従って，これらの難しい課題を克服していく必要がある。

4.3　液体合成燃料製造効率の向上

4.2 で述べたように，SOEC 共電解と FT 合成反応を用いた液体合成燃料製造プロセス効率向上に向け，SOEC 燃料極生成ガス（合成ガスと未利用の H_2O と CO_2 含む）の一部を燃料極入口へ再循環させる方法に着目した。SOEC の燃料極はニッケルとジルコニアの混合物（サーメットという）でできており，原料をそのまま電極に供給すると金属ニッケルが酸化され，電極が破壊されるおそれがある。そこで，一般的には 10% 程度の H_2 と CO を供給することが考えられている。

表2には Matlab/Simulink（2019b）を用いた SOEC-FT 合成反応器プロセス計算結果を示す。FT 合成生成物はドデカンのみとし，簡略化した。ベースケースではシステム外部から還元性の H_2/CO を 138 kW 供給し，10 kW 程度予熱に電力を消費する。一方，800℃ の SOEC 生成ガス再循環を適用すれば，システム内部で H_2/CO が循環することにより，液体燃料製造プロセス効率が 53% から 61%（相対値 + 15%）に向上できることが判明した。

図2に試作した 100 kW 級 SOEC 生成ガス用再循環ブロワを示す。本小型ブロワは 800℃ の生成ガス組成（密度 0.152 kg/m^3）で 200 L/min 風量の設計であり，JIS に基づく室温空気中の試験では 9.5 万 rpm の高速回転を確認した。また，本ブロワを 400-800℃ で試験できる熱間試験

表2　SOEC生成ガス再循環による効率向上試算結果

入力/出力パラメータと効率	ベースケース（生成ガス再循環なし）	生成ガス再循環適用
SOEC 用電力（1.366 V/cell, 原料利用率80%）	1000 kW（DC） 1053 kW（AC）[1]	1000 kW（DC） 1053 kW（AC）[1]
H_2/CO インプット	138 kW	0 kW
合成ガス圧縮動力（30気圧）	54 kW	51 kW
プレヒーターとその他電力	12 kW	2 kW
マイクロガスタービンで電力回収（効率30%）	−70 kW	−70 kW
トータルインプット電力	1187 kW（AC）	1036 kW（AC）
SOECでの合成ガス製造と効率	967 kW（LHV） 97%（LHV）	967 kW（LHV） 97%（LHV）
ドデカン製造[2]	630 kW（HHV）	630 kW（HHV）
エネルギー効率（電力から液体燃料への変換）	53%（HHV, AC）	61%（HHV, AC）

[1] AC-DCコンバータ効率95%を仮定。
[2] FT合成器でのグローバルCO転化率を78%（ワンパス転化率58%）と仮定し，FT合成生成物をドデカンのみと簡略化。

図2　100 kW級SOEC用試作高温再循環ブロワ

装置を導入し，800℃付近および生成ガス熱交換後の約500℃での送風試験を開始したところである。

4.4　SOEC共電解性能評価手法と性能測定例

SOECは700-800℃付近で作動するセラミックをベースとする高温作動電解セルである。イットリアドープジルコニア（YSZ）が電解質として使用されることが多く，開回路電圧は0.90 V未満である（温度が高いほど低くなる）。燃料極にはニッケル（Ni）とYSZのサーメットのNi-YSZが用いられ，空気極には$La_{1-x}Sr_xCo_{1-y}Fe_yO_{3-\delta}$（LSCF）がよく使用される。両極間に開回路電圧以上の電圧を印加することにより，原料であるH_2OとCO_2の共電解反応が起こる。一般的にはH_2Oが先に反応し，生成したH_2とCO_2との逆シフト反応（$H_2 + CO_2 = H_2O + CO$）によりCOが生成すると言われている。CO_2がある程度直接反応している可能性もあるが，いずれにしても原料が燃料極と電解質の界面に拡散することが重要である。

100 cm^2程度の実用サイズSOEC共電解性能評価では，セル1枚あたり燃料極に水蒸気を0.4 standard per litter minute（SLM（0℃，101.325 kPa基準）），CO_2を0.2 SLM，水素を0.06 SLM（$H_2/C = 2.0$）程度供給し，原料であるH_2OとCO_2を70～80％程度共電解反応に利用している（以下，電解反応率を原料利用率Uという）。弊所では，単セル，6セルスタック（セルを複数直列に積層したもの），20セルスタック，25セルスタックの試験ができるように，図3のような2 kW SOEC共電解性能評価設備を導入した。性能評価には1-10 L/minクラスの水蒸気を安定に供給しないとセル電圧および原料利用率が変化するため，市販の触媒燃焼による水蒸気供給法（10 SLMまでが限度）を採用し，流量変動は平均値に対し±0.2％以内（2標準偏差）を確認した。また，水蒸気電解用には別途，20 SLM級の水蒸気安定供給法をNEDO水素利用等先導研究開発事業（2018-22年度）で開発し，4～8 kW級共電解試験へスケールアップは可能である。

NEDO液体合成燃料プロジェクトでは，国内に共電解用のSOECセル・スタックがなかった

図3　2 kW級共電解性能評価設備

図4　初期試験に使用した固体酸化物形20セルスタック

ことから，逆作動の燃料電池用セル・スタックを使用して研究開発を行っている。初期試験では，図4に示すようなMAGNEX社製作（セルはエストニアのElcogen社ASC400Bを使用）の単セル，20セルスタックを用いて電流密度と電圧の関係を調べる試験，単セルで運転温度や原料利用率を変えて炭素析出が実際に起きる条件調査などを実施した。図5に20セルスタックを800℃で試験した際の燃料極入口ガス組成の影響を示す。点線は参照条件の90%H_2O/H_2を供給した際のスタック電圧特性であり，実線は液体合成燃料用の条件$H_2/C = 2.0$である（一酸化炭素を直接扱うのは危険なので，H_2O-CO_2-H_2（$H_2O + CO_2 = 90\%$）を燃料極に供給）。同じ電流密度，原料利用率でスタック電圧を比較すると，電流密度が0.4 A/cm^{2}を超える場合，共電解の方がより高い電圧が必要になることが分かった。この差は濃度過電圧の差と考えられ，共電解の場合は分子サイズの大きいCO_2が多孔質の燃料極を拡散する速度が小さいためと考察した。

次に，森村SOFCテクノロジー社の燃料電池用単セル，あるいはスタックを用いて炭素析出を避けつつ，安定に共電解できる条件を検討してきた。本セル，スタックでも図5のような共電解と水蒸気電解特性の違いが得られたとともに，4.3で述べた燃料極生成ガス再循環条件を複数想定し，燃料極入口の原料分圧・流量およびSOEC内の原料利用率の関係を調査した。再循環率（燃料極生成ガスの内再循環する割合）を30%より高くすると，原料分圧が低下し電流密度を0.55 A/cm^{2}に制限する必要があった。一方，再循環率が30%以下の場合，短期的には電流密度を0.70 A/cm^{2}まで安定に運転できた。詳しくは既報[4]をご参照いただきたい。また，同社の25セルスタックを用いて燃料極生成ガス組成を800℃で測定したところ，図6に示すように原料利用率に応じて原料ガス組成は直線的に減少し，生成合成ガスは増加した。ガス組成測定値（モル分率）は，図中の点線で示す熱力学的平衡組成計算値に対し±0.5%で一致した。また，生成ガス流量を高温マスフローメーターで測定したところ，$U = 20$-80%では表3に示す計算値に対し±0.5%で一致した。燃料極生成ガスは，図6に示すような4種類の混合ガスであるが，特殊な感度補正により±1.0%の流量測定精度を確保している。得られたガス組成と流量より実際に

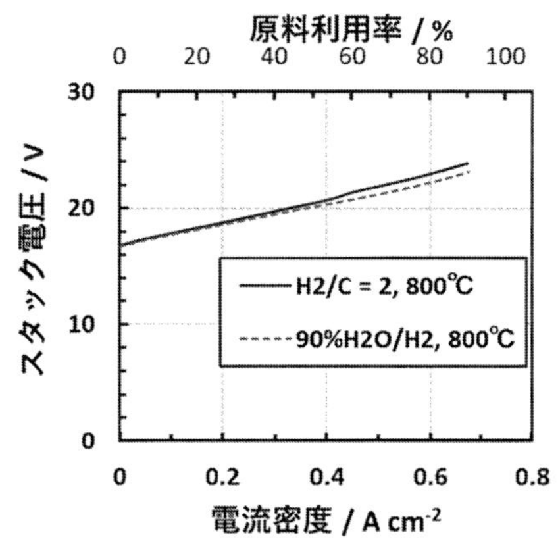

図5　水蒸気電解と共電解特性（$H_2/C = 2$）の違い

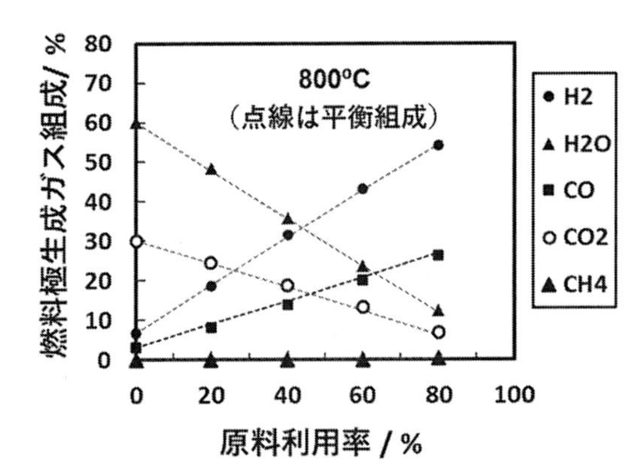

図6　25セルスタックの燃料極生成ガス分析結果

表3　25セルスタック燃料極生成ガス流量

原料利用率 U（%）	燃料極生成ガス流量（SLM）*		
	測定値	計算値	差/%
0	10.98	11.11	−1.20
20	11.14	11.12	0.19
40	11.17	11.11	0.50
60	11.15	11.10	0.41
80	11.07	11.06	0.07

*0℃，101.325 kPa 基準

共電解した原料流量を計算し，Faraday 則（1 A あたり 0.006969 SLM 反応）から計算した値と99.8%で一致したことから，供試スタックの電流効率はほぼ100%であることが判明した。これはガスシール性が優れていることを示している。また，供試スタックでは 1.5 kW 程度入力して共電解を実施できた。

最近は，2024 年度に予定されている 10 kW 級 SOEC-FT 合成実証試験に向け，SOEC の劣化率（電圧上昇率）を抑えつつ，連続共電解試験に耐えうる電解条件を調べるために，500～1000 時間規模の連続的試験を実施している。炭素析出を避けながら劣化率を最小化するには，最適な共電解温度と電流密度を選定することが重要である。また，SOEC スタック内各セルの電気化学インピーダンスを同時に 30 セルまで測定できる装置を試作し，100 時間ごとにインピーダンススペクトル測定が劣化解析に有効であることが分かり，試験後の SOEC 解体分析と合わせて劣化現象の把握と劣化要因の特定も行っている。

4.5　SOEC 性能予測手法の開発

4.4 では，液体合成燃料用合成ガス製造に向けた SOEC スタックを様々な共電解条件で調査し

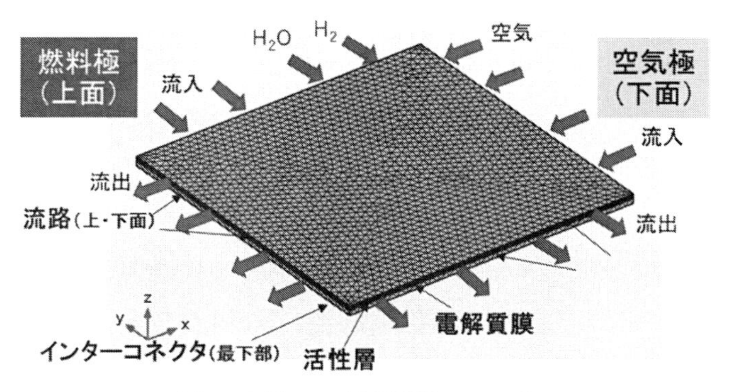

図7　実用サイズ共電解単セルモデル
（有効電極面積 100 cm^2）

てはいるものの，スタック内部の温度，電流，ガス流配等の重要な情報は直接把握するのは難しい。今後のSOECスタック大型化および断熱材や配管類などを含むSOECモジュールの研究開発に向けて，有限要素法などの数値解析手法を用いた共電解モジュール性能予測技術の研究開発を2023年度より開始した。図7に示すような一般的な実用サイズ共電解単セルモデル（10 cm × 10 cm）やこれを複数積層したショートスタックを想定し，セル・スタック内部での伝熱を考慮して温度変化を含めた基本数値計算モデルの開発を完了した。断熱条件では，SOECスタックのエネルギー収支則に合致した燃料極出口ガス温度が得られた。今後は，20セル以上のスタック，モジュールへ拡張していくことを計画している。

4.6　おわりに

体積エネルギー密度が高く，貯蔵・輸送性に優れる液体合成燃料は，2050年のカーボンニュートラル実現に向け期待度は高いものの，固体酸化物形電解セルを用いた共電解では800℃以上の高温が要求され，課題も多い。しかしながら，これまでのNEDOプロジェクトでは電流効率99.8%で平衡計算通りの合成ガスが得られ，劣化率を抑制できる共電解条件を見出すことができた。今後は，関係機関と密に連携の下，開発してきた基盤技術を用いてSOEC大型化・実用化に向け貢献したいと考えている。

謝辞

本発表内容は，国立研究開発法人 新エネルギー・産業技術総合開発機構（NEDO）の委託事業として行った研究成果である。関係各位に感謝申し上げる。

文　　献

1) 経済産業省資源エネルギー庁，「カーボンリサイクル技術ロードマップ」（2021年7月）
2) 経済産業省資源エネルギー庁，「エンジン車でも脱炭素？ グリーンな液体燃料「合成燃料」とは」（2021年7月），https://www.enecho.meti.go.jp/about/special/johoteikyo/gosei_nenryo.html（2024年6月18日アクセス）
3) 経済産業省資源エネルギー庁，「合成燃料研究会中間取りまとめ」（2021年7月）
4) Y. Tanaka, K. Yamaji, and T. Ishiyama, *ECS Trans.*, **111**(6), 1947-1956 (2023)
5) Josef Macherhammer, "Solid Oxide Cell (SOC) Technology - Gamechanger Towards Highly Efficient Production of Hydrogen and Derivatives", https://fahrzeugtechnik.fh-joanneum.at/veranstaltungen/2023-2024/2024-01-24.pdf（2024年6月18日アクセス）

5　PtL による CO_2 を原料とした持続可能な航空燃料（SAF）の合成技術

鎌田博之*

5.1　はじめに

気候変動による危機を乗り越えるためには，温室効果ガスの排出を抑えて産業革命前と比べた温度上昇を2℃以下，可能な限り1.5℃以下にすることが必要である[1)]。温暖化の原因である CO_2 は，現在全世界で炭素基準として11 Gt-C/y が排出されており，その内化石資源由来の CO_2 は9.4 Gt-C/y と全体の凡そ85％を占めている。一方で大気中の CO_2 は海域および陸域で吸収され，その量はそれぞれ2.5 Gt-C/y と3.4 Gt-C/y である。大気中の CO_2 増加量は排出量から吸収量を差し引いた約5.1 Gt-C/y であり，経時的な CO_2 濃度増加の原因となっている[2)]。化石資源の使用により排出される CO_2 を減少させるとともに，排出と固定・利用がバランスするいわゆるカーボンニュートラルな状態に移行することが必要である。

現在，国内外の様々な分野でエネルギー源を化石資源から再生可能エネルギーへ転換する取り組みが進んでいる。特に発電分野では再生可能エネルギーの導入が急速に進み，さらに最終エネルギー消費に対する電化の比率が増加することで2050年では一次エネルギーの凡そ50％以上が再生可能エネルギー由来となると予測されている[3)]。2050年に CO_2 排出実質ゼロを達成するためには，再生可能エネルギーの大幅な進展が必要なのはいうまでもないが，電化により代替することができない産業分野もある。ジェット燃料を使用する航空産業も電化のみでは代替の難しい分野である。航続距離の短いコミューター機やリージョナル機ではバッテリーや水素も燃料源として考えられるが，中・長距離の飛行ではエネルギー密度の高い液体の炭化水素燃料が不可欠である。このような需要に対し持続可能な航空燃料（Sustainable Aviation Fuel, SAF）が注目されている。SAF は航空機向けのカーボンフットプリントの小さい合成燃料の総称である。現在使用されているジェット燃料とほぼ同じ性状であるため，SAF をそのままジェット燃料に混合して使用できる（drop-in）という利点がある。国際民間航空機関（ICAO）は国際航空分野において CO_2 の排出を実質ゼロにする長期目標を掲げており，化石資源から製造されるジェット燃料を SAF や水素で代替することが必要と想定している[4)]。現在 ASTM D7566 Annex で規定されている SAF の分類は8種類となっている。この内，廃油やバイオマスを原料とした SAF は製造が比較的容易なこともあり急速に供給量を伸ばしているが，一方で将来的な供給余力には限界があり，長期的にはより大量に供給できる SAF が望まれている。CO_2 と再生可能エネルギーによる電力で製造したグリーン水素を原料として液体燃料を製造するプロセスは Power to Liquid（PtL）と呼ばれ，将来の大量な SAF 供給の手段として期待されている[5)]。

IHI では CO_2 とグリーン水素を原料として燃料や素材・化学物質などの有価物に変換するカー

＊　Hiroyuki KAMATA　㈱IHI　技術開発本部　技監

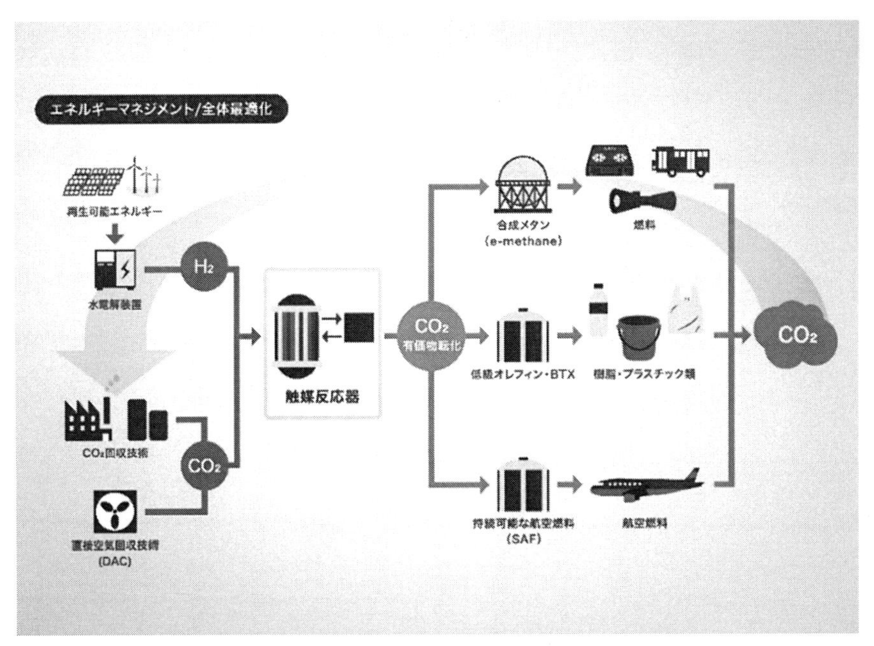

図1　カーボンリサイクルによる CO_2 有効利用の全体像

ボンリサイクル技術の開発に取り組んでいる[6~11]。本稿ではIHIにて取り組んでいるPtLによる液体燃料，特にSAF合成技術開発への取組みについて述べる。

5.2　CO_2 を原料とした液体炭化水素の合成

CO_2 から炭化水素を合成する方法としては複数の反応経路が挙げられる。例えば反応性の低い CO_2 を逆水性ガスシフト反応によりCOと水素からなる合成ガスに変換することで，その後の炭化水素の合成反応を容易にすることができる（式1）。変換した合成ガスを原料にメタノールやDME合成を経由して炭化水素を合成する経路やフィッシャー・トロプシュ合成（FT合成）による炭化水素合成が代表的な経路として挙げられる。

$$CO_2 + H_2 \rightarrow CO + H_2O,\ \Delta H^0_{298} = 42.1\ \mathrm{kJ/mol} \tag{1}$$

FT合成は合成ガスを原料としてC-C結合の生成により炭化水素を合成する反応である（式2）。従って CO_2 を原料とする場合はFT合成の上流で逆シフト反応による合成ガス製造が必要となる。逆シフト反応は一般には平衡の制約を強く受けるため，後段のFT合成よりも高温での運用が必要となる。

$$CO + 2H_2 \rightarrow 1/2\ C_2H_4 + H_2O,\ \Delta H^0_{298} = -165\ \mathrm{kJ/mol} \tag{2}$$

一方でIHIでは CO_2 を合成ガスに変換することなく直接FT合成により水素化するための触

媒およびプロセス開発に取り組んでいる（式3）。本方式はdirect FT合成やmodified FT合成などと呼ばれ，CO_2の効率的な変換方法として注目を集めている。

$$CO_2 + 3H_2 \rightarrow 1/2\ C_2H_4 + 2H_2O,\ \Delta H^0_{298} = -128\ \mathrm{kJ/mol} \tag{3}$$

CO_2を直接使用することで反応温度域の異なる2段の反応器を必要とせずシンプルな装置構成が可能となることが期待できる。一方でCO_2を直接利用することから触媒には逆水性ガスシフト反応とFT合成の両方の機能が必要となるため効率良く動作する触媒の開発が必要である。IHIではシンガポールA*STAR傘下の化学・エネルギー環境持続可能性研究所（ISCE²）との共同研究によりCO_2直接水素化に適用できる高活性なFe系触媒の開発に取り組んでいる。以下，開発したFe系触媒の特性および本触媒を使用したプロセス開発の状況を述べる。

5.3　CO_2直接水素化触媒およびプロセスの開発

図2に開発したFe系触媒によるCO_2直接水素化反応の試験結果の一例を示す。空間速度（SV）および反応圧力を変化させた時のCO_2転化率，生成物の選択率への影響を調べた。段階的に反応条件を変化させてはいるが100 hr超にわたり安定したCO_2転化率，生成物分布が得られることが確認できる。CO_2転化率はSVに対する依存性が高く，SV = 1000/hでは45%，SVを2000，5500/hと上げるとそれぞれ41%，33%に低下する。SAF留分に相当する炭素数8以上の炭化水素の選択率（C_{8+}）はSVに対する依存性が小さく，SVによらず30%付近の値を取ることがわかる。メタン選択率も同様にSVにかかわらず約10%の値を示す。一方でCO選択率はSVが大きくなるにつれて増加する。SV = 1000/hでは5%，SVを2000/h，5500/hと上げるとそれぞれ6%，12%へと増加する。本結果は触媒上での反応が式(1)の逆水性ガスシフト反応を経由して進行していることを示唆している。滞留時間が長くなるのに従い，生成したCOが続

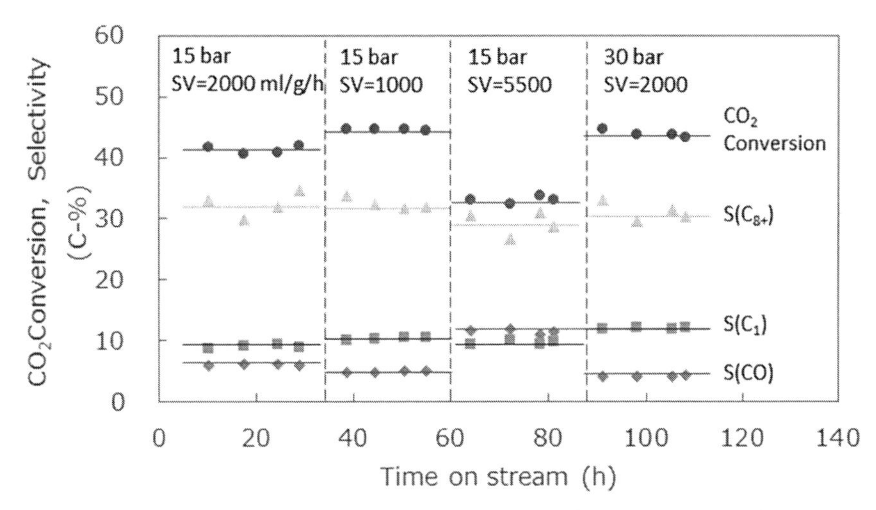

図2　開発したFe系触媒による性能試験の一例（300℃，H_2/CO_2＝3）

くFT合成により水素化，C-C結合に供されるものと考えられる。

一方でCO_2転化率は最もSVが低いSV = 1000/hにおいても45%であり，反応の全体効率を上げるためには更に高いCO_2転換率が得られることが望ましい。前述した通り逆水性ガスシフト反応は平衡の制約を受けるため，生成物である水を除去することで反応を生成系側に進めワンパスでも高いCO_2転化率を得ることが期待される。この効果を確認するために，図3(a)に示すマルチステージ型反応器を考案し製作した。マルチステージ型反応器では複数の反応器の中間で生成ガスを冷却し生成水を系外に排出することで反応を促進させる。冷却器では生成水とともに重質の炭化水素も凝縮され，残りの生成ガスは未反応の原料ガスとともに次段の反応器に供給され更に反応が進行する。

図3(b)に開発したFe系触媒をマルチステージ型反応器で評価した場合のCO_2転化率および各段での生成した炭化水素およびCOの選択率を示す。CO_2転化率は1段目反応器出口が41%に対し，2段目，3段目反応器出口ではそれぞれ62%，77%と増加することが確認できた。生成ガスから水分を除去することで生成系側に反応がシフトした結果であると考えられる。CO_2転化率は各段の反応器における入口CO_2濃度のほぼ1次に比例した。一方で各段での生成ガスの選択率はCOの選択率を除けば概ね一定であることがわかる。CO選択率は1段目出口が6.5%，2

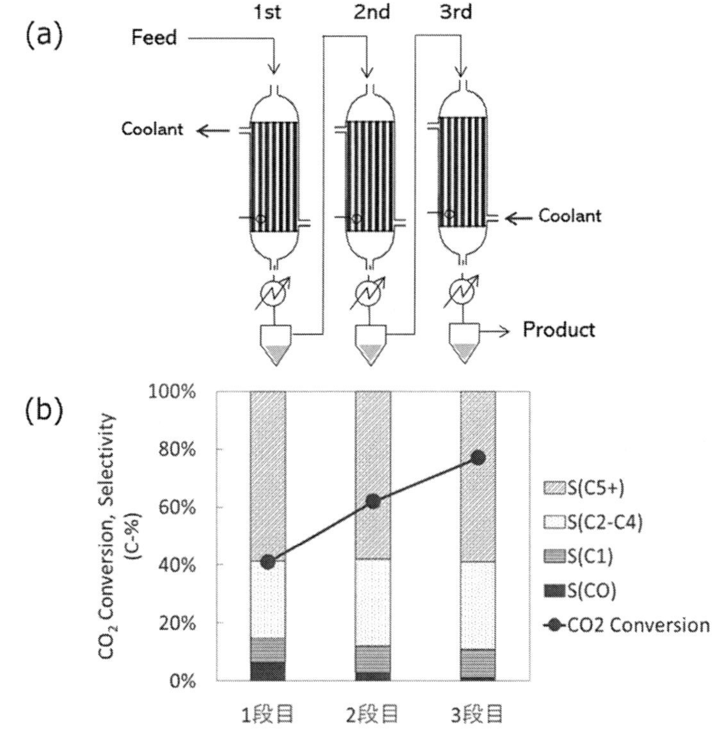

図3 (a)マルチステージ型反応器模式図，(b)開発したFe系触媒を使ったマルチステージ型反応器での試験結果の一例

段目，3段目出口では2.9%，1.3%と反応が進むにつれ減少傾向にある。一方で液体成分の目安である炭素数5以上の炭化水素 C_{5+} 選択率は各段とも約58-59%であった。このことは段数が増えても選択性としては同じ効率で液体炭化水素が生成していることを示している。

図4に開発したFe系触媒をマルチステージ型反応器により長期間評価した場合の CO_2 転化率および選択率を示す。約1000 h の長期間にわたり安定した性能が得られることが確認できた。CO_2 転化率は80%を超える値を維持し，C_{5+} 選択率も56%付近の安定した値を示す。マルチステージ型反応器においては，反応器の各段で入口ガス組成が異なるため反応器段毎に安定性が異なる可能性があったが，本結果により入口ガス組成が反応器の段毎に異なるマルチステージ型反応器においても，長期間にわたり運転特性が得られることが確認された。

図5にマルチステージ型反応器試験の冷却器で回収した液体炭化水素のFID-GCによる分析結果の一例を示す。室温，常圧で回収した油分として，炭素数8以上の炭化水素が回収できてい

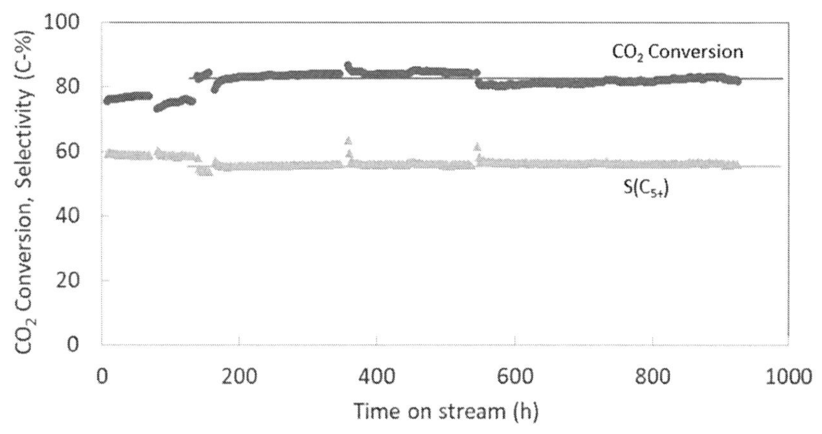

図4　マルチステージ型反応器による長期安定性試験結果

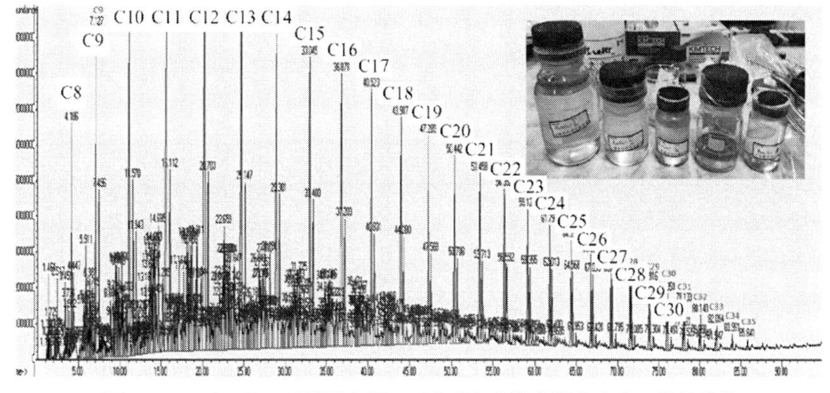

図5　マルチステージ型反応器にて合成した液体炭化水素の分析結果
表中の数字は分析した炭化水素の炭素数を示す。

ることが確認できる。SAFの留分は炭素数8～16程度とされており，生成した炭化水素を更にアップグレード，精製することでSAFに適合する燃料が製造できると考える。

5.4　今後の展望

CO_2とグリーン水素を原料としたPtLによる液体炭化水素合成は将来のSAFの大量供給手段として有力視されている。本稿ではIHIにて取り組んでいるCO_2を直接水素化するFe系触媒および合成プロセス開発の概要を示した。開発したFe触媒とマルチステージ型反応器の組合せにより一段で効率良くCO_2から炭化水素が合成でき，安定性にも優れた運転が可能であることが確認できた。本プロセスを基にしたSAF製造技術を確立することで，今後，航空産業のカーボンニュートラル化に向けて貢献していきたい。

文　　献

1）https://unfccc.int/sites/default/files/english_paris_agreement.pdf
2）Global Carbon Project, Global Carbon Budget 2020, https://www.globalcarbonproject.org/
3）BP Energy Outlook 2023, https://www.bp.com/content/dam/bp/business-sites/en/global/corporate/pdfs/energy-economics/energy-outlook/bp-energy-outlook-2023.pdf
4）ICAO, Sustainable Aviation Fuel（SAF）, https://www.icao.int/environmental-protection/pages/SAF.aspx
5）Vincent Dieterich *et al*., *Energy Environ. Sci*., **13**, 3207-3252（2020）
6）鎌田博之，IHI技報，**59**(1)，16-20（2019年3月）
7）鎌田博之，化学と教育，公益社団法人日本化学会，**70**(10)，468-471（2022）
8）鎌田博之，カーボンニュートラルに貢献する触媒・反応工学（最近の化学工学71），公益社団法人化学工学会，**71**，148-159（2023年1月）
9）鎌田博之，水上範貴，橋本卓也，辻川順，佐藤研太朗，IHI技報，**63**(1)，16-21（2023）
10）H. Kamata, N. Mizukami, Y. Ishida, T. Hashimoto, C. K. Poh, K. Kwok, J. Chang, S. C. Teo, C. G. Gwie, T. Seah, L. Chen, A. Borgna, Catalytic CO_2 Conversion by Fe based Catalyst to Produce Lower Olefins for Greener Plastic Production, The 9th Tokyo Conference on Advanced Catalytic Science and Technology（TOCAT9），Fukuoka Japan（2022）
11）T. Hashimoto, K. Sato, N. Mizukami, J. Tsujikawa, H. Kamata, A. Borgna, C. K. Poh, S. H. Lim, L. Chen, S. C. Teo, J. Chang, Towards Commercialization of Direct CO_2 Conversion, the 13th Natural Gas Conversion Symposium（NGCS13）, Xiamen, China（2024）

6　FT 合成技術を中心とした SAF 製造技術と今後の展開

寺井　聡*

6.1　はじめに

地球温暖化対策として温室効果ガス（Greenhouse Gas, GHG）削減の取り組みが各分野で行われているが，国際航空分野の CO_2 換算排出量は，世界全体の約 1.8%（6.2 億トン，2019 年）に相当する。排出場所の特定が難しい同分野の議論は，パリ協定の枠組みでは無く，国連の専門機関である国際民間航空機関（ICAO）を中心に行われており，長期的な排出削減目標の実現可能性調査結果（図 1 ）が公表され[1]，第 41 回総会（2022 年 10 月）において「2050 年までに国際航空からの GHG 排出量を実質ゼロにする」野心的な目標が採択された。同分野の GHG 排出削減の切り札として持続可能な航空燃料（Sustainable Aviation Fuels, SAF）が注目されており，2050 年までに 6 億 5 千万 kL もの SAF が必要と推計されている[2]。

SAF の安全品質は米国 ASTM D7566 が事実上の世界標準となっており，技術的に確認された原料と製造法の組合せ毎に製造されたニート SAF（様々な原料から合成した燃料であり，化石由来燃料と混合前の燃料）の要求品質及び，ニート SAF と従来ジェット燃料を定められた比率以下で混合後の要求品質を満たすことで，従来燃料と同等として扱うことが出来る（図 2 ）。様々

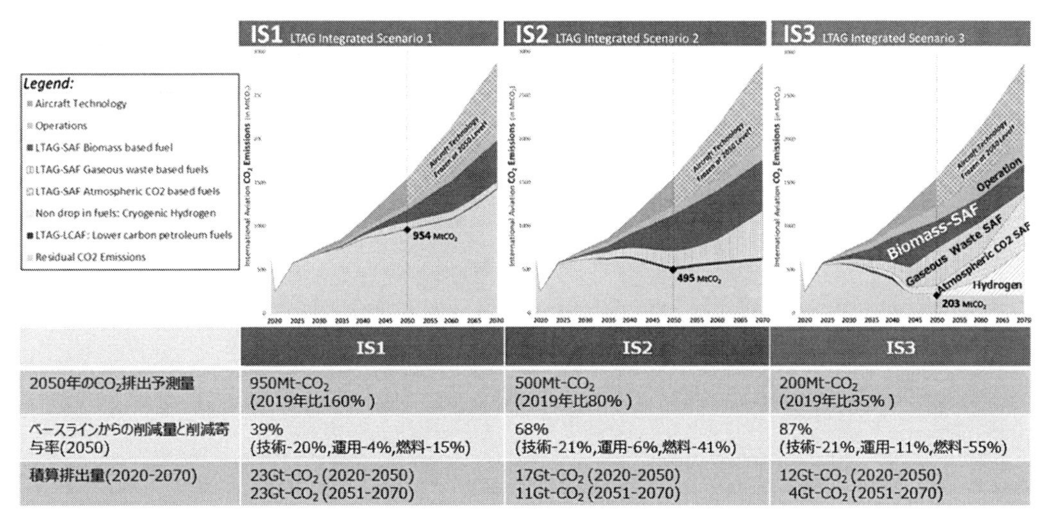

	IS1	IS2	IS3
2050年のCO_2排出予測量	950Mt-CO_2 (2019年比160%)	500Mt-CO_2 (2019年比80%)	200Mt-CO_2 (2019年比35%)
ベースラインからの削減量と削減寄与率(2050)	39% (技術-20%,運用-4%,燃料-15%)	68% (技術-21%,運用-6%,燃料-41%)	87% (技術-21%,運用-11%,燃料-55%)
積算排出量(2020-2070)	23Gt-CO_2 (2020-2050) 23Gt-CO_2 (2051-2070)	17Gt-CO_2 (2020-2050) 11Gt-CO_2 (2051-2070)	12Gt-CO_2 (2020-2050) 4Gt-CO_2 (2051-2070)

図 1　LTAG Integrated Scenario による国際航空での CO_2 排出量
（文献 1 ）を元に著者加筆）

*　Satoshi TERAI　東洋エンジニアリング㈱　エンジニアリング・技術統括本部
次世代技術開拓部　プログラムリーダー

な原料・製造法が規定されている中，現時点で ICAO/CORSIA（Carbon Offsetting and Reduction Scheme for International Aviation）で GHG 削減効果を含めた環境基準を定めた CORSIA 適格燃料（CORSIA Eligible Fuels, CEF）として公に認められている SAF 製造法の内，FT 合成技術由来の SAF は，多様な一次原料から製造が可能な汎用性の高い技術であり，かつ，他の製造法に比べて GHG 削減効果のポテンシャルが高い特徴があることが知られている（図 3）[3]。

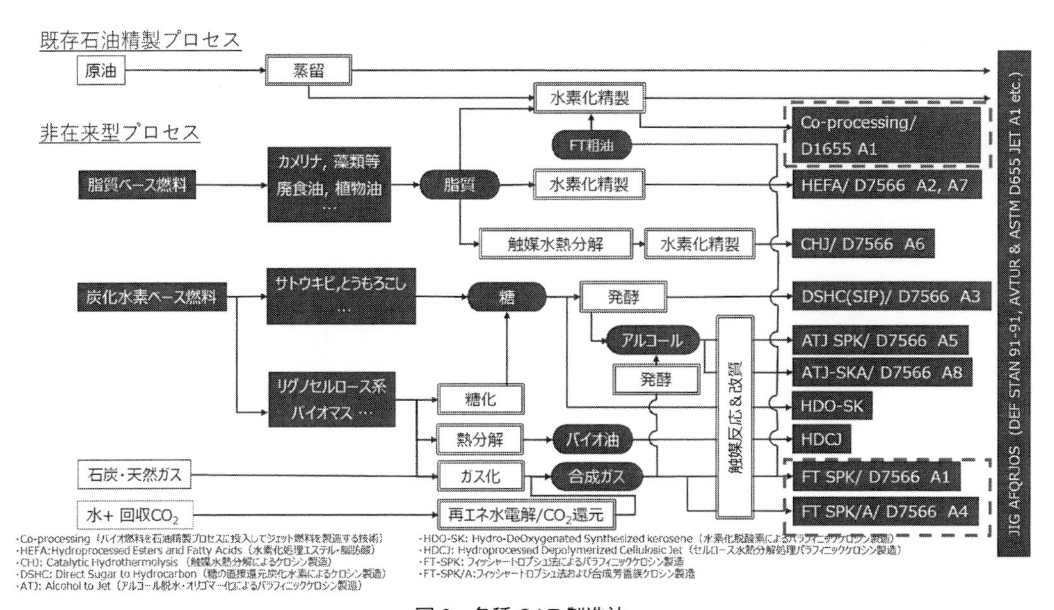

図 2　各種 SAF 製造法
（点線枠は FT 合成法由来の SAF を示す）

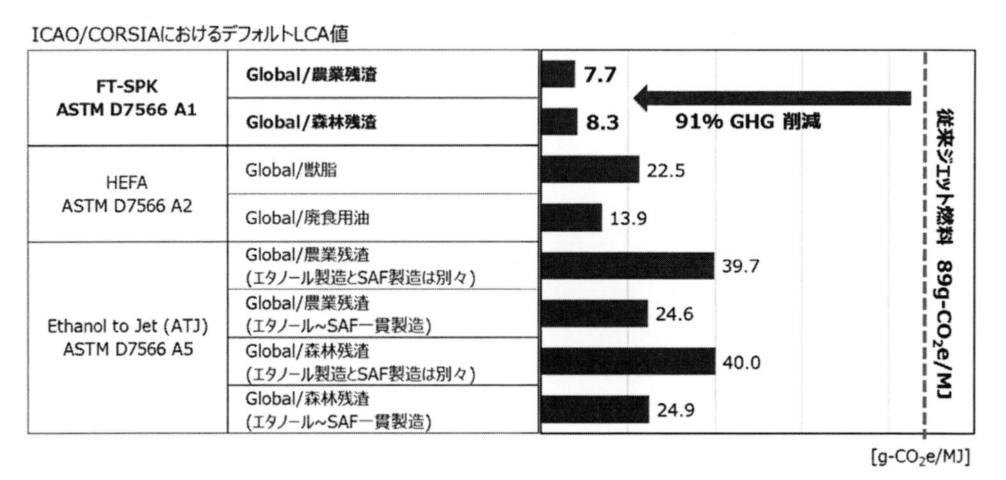

図 3　ICAO/CORSIA におけるデフォルト LCA 値例

本節ではFT合成技術を用いたSAF製造技術について解説する。

6.2　FT合成技術

6.2.1　FT合成技術概要

FT合成プロセスは大きく分けて①合成ガスを作る工程，②FT合成反応にて直鎖炭化水素からなるFT粗油を得る工程，③FT合成粗油を水素化分解・異性化してナフサや灯軽油留分といった連続留分からなる合成原油を得た後，蒸留で最終製品を得る工程の3段階からなる（図4）。FT合成以降のプロセス構成は同じであるが，種々の原料からCOとH_2を主成分とする合成ガスを得る工程が異なり，原料の違いに応じて，天然ガス由来であればGTL（Gas to Liquid），バイオマスであればBTL（Biomass to Liquid），再エネ水素を使う場合はPTL（Power to Liquid）等とも呼ばれ，その総称としてXTLと称される。これらは，合成ガスの製造工程と，原料由来の不純物が異なるため，触媒毒になるこれら不純物を除去する工程に，各々違いが生じる。更には，PTLでは，既存のFT合成では，CO_2は直接反応に寄与しないため，事前にCOに還元しておく必要がある。このCO_2還元方法には，まだ開発要素が残されており，図中記載の逆シフト反応含め，共電解法やCO_2電解法等の開発が進められている。

FT合成技術は，1920年代にドイツKaiser-Wilhelm研究所のFranz FischerとHans Tropschによって，石炭から得られる水性ガスを原料に液体燃料を得るために開発された技術で，式(1)で表される大きな発熱を伴う重合反応である。直接の原料はH_2とCOで，原料H_2/CO化学量論

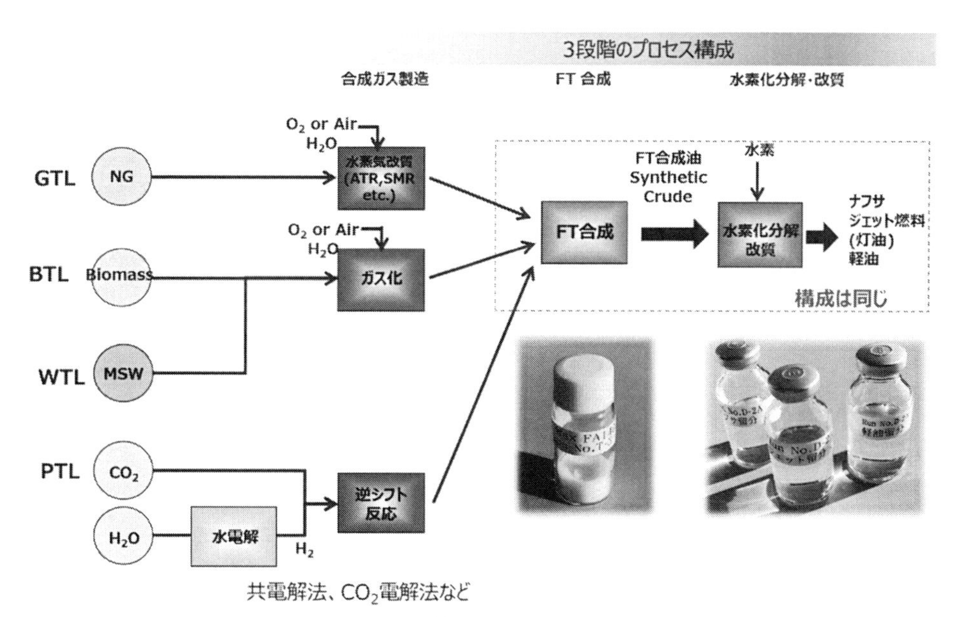

図4　XTL技術の各工程イメージ

比は約２であり，炭化水素の生成と共に消費したCOと等モルの副生水が生じる。

$$(2n+1)\ H_2 + nCO \rightarrow C_nH_{2n+2} + nH_2O,\ \Delta H = -156\ kJ/mol-CO\ (n=10) \tag{1}$$

生成炭化水素の大部分は直鎖飽和炭化水素であり，重合反応速度論から，生成物は式(2)で表されるAnderson-Schulz-Flory（ASF）分布に従う連続留分になることが知られている（図５上）。炭素数が大きいほど高沸点の留分となり，例えば炭素数19の直鎖飽和炭化水素n-$C_{19}H_{40}$の常圧における沸点と融点は各々約330℃と約33℃となり，沸点範囲は軽油レンジであるものの，室温では流動性が無い。そのため液体燃料として利用するためには，FT反応後に，長鎖炭化水素を適切な沸点範囲に切断する水素化分解と，直鎖の炭化水素を異性化する等で側鎖を付与して流動性を高める改質処理（Upgrading）が必要となる。

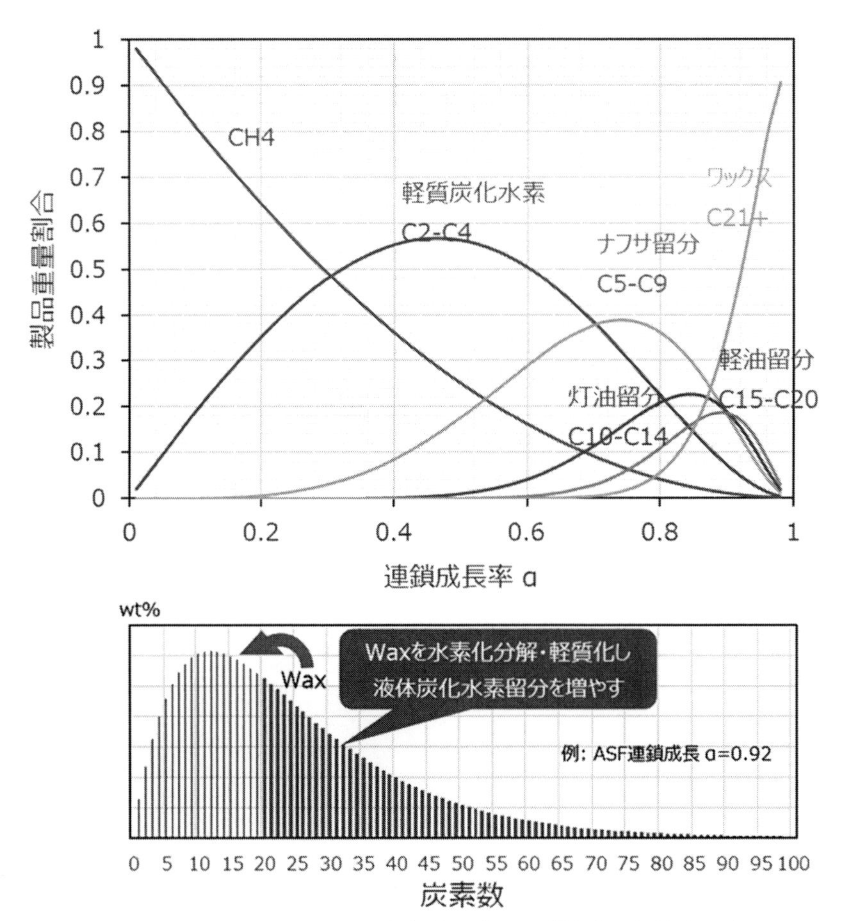

図５　Anderson-Schulz-Flory分布（上図）と，炭素数分部例（下図）

$$W_n = (1-\alpha)^2 n \alpha^{n-1} \tag{2}$$

n　：炭素数

α　：連鎖成長確率

W_n：炭素数n成分の重量分率

FT合成は反応温度が200～230℃レベルの低温型と，330～350℃レベルの高温型に分類することが出来るが，現在主流のCo系の触媒を用いる低温型は，高連鎖成長率を達成できるため，硫黄分等不純物を含まない高品質な潤滑油基材として有用な合成ワックスを含む連続留分（FT粗油）が得られる。このFT粗油中の長鎖の炭化水素を水素化分解にて適宜切断・異性化することで，室温でも流動性がある留分へ改質し，高セタン価かつ低温流動性を改善した高付加価値な中間留分（ジェット含む灯軽油留分）を多く得ることが出来る（図5下）。そのため，Co系触媒を中心としたFT合成触媒の改良が行われてきた。低温型プロセスは，1990年代後半から2010年代前半までに大型のGTLプラントがカタール等で建設・稼働しているが，当時，原油価格に比べて天然ガスが安価であったこともあり，大規模ガス田においてスケールメリットを生かしてGTL由来の灯軽油を大量生産することで，石油由来の燃料に対しても経済性が見込めた事が背景となっている。

なお，Fe系触媒を用いた高温型プロセスでは，Feが式(3)で表される水性ガスシフト反応活性も有するため，石炭ガス化由来等，H_2/CO比率の低い合成ガスの場合でも，COの一部を水性ガスシフト反応にてH_2に転化することで，FT反応の量論比$H_2/CO = 2$付近のガスに調整ができ，FT反応が進行しやすいが，一方で，連鎖成長率は小さいため，軽質なナフサ留分が主となる特徴がある。高温型の商業プロセスは，南アフリカ共和国でのみ稼働していて他所への展開は現在のところ無いが，これは，同国のアパルトヘイト政策時代の石油禁輸対策として，同国内に豊富にあった石炭資源から液体燃料を得る代替手段として建設されたという特殊な事情が背景にある。

$$CO + H_2O \leftrightarrow CO_2 + H_2,\ \Delta H = -41\ kJ/mol \tag{3}$$

6.2.2　FT合成反応器

触媒開発に加えて，大きな発熱を伴うFT反応は，効率的に反応熱除去を行わないと暴走反応を引き起こす事から，高活性な触媒性能を十分に活用出来る除熱性能と経済性を両立可能な大型反応器の開発も進められてきた。

大型のGTLプロセスとして代表的な2つのプラントは，大規模ガス田を有するカタールにて運転中であるが，製品がコモディティな燃料であるがため，どちらもスケールアップメリットで経済性を追求した結果，その反応器タイプは，固定床多管式反応器（Shell SMDS法／Pearl GTL）と，スラリー床式反応器（Sasol法／Oryx GTL）となっている（表1）。

表1　低温 FT 合成反応器例

	Pearl GTL	Oryx GTL
プラント容量	70,000bpd x 2系列	34,000bpd
技術	Shell Middle-Distillate Synthesis process (SMDS)	Topsoe(ATR)/Sasol(FT:SPD)/Chevron(UPG)
触媒	Co系	Co系
FT反応器	固定床管型（12基/系列 x2系列）（チューブ本数29,000本/基）	スラリー床（2基）
反応器特徴	✓ 基本構造が単純 ✓ 反応時間の調節が容易 ✓ 触媒層に温度分布が生じやすい ✓ 圧力損失大 ✓ 触媒充填・交換が煩雑	✓ 反応温度の制御性が高い ✓ 混合性が良い ✓ スケールアップが難しい ✓ 安定操作に熟練必要 ✓ 触媒と製品の分離が困難
イメージ	Syngas Steam BFW FT product	Light product Slurry Bed Heavy product Steam BFW Syngas

固定床多管式反応器は反応器シェル内に配置された多数のチューブ内に触媒が充填されており，チューブの外側にボイラ水を流通させ沸騰時の相変化にて反応熱を除熱している。構造がシンプルな半面，伝熱面積がチューブ表面に限られるため，除熱量の限界からワンパス転化率を抑えて未反応原料のリサイクル比率を大きくすることで対応しているとみられる。一方でスラリー床型反応器は，反応器内に除熱用ボイラ水の流れるチューブが設置されており，その外側に生成液相が触媒粉と原料ガスとともに流動撹拌されたスラリー相を形成している。スラリー相は除熱チューブ外壁と混合接触するため境膜が小さく温度制御性は比較的良好になるが，混合特性が複雑なため，反応器のスケールアップは容易ではない他，製品油中に懸濁した触媒の分離が難しい等，運転面では熟練が必要となるとみられる。

これらは，大型のガス田向けにスケールメリットを追求する形で反応器も大型に特化して開発されてきた経緯があるが，全く別のコンセプトとして，東洋エンジニアリングでは米国 Velocys 社と技術提携し，FPSO（浮体式石油・ガス生産貯蔵積出設備）上でのフレアガス削減向けや，大型プロセスでは経済性が出にくい中小ガス田開発ツールとして差別化できる中小型 GTL 技術開発を行ってきた[4)]。

SAF 製造の場合，LCA（Life Cycle Assessment）的な見地から，バイオマス等の非化石由来原料や，再エネ由来 H_2 と回収 CO_2 からの製造が必要となるが，嵩高なバイオマス原料の大量輸送は余計な GHG 排出増加につながるため，バイオマス輸送距離の少ない地消型が好ましい。再エネ由来の PTL（所謂 e-fuel）も再エネ安定確保に課題があることから，中小型向けの FT 合成技術は SAF の規模感に適した技術となる。Velocys 社のマイクロチャンネル FT 合成反応器

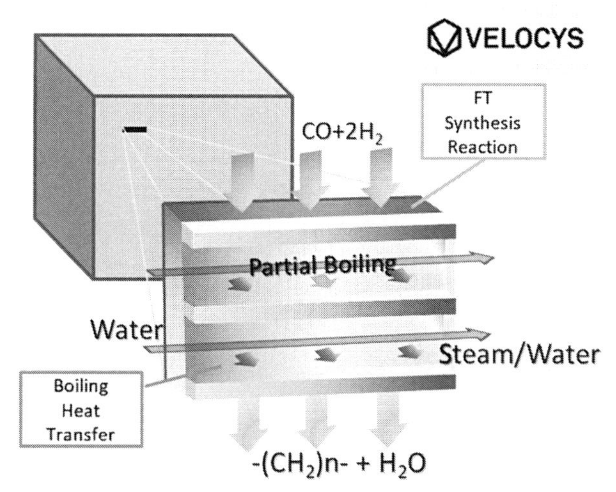

図6　Velocys 社のマイクロチャンネル FT 反応器イメージ

（図6）は，反応流路と冷却流路を交互に密に組合せて効率的に反応熱を除去し，同社の高活性 FT 触媒との組み合わせで反応率を高めることで，従来技術に比べて反応容積を約 1/10 に小型化できる特徴がある。そのためプラント自体も小型化できる他，反応器のモジュール化で現地建設期間の短縮も可能となる。

6.3　持続可能な合成ガス製造技術

ASTM D7566 で定義された FT 合成由来 SAF の原料は，合成ガス（$CO + H_2$）とのみ規定されているが，合成ガスは図4に示すように様々な一次原料から得ることが出来る。本項では，持続可能な合成ガスの製造技術として代表的なガス化法と，水と CO_2 を原料とする場合の方法について解説する。

6.3.1　ガス化技術を用いた合成ガス製造

木質バイオマスや都市ごみ等の固形原料は，粉砕後，ガス化炉内で部分酸化させることで合成ガスを製造することが出来る。バイオマスガス化炉の代表的なタイプを表2に示す[5]。このうち，石炭ガス化炉等で類似の実績がある循環流動層タイプと，噴流床タイプが，SAF の規模感や要求仕様にマッチした技術と言われている。流動層タイプでは，流動媒体に砂やアルミナを用いることで，流動媒体が有する保有熱と均一した混合状態となり，安定したガス化の促進が可能であるが，炉内温度が低めのため別途タール処理が必要となる。噴流床では，投入するバイオマスの含水率や性状（1 mm 以下の微粉状）に制約があるものの，炉内温度が高いため，タールの問題が発生しにくい特徴がある。

例として木質バイオマスを原料とした際の一般的なブロックフローを図7に示す。木質バイオマスは乾燥や粉砕等の前処理を経た後，空気より分離した酸素及びスチームを酸化剤としてガス

表2　バイオマスのガス化炉形式
（文献5）を元に著者作成）

ガス化方式/炉型式	固定床		流動層		噴流床	ロータリーキルン	
	ダウンドラフト式	アップドラフト式	バブリング式	循環式		内熱式	外熱式
ガス化炉概略図 F:木質系バイオマス O:酸化剤(空気、酸素、水蒸気) P:発生ガス							
ガス化温度	700-1,200℃	700-900℃	800-1,000℃	800-1,000℃	1,000-1,500℃	850-1,000℃	700-850℃
ガス化出口温度	600-800℃	100-300℃	500-700℃	700-900℃	1,000-1,200℃	800-950℃	650-800℃
タール含有量	低い	非常に高い	中	中	非常に低い	中	中

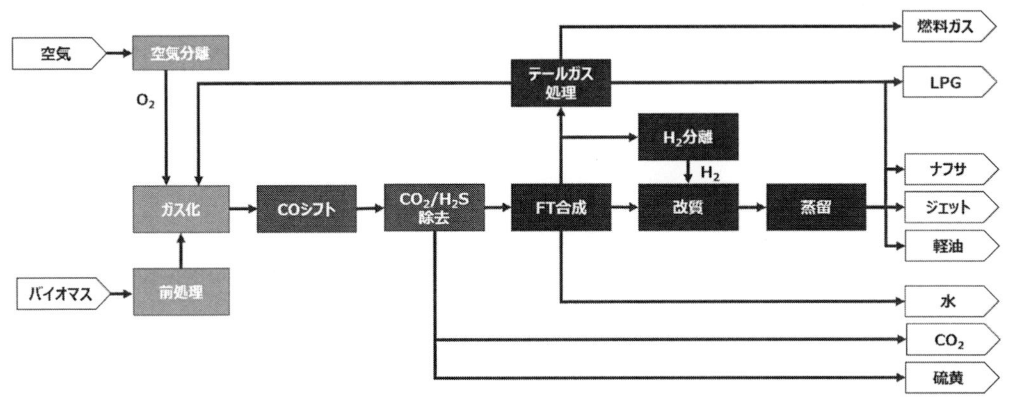

図7　一般的なBTLプロセスブロックフロー例

化炉にてガス化され，必要に応じ副生タールの除去や，COシフト反応等と組み合せて，H_2/CO＝2付近に調整する。その後，原料由来の硫黄化合物等，触媒毒となる不純物成分や，必要に応じてFT反応でイナートとなる CO_2 を除去後，FT合成を行う。FT合成で生成したFT粗油は水素化分解・異性化・蒸留を経て，ジェット燃料等の連産製品を得る。FT合成反応は副生水による触媒酸化等の劣化を避けるため，CO転化率は高くても70%程度までで留めるのが一般的であり，FT反応器出口ガス中には，未反応の H_2 が含まれる。この H_2 を一部分離して水素化分解工程に用いることで外部からの水素供給を不要とすることも可能な他，ガス化炉にリサイクルすることで収率を上げることが出来る。また，プロセスから除去された CO_2 は，CCS（Carbon dioxide Capture and Storage）と組み合わせることで，ネガティブエミッションとなり，より環境付加価値の高いSAFを製造することも可能である。

同技術を用いたSAF製造の実証として，NEDO（国立研究開発法人新エネルギー・産業技術総合開発機構）委託事業（2017～2021年）にて，株式会社JERA，三菱パワー株式会社（現・三菱重工業株式会社（MHI）），宇宙航空研究開発機構（JAXA），東洋エンジニアリングでは，

図8　NEDOバイオジェット燃料生産技術開発事業（2017-2021年）

木質バイオマスのガス化からケロシン混合SAFまでの一貫製造実証を実施した。MHIの高性能噴流床ガス化技術と東洋エンジニアリング-Velocysのマイクロチャンネル FT技術を組み合わせて一貫製造したニートSAFはすべて規定品質に合致すること，および製品燃焼試験の結果，排気ガス中の粒子状物質（PM）は，既存ジェット燃料の場合の排気ガスより少なく，環境負荷が小さい特徴以外は，燃焼性やエンジン出力特性等は既存燃料と同等である事を確認した。製品の一部は，既存燃料と混合して羽田-新千歳間の商業フライトに供し，燃料供給までの手順確認とともに，既存燃料と同一の運用であることを確認した（図8）[6,7]。この結果を受け，引き続き，商業化に向けた検討が進められている。

6.3.2　水とCO_2を原料とする合成ガス製造

水とCO_2を原料とした場合のFT合成由来燃料合成の代表的なフローを図9に示す。CO_2のCOへの還元方法はまだ開発途上であり，触媒を用いた逆シフト反応（式(3)の逆反応）でCO_2を還元する方法や，電解技術でCO_2を還元する方法，更には，FT反応側で直接CO_2を利用する方法が国内外各地で開発が行われている。一方で，バイオマス資源等には限りがあるのに対して，水とCO_2が原料となる場合は，資源量の制約がほぼ無視できるため，将来的に再エネコストが限りなく安くなることを前提とすれば，長期的には最も約束されたパスと言われている。

図9の内，CO_2の逆シフト反応を利用するパスは，従来技術の応用で比較的早い時期に実用化が可能と目されているが，図10に示す様に吸熱反応である同反応は，800℃レベルの熱を与えたとしても，CO_2全量をCOに変換することは平衡上困難であり，更には処理量を稼ぐために圧力を上げてしまうと，メタンを副生するため，効率的にFT反応に必要な組成に反応させるプロセスそのものや反応器，さらには高温で安定に使える触媒等が開発要素になっている。

電解技術によるCO_2還元では，CO_2のみを直接電解還元する方法と，水とCO_2を一緒に電解する共電解技術が検討されている。

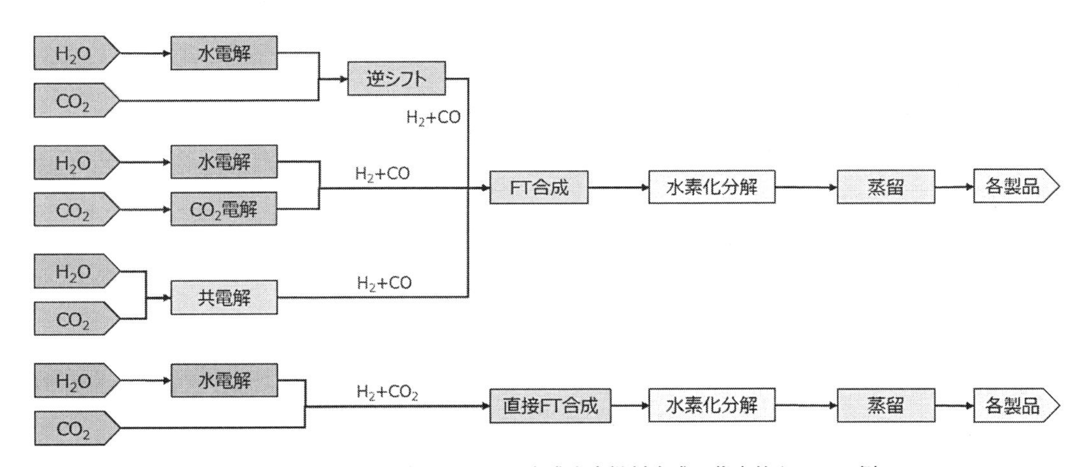

図9　水とCO_2を原料としたFT合成由来燃料合成の代表的なフロー例

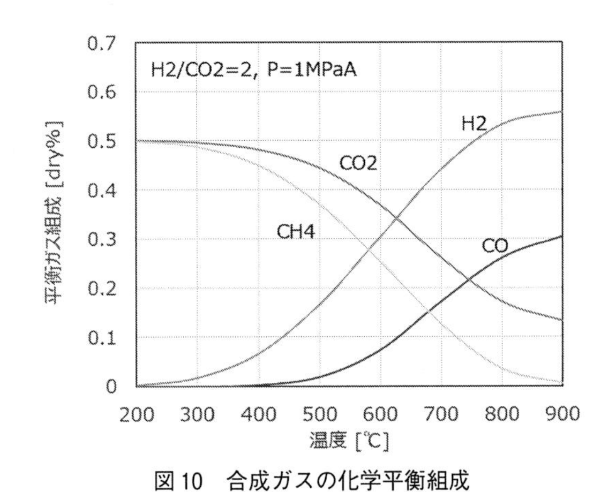

図10　合成ガスの化学平衡組成
（P = 1 MPaA，原料組成 H_2/CO_2 = 2）

CO_2の直接電解では，固体高分子形の開発が先行しており，セルそのものの開発に加えて，効率アップのための大型モジュール化の開発が進められている[8,9]。

水電解にCO_2電解を含める共電解は，固体酸化物セルを使って800℃レベルで行われる電解技術であり，電気化学的な反応の他，電極に含まれるNiがシフト反応触媒活性を有していることから，逆シフト反応も併発しているとみられ，より効率的にCO_2を還元することが可能となる。一方で，800℃レベルでの電解となり，FT合成が200～300℃程度である事を考えると，一貫製造プロセスを考えるうえで，熱的なインテグレーションの最適化も課題となってくる。また，FT合成に必要な$H_2/CO = 2$の合成ガスを得ようとすると，電極上での炭素析出懸念もあるため，平衡制約を外した条件下での操作範囲の最適化も必要となる[10,11]。

CO_2を直接FT合成反応器内で反応させる直接FT合成技術は，主に，シフト活性を有する

Fe系触媒をベースに，触媒上でCO_2をCOに還元後，逐次的にFT反応でCOを消費して逆シフト平衡をずらすことで，低い温度でもCO_2逆シフト反応を促進させるコンセプトで検討が進められている[12,13]。

6.4 おわりに

航空分野のGHG排出削減対策として，航空機の電動化や水素利用等の開発も行われているが，燃料のエネルギー密度の観点から，特に中長距離線への代替は当面困難であるため，従来燃料にドロップイン可能な液体燃料であるSAFは最有力な手段と位置付けられている。

国内でも2030年時点で燃料使用量の10%をSAFに置き換える目標[14]が定められたものの，SAFの原料と種類によってGHG削減効果は大きく異なるため，今後は，SAF導入量にそれぞれのGHG削減効果を掛け合わせたGHG削減量の目標設定が必要になる。

理論的には，GHG削減効果が2倍高いSAFは，同じ効果を半分の量で賄えるため，2倍の価格でも環境付加価値的には同じと判断しても良いところだが，現実には，2倍高価なSAFを導入するよりもカーボンクレジット等でGHG削減効果を補った方が安価という状況にある。

SAF製造設備の導入には数年のリードタイムが必要であるが，環境付加価値に見合ったインセンティブが働かない中では，HEFA等比較的設備導入ハードルが低いSAF（ただし原料の廃食油は既に争奪戦状態で必要量確保が困難）以外のSAF製造設備は投資決定を判断し難い状況が続くことになる。GHG削減効果の高いSAFの市場への導入促進のためには，低環境負荷を製品価値とした市場の構築と共に，検討が進められているSAFの利用・供給拡大に向けた事業支援政策（具体的には，投資支援，生産量等に応じた法人税減免装置等が検討されている[14]）の積極的な展開等投資価値向上の環境醸成が強く期待される。

本稿紹介の一部は，NEDOの委託業務（JPNP17005）の結果得られたものである。

文　　献

1) ICAO, "Report on the feasibility of a Long Term Aspiration Goal (LTAG) for international civil aviation CO2 emission reductions", March 2022
2) 第4回 持続可能な航空燃料（SAF）の導入促進に向けた官民協議会，航空局資料（資料4）（令和6年1月31日）
3) ICAO document, "CORSIA Default Life Cycle Emissions Values for CORSIA Eligible Fuels", 4th Edition, June 2022
4) Kojima, Y., "Smaller scale GTL-an Update of its Technology and Industrial Deployment", Asian Nitrogen + Syngas proceedings (2014)
5) NEDO再生可能エネルギー技術白書，第2版，2014年2月

6) 東洋エンジニアリング㈱, 2021 年 6 月 18 日発表, 〈https://www.toyo-eng.com/jp/ja/company/news/?n=3540〉(参照日 2024 年 6 月 16 日)
7) NEDO 2017-2021 年度成果報告書, バイオジェット燃料生産技術開発事業「一貫製造プロセスに関するパイロットスケール試験, 高性能噴流床ガス化と FT 合成による純バイオジェット燃料製造パイロットプラントの研究開発」, 2021 年 7 月
8) 水口ほか, 東芝レビュー, **77**(4), 28-31, 2022 年 7 月
9) 出光興産, 2024 年度 JPEC フォーラム講演資料
10) 産業技術総合研究所, 2023 年度 JPEC フォーラム講演資料
11) 東北大学, 2024 年度 JPEC フォーラム講演資料
12) ENEOS, 2023 年度 JPEC フォーラム講演資料
13) 成蹊大学, 2024 年度 JPEC フォーラム講演資料
14) 第 4 回 持続可能な航空燃料 (SAF) の導入促進に向けた官民協議会, 航空局資料 (資料 4), 及び資源エネルギー庁資料 (資料 5) (令和 6 年 1 月 31 日)

第4章　CO_2由来液体燃料のモビリティーへの展開

1 「e-fuel」はモビリティー脱炭素化の切り札となるか？

西脇文男*

1.1 はじめに

e-fuelは再エネ電力由来の水素（グリーン水素）とリサイクル利用の二酸化炭素から作るカーボンニュートラルな合成燃料である。合成燃料は気体合成燃料と液体合成燃料に大別されるが，モビリティーの燃料に使われるのは主に液体燃料である。

その特徴は，

(1) 原料に制約のあるバイオ燃料に比べ大量生産が可能。

(2) 液体燃料は，化石由来のガソリンや軽油同様，エネルギー密度が高い。

(3) 既存のガソリン車・ディーゼル車やジェット機にDrop in燃料として利用可能。

特に（2）と（3）の理由から，e-fuelはモビリティーの次世代燃料として優れた適性がある。

自動車脱炭素化の主役は電動化（EVシフト）であるが，EV一辺倒ではなくカーボンニュートラル（CN）燃料の活用も重要だとの認識が広がっている。また，陸上輸送機器に比べ電動化が難しい船舶や航空機については，従来の内燃機関のまま燃料を段階的にCN燃料に転換する方式が現実的な解となる。

2023年3月，ヨーロッパ連合（EU）は，2035年以降ガソリンなどで走るエンジン車の販売を全面的に禁止する方針を転換し，e-fuelのみを使用する自動車は35年以降も容認することを発表した。またEU理事会は23年10月，欧州発着の航空機に一定割合のSAF（持続可能な航空燃料）の使用を義務づける新たな規制を採択した。米国や日本でもSAFの使用目標が設定されている。

こうした動きを受け，モビリティーの次世代CN燃料として，20年代後半以降e-fuelに対する需要が盛り上がることが見込まれる。供給サイドでは，e-fuelのコスト削減に向けた研究開発が進み，e-fuel製造プラントの建設を目指すプロジェクトも数多く計画されている。末尾に主な商業規模e-fuelプロジェクトのマップおよび一覧表（p. 126，表4）を掲載したので参照されたい。

---

* Fumio NISHIWAKI　武蔵野大学　客員教授

1.2　次世代自動車燃料 e-fuel

1.2.1　自動車脱炭素化と e-fuel

世界の EV 販売台数（PHV を含む）は 2023 年に 1,380 万台，24 年には 1,700 万台に達する見込みで，世界で販売される自動車の 5 台に 1 台以上を占める[1)]。EU はじめ多くの国で 35 年以降ガソリン車の販売を禁止する方針が出され，今後さらに EV シフトが加速すると見込まれる。

しかし，新たに作る車はよいが，既存のガソリン車を電動化することはできない。走っている車すべての CO_2 を削減するためにも e-fuel への期待は高い。また，パワーや航続距離の観点から EV シフトが進まない大型重量車両にも，e-fuel は有力な選択肢となる。

次世代クリーン燃料では，バイオエタノールやバイオディーゼルなどバイオ燃料が既に実用化されており，欧米諸国やブラジルなどでは規制を設けて使用を義務づけている。ただ，原料にサトウキビやトウモロコシを使うため，耕作にエネルギーや化学肥料を多く使うのでライフサイクル全体の CO_2 削減効果は必ずしも高くない。また，食糧との競合問題や耕作地開拓による環境破壊の問題が指摘されている。近年食品廃棄物や微細藻類を原料とする技術の研究開発が進んでいるが，コスト高や大量生産が難しいことから，未だ実用レベルには達していない。

e-fuel は水素と CO_2 から合成する工業製品なので大量生産も問題ない。ガソリンやディーゼル油と混合して（単独でも）使用できるので，EV 化の難しい大型重量車両や，35 年以降も存在する既存のガソリン車・ディーゼル車の脱炭素化に有効と考えられている。

1.2.2　e-fuel の開発・実用化で先行するドイツ

e-fuel の研究開発ではドイツの自動車メーカーが先行している。アウディは，2018 年にドイツの Global Bioenergies 社と共同で，60 リットルの e-gasoline を生産することに成功した。ポルシェはチリの Haru Oni プロジェクト（後述）で生産された e-fuel を使ってレース車を走らせている。

なぜドイツなのか？ 背景にドイツのエコカー戦略があると言われている。ドイツを始めヨーロッパの自動車メーカーは，クリーンディーゼルを排ガス対策の中軸とする戦略を採ってきた。ところが 2015 年にフォルクスワーゲンの排ガス検査不正が発覚し，クリーンディーゼルはクリーンなイメージを失墜し販売台数は激減した。そこでドイツ（およびヨーロッパ）のメーカーは一斉に EV を軸とする戦略に転換した。この結果，ヨーロッパ自動車市場で EV シフトが急速に進んだ。

ところが，EV シフトが進むことはドイツにとってよいことばかりではない。ガソリン車やディーゼル車など内燃機関の車は，3 万点もの部品をすり合わせて 1 台の完成車を作り上げる。そのため，ドイツのような自動車大国には高い技術を持った部品産業が集積している。一方，EV は部品点数が半分程度で，モジュール化された部品も多く，技術的ハードルは内燃機関の車より低いとされる。EV 比率がどんどん高まると，ドイツの部品産業は仕事を失い，雇用を守れない，ということになりかねない。もし e-fuel がモノになれば，部品産業を守ることができ，完成車メーカーも強い競争力を持つガソリン車やディーゼル車を作り続けることができる。

こうしたドイツ自動車業界の思惑はEUの脱炭素政策にも影響を及ぼしている。EUは2035年以降，ガソリンなどで走るエンジン車の販売を全面的に禁止する方針であったが，ドイツ政府がe-fuelを使用する車両は認めるべきだと主張。イタリア・東ヨーロッパ諸国もこれに同調し，2023年3月，条件付き容認に方針転換した。

1.2.3　日本の取り組み

エンジン車を重視することでは日本もドイツと同じだ。今回のEUの方針転換は日本にとっても歓迎すべきものだ。特に，日本が得意とするハイブリッド車が2035年以降も販売可能となったことは，ドイツ以上に日本にとってメリットが大きい。

e-fuelの実用化に向け，トヨタをはじめとする自動車メーカー各社や石油元売り大手のENEOS，出光興産などが研究開発に本腰を入れている。国も強力に支援する構えだ。2023年2月に閣議決定された「GX実現に向けた基本方針」では，e-fuelとSAF（サステナブル航空燃料）の製造技術開発，製造設備に今後10年間で1兆円の官民投資を行なう方針だ。また，23年6月に発表された「合成燃料（e-fuel）の導入促進に向けた官民協議会（中間とりまとめ）」では，従来2040年頃としていたe-fuel商業化の時期を2030年代前半に前倒しすることが明記された。背景には2035年までに間に合わせたいというスケジュール感があると思われる。

1.2.4　世界初のe-fuel商業生産を目指すチリのHARU ONIプロジェクト

いま，チリで世界初となる商業規模のe-fuel製造プラント構築を目指すHaru Oniプロジェクトが動き出している。「Haru Oni」は原住民の言葉で「強風」を意味する。プロジェクトのサイトがあるチリ南部のマガジャネス地方は，強い風が年を通して安定的に吹き続ける風力発電には最適の場所だ。この電力を使って水を電気分解すれば，極めて低コストでグリーン水素を製造することができる。もう一つの原料CO_2については，大気中のCO_2を直接捕集（DAC）する。

プロジェクトメンバーにはチリ電力会社AMEの関連企業HIFグローバル（Highly Innovative Fuels Global），シーメンス・エナジー（独），ポルシェ（独），エネル（伊），エクソンモービル（米）などが名を連ねる。プロジェクトオーナーはHIFグローバルであるが，実質的にプロジェクトを主導するのはドイツの2社である。シーメンス・エナジーは風力発電機，電解装置など主要機器のサプライヤーであり，システムインテグレーターとしてプロジェクト全体を統括する。ポルシェはHIFグローバルの設立時からの出資者であり，本プロジェクトのオフテイカー（製品の購入を予め約束）でもある。

2021年7月からプラントの建設がスタートし，22年12月には最初の製品2,600リットルのe-fuelが出荷された。製造能力は，パイロットプラント段階の現在は年間130キロリットルであるが，2025年に5万5千キロリットル，2027年に55万キロリットルへと規模を拡大する計画である。

1.3 次世代船舶燃料アンモニアとメタノール

1.3.1 海運の脱炭素化

国際海運が排出するCO_2は世界の総排出量の2.1%を占める（2018年，出典：IEA）。これはドイツ1国の排出量に匹敵する量だ。

国連の専門機関である国際海事機関（IMO）は23年7月，ロンドンで開いた委員会で，CO_2排出量を2050年頃までに実質ゼロとする新たな目標を175の加盟国の全会一致で採択した。

荷主からの要請も強まっている。自動車メーカーは輸出する車を運ぶ自動車運搬船の脱炭素化を要求する。また，アップル（アメリカ）のように，2030年までにグローバルサプライチェーンの100%脱炭素化を宣言した企業では，部品のサプライヤーや製品の販売企業も海上輸送の脱炭素化が必要になる。

世界の海運業界は，IMO目標や荷主の要請に迫られて脱炭素の動きを早めている。

当面の対策として有力なのが，燃料を重油から液化天然ガス（LNG）に転換することだ。LNGも化石燃料だが，重油に比べCO_2排出量を25%削減できる。次世代CN燃料への「つなぎの燃料（bridge fuel）」という位置づけである。

ヨーロッパの認証機関DNVによると，LNG燃料船は2022年1月時点で251隻が運航中，403隻が発注中または建造中で，合計654隻を数える。クラークソンリサーチによれば，2022年にも397隻発注されており，数年後には1000隻を超えるLNG燃料船が世界の海を航行することになる。

1.3.2 次世代船舶燃料の種類と特徴

2050年カーボンニュートラルに向けては，航行時にCO_2をまったく出さないCN燃料に全面的に切り替える必要がある。主な船舶用CN燃料としては，水素，アンモニア，バイオメタノール，e-メタノール（再エネ水素とリサイクルCO_2から作る合成燃料）などがある。

水素は燃やしてもCO_2を排出しない最もクリーンなエネルギーだが，体積エネルギー密度が低い。マイナス253度の極低温で液化すれば体積は800分の1に縮小するが，それでも熱量当たりの燃料体積は重油の4.5倍にもなる。長距離航行する外航船には燃料タンクが大きくなり過ぎる。こうしたことから，外航船・大型船の次世代燃料としては，アンモニアとメタノールが有力だと見られている（表1）。

1.3.3 欧州海運業界の取組み

ヨーロッパ勢はメタノール燃料に着目している。メタノールは現在でもLNGと同様，つなぎの燃料として一部実用化されている。現在は大部分が化石燃料から作られており，CO_2削減率は重油に比べ10%減とLNGより劣る。ただ，メタノールは液体燃料なので，重油船と同様のエンジン，燃焼技術，バンカリングなど，既存の技術，設備が利用可能という利点がある。また，将来的にバイオメタノールやe-メタノールの低コスト化が進んだ時点で，エンジンやタンクなどの設備を改修することなくCN燃料に転換が可能である。

この1～2年，ヨーロッパの船主やオペレーターはメタノール燃料船に積極的な投資を行って

表1　次世代船舶燃料の種類と特徴

	燃　料	CO_2排出※	燃料体積（重油比）	技術レベル	課　題	想定される用途
化石燃料	LNG	CO_2削減率25%（重油比）	1.7倍	実用化済み	CO_2削減効果は限定的 メタンスリップの発生	外航船で既に稼働 （当面の対応）
CN燃料	メタノール（バイオ／合成）	CO_2排出実質ゼロ	2.4倍	機器：実用化済み 燃料：開発・実証段階	燃料のコスト，供給量	外航船
	アンモニア	CO_2排出ゼロ	2.7倍	燃焼技術開発段階	毒性，難燃性への対応 N_2O〈温室効果300倍〉	外航船
	水素（内燃機関）	CO_2排出ゼロ	液化水素：4.5倍 圧縮水素：7.8倍 (70 MPa)※※	燃焼技術開発段階	超低温〈液化水素の場合〉 燃料体積が大きい	外航船／大型内航船
	水素（燃料電池）	CO_2排出ゼロ NOx等の排出もゼロ		自動車等で既に実用化	航続距離が短い	小～中型内航船
外部電源	電動化（バッテリー方式）	再エネ電力ならCO_2排出ゼロ，NOxもゼロ	燃料搭載なし（蓄電池搭載）	自動車等で既に実用化	航続距離が極めて短い	小型で航続距離の短い内航船

CN = carbon nutral
※走行時のCO_2排出量（燃料製造時および輸送時の排出は含まず。メタンスリップ等も考慮せず）
※※圧縮水素は容器（高圧ガスタンク）の重量，体積が大きいため，その分更に大きくなる
出典：筆者作成

いる。中でも，世界最大のコンテナ海運会社A. P. モラー-マースク（デンマーク）は，2021～2023年上期に合計25隻のメタノール燃料船を発注した。これらの新造船は重油とメタノールをシームレスに燃焼させることができるデュアルフューエルエンジンを搭載しており，当面は重油も使いつつメタノールの比率を徐々に引き上げCO_2削減率向上を図る。

1.3.4　日本はアンモニアを本命に

一方，日本の海運・造船業界はアンモニアを次世代燃料の本命とする戦略だ。その理由としては下記のようなことが挙げられる。

(1) 日本は発電部門の脱炭素化にアンモニア発電の研究開発・実証事業に取り組んできた。そのため，アンモニア燃料についての知見，燃焼技術の蓄積がある。
(2) アンモニアはLNGと同じ気体燃料で，LNG燃料船からの転換が容易。
(3) アンモニアはe-メタノールに比べ，より低コストで大量生産できる可能性が高い（アンモニアは既に大量生産が確立しており世界に工場も多い，e-メタノール製造はいまだ実証段階，かつ原料にリサイクルCO_2を使うのでCO_2回収コストが余分に掛かる）。

アンモニア燃料船の実用化には，エンジンや燃料供給システムの開発，アンモニアの毒性への安全対策などが必要だ。海運大手3社は国内造船会社と協力して，アンモニア燃料船の開発に乗り出している。

日本郵船は，ジャパンエンジンコーポレーション，IHI原動機，日本シップヤード，日本海事協会と共同で，大型アンモニア燃料焚きアンモニア輸送船の開発・建造に着手している。商船三井も，三菱造船，名村造船所と共同で，同様のアンモニア燃料焚きアンモニア輸送船の基本設計を進めている。川崎汽船は20万トン級の大型ばら積み船を，伊藤忠商事，日本シップヤード，三井E&Sマシナリー，NSユナイテッド海運と共同で開発を進めている。

これらの船は26-7年頃に竣工の予定で，実証運行を経て30年頃には商用化される見込みである。アンモニア燃料船の本格的な普及は，燃料コストの低下動向にもよるが2030年代に入ってからとなろう。

1.4 次世代航空燃料SAF

1.4.1 航空部門の脱炭素化

国際民間航空が排出するCO_2は世界の総排出量の1.8%を占める（2018年，出典：IEA）。国際民間航空機関（ICAO）は2022年10月開催の第41回総会で，2050年までにCO_2排出量を実質ゼロにする長期目標を採択した。「2020年以降，国際航空での温室効果ガスの総量を増加させない」との従来の目標から，カーボンニュートラルへと大きく舵を切ったことになる。

航空業界のサステナビリティを推進する団体，航空輸送行動グループ（ATAG：Air Transport Action Group）は，ICAOの長期目標達成に向けたCO_2排出削減シナリオを提示している（図1）。（筆者注—図1では2035年までのCO_2削減のベースラインが2019年レベルをキープするようになっているが，実際に採択された長期目標は19年レベルの85%をベースラインとしている。）このシナリオでは，新技術導入で12～22%削減，運航方式の改善で9～10%，SAF

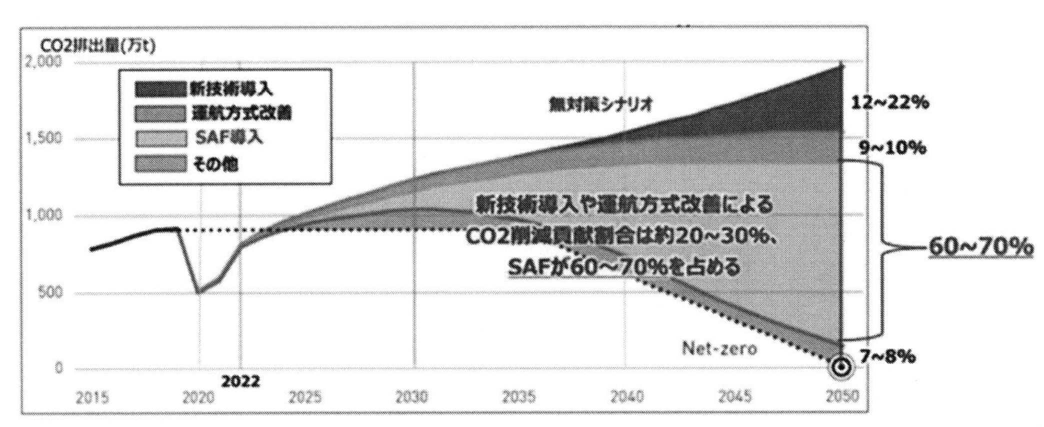

図1　国際航空におけるCO_2排出削減シナリオ
出典：定期航空協会（原典はATAG「Waypoint 2050」）

(Sustainable Aviation Fuel，持続可能な航空燃料）導入で61～71％，残る7～8％は市場メカニズム（カーボンオフセットなど）と，2050年までの具体的な削減目標を示しており，特にSAFのウェイトが大きい[2)]。

航空機のCN燃料としては，電動化や水素燃料もあるが，これらは大量の燃料を必要とする長距離飛行には適していない。大型ジェット機には，従来燃料と同様に液体燃料で，重量当たりでも体積当たりでもエネルギー密度が最も高いSAFが最適である。

1.4.2　SAFの利用状況と将来需要見通し

SAFは従来のジェット燃料と同様の性状を有するドロップイン燃料であり，2010年代後半からジェット燃料に混合して使用が始まった。現在生産されているものの大部分は廃食油などを原料としたバイオ燃料で，CO_2削減効果はLCA（Life cycle assessment）で80％程度である。原料の調達量が十分でないことから，供給量を大幅に拡大することは難しい状況にある。また，製造コストも従来のジェット燃料と比べ3～5倍高い。

国際航空運送協会（IATA）によれば，2022年の世界のSAF生産量は30万～45万キロリットルと推定され，ジェット燃料総需要の0.1％から0.15％程度しかカバーしていない。従来のジェット燃料との間には大きな価格差があるにもかかわらず，生産されたSAFは一滴残らず航空会社に販売された。これらの購入は，2022年の単年度で3億2,200万ドルから5億1,000万ドルの追加コストを業界にもたらした[3)]。

1.4.3　SAFの利用と供給拡大に向けた規制と支援策

EU理事会は2023年10月，航空燃料にSAFを一定割合混合することを義務づける新たな規制を採択した。義務化は25年から始まり，表2の通り5年ごとに混合割合が引き上げられていく。また，バイオ燃料の供給制約への対策として，SAFの中でe-fuelの割合を増やしていくことを求めている。2050年にはSAFの混合割合が70％，うち35％以上がe-fuelでなければならない。

これにより，欧州を発着するほぼすべての航空会社はSAFの使用を義務づけられることになり，供給サイドではSAF（特にe-fuel）の生産拡大，商用化促進（コスト削減）が求められる。

一方支援策としては，時限的にSAFのCO_2排出ゼロとして扱う（排出枠の調達は不要）ことや，SAFの使用量に応じて追加的に排出枠を割り当てる（SAFを供給すればするほど，市場に売却可能なクレジットを追加的に得ることができる）などが出されている。

米国では，2021年発表の「SAFグランドチャレンジ」において，2030年にSAF混合率10％，

表2　EUのSAF・合成燃料混合規制

	2025年	2030年	2035年	2040年	2045年	2050年
SAF	2%	6%	20%	34%	42%	70%
うち合成燃料	—	1.20%	5%	10%	15%	35%

出典：欧州航空安全機関

50年には軍事用も含めて100% SAFに置き換える目標（義務ではない）を設定している。支援策としては，2022年インフレ抑制法で，GHG削減率が50%以上のSAFを混合する事業者に対し1.25ドル/ガロン（約50円/L），GHG削減率に応じて最大1.75ドル/ガロン（約70円/L）まで税額控除（実質的な補助金）を認める。

日本でも，30年時点の使用量の10%（171万キロリットル相当）をSAFに置き換える目標が設定されている。義務化されてはいないが，ANA，JALの両社は目標通り10%使用することを公約している。

1.5 課題と展望

1.5.1 e-fuelはカーボンニュートラルか？

ここで問題となるのはe-fuelの環境性だ。発電所や工場などで排出するCO_2を再利用（カーボンリサイクル）した場合，これを化学製品やセメントなどの原料に使う分にはCO_2を排出しないが，e-fuelの場合には使用すれば燃焼してCO_2を排出することになる。この排出責任を原排出者（工場など）と最終排出者（e-fuel使用の車両，航空機など）のどちらが負うかがポイントとなる。仮に半々とすれば，e-fuel側の削減率は最大でも50%にとどまる。

EUの再生可能エネルギー指令（RED： Renewable Energy Directive）では，非バイオマス由来の再生可能燃料（RFNBO：Renewable fuels of non-biological origin）の基準をCO_2削減率70%以上と規定している。2035年以降のe-fuelを使用するエンジン車の販売を容認する方針の詳細（CO_2削減基準など）はいまだ公表されていないが，おそらくRFNBO基準が準用されることになろう。そうなると，化石燃料起源のCO_2を利用したe-fuelはクリーン燃料と認定されない可能性が高い。

この点をクリアするには，原料となるCO_2はバイオマス由来のCO_2か，大気中から直接捕集（DAC：Direct Air Capture）したCO_2でなければならない。チリのHaru Oniプロジェクトで DACが使われているのはそのためだ。

1.5.2 e-fuel製造コストはどこまで下がる？

もう一つの，そして最大の課題はコストだ。資源エネルギー庁の試算によれば，e-fuelの製造を原料調達から製造まですべて国内で行った場合，約700円/リットルのコストがかかる。このうち約9割がグリーン水素のコストであり，その内訳は電気分解に使う再エネ電力のコストが大半を占める。再エネコストの安い海外で製造するケースは約300円/リットルと試算されている（表3）。

税金や流通経費，利潤などを除いたガソリンの国内製造コストは100円程度なので，e-fuelのコストは国内製造で7倍，再エネ発電コストの安い海外で製造しても3倍高い。DACを使った場合はさらに割高となる。e-fuel実用化には，ガソリン税の非適用やカーボンプライシング導入などの支援策を前提としても，コスト差を2倍以内に抑えることが必要であろう。それには表の最下行にあるように，水素価格が20円/N m^3まで下がる必要がある。

表3　e-fuel の製造コスト（現状の試算値）

※NEDO「ＣＯ２からの液体燃料製造技術に関する開発シーズ発掘のための調査（2020.8）」の結果に基づき試算。

H_2		CO_2		製造コスト		
100円/Nm³×6.34Nm³/ℓ = 634円/ℓ	+	5.91円/kg×5.47kg/ℓ 32円/ℓ	+	33円/ℓ	= 約700円/ℓ	国内の水素を活用し、国内で合成燃料を製造するケース
(32.9円/Nm³ + 14.65円/Nm³)×6.34Nm³/ℓ = 301円/ℓ	+	32円/ℓ	+	33円/ℓ	= 約350円/ℓ	海外の水素を国内に輸送し、国内で合成燃料を製造するケース
32.9円/Nm³×6.34Nm³/ℓ = 209円/ℓ	+	32円/ℓ	+	33円/ℓ	= 約300円/ℓ	合成燃料を海外で製造するケース
20円/Nm³×6.34Nm³/ℓ = 127円/ℓ	+	32円/ℓ	+	33円/ℓ	= 約200円/ℓ	将来、水素価格が20円/Nm³になったケース

出典：経済産業省審議会資料「CO_2 等を用いた燃料製造技術開発プロジェクトの研究開発・社会実装の方向性」2021年10月

国際エネルギー機関（IEA）は，アフリカ，オーストラリア，チリ，中国，中東など，再エネ資源に恵まれた地域では，グリーン水素製造コストは，2030年までに1.6ドル/kgまで下がる可能性があると予測している[4)]。これを表3の数式に当てはめれば，2030年のe-fuel製造コストは国内ガソリン原価のほぼ2倍の203円（1ドル150円で換算）となる。また，eFuel Allianceの分析によれば，e-fuel製造は2030年には0.98〜1.75ユーロ（157〜280円，1ユーロ＝160円で換算），2040年には0.84〜1.54ユーロ（134〜246円）に低下すると予測している[5)]。これらの予測を前提とすれば，2030年代にはe-fuelが実用化される可能性は十分にあると思われる。

1.6　おわりに〜日本が取り組むべき施策

e-fuelの早期実用化に向けて，いま日本が取り組むべき施策が3つある。

1つはDACの技術開発をスピードアップすること。CCUのリサイクルカーボンから作ったe-fuelではEUの2035年以降のエンジン車に適合しない恐れがあるからだ。

第2に，e-fuelの普及を早めるために，税制優遇などのインセンティブ，あるいはガソリンにe-fuelを一定割合混合することを義務づけるなどの施策を導入すること。確実な需要が見込まれれば生産規模の拡大が促され，コスト低下が進むことが期待できる。

3つ目は，e-fuelをコストの安い海外で大量に作って日本に輸入するサプライチェーンの構築だ。日本は気象条件に恵まれていないハンデもあり，再エネ発電コストが高い。その結果グリーン水素を低コストで大量に作ることは極めてハードルが高い。前掲表3の通り，e-fuelの製造を原料調達から製品まですべて国内で行う場合のコストは，すべて海外で製造するケースに比べ2倍以上も高い。再エネ資源に恵まれた国で，相手国側と協調してグリーン水素やe-fuelの製造

表4　主な商用規模 e-fuel プロジェクト

①　Flagship One
②　Flagship Two
③　Norsk e-Fuel Alpha
④　Green Fuels for Denmark
⑤　Arcadia eFuels
⑥　INERATEC Pioneer Plant
⑦　ReuZe Project
⑧　Ultra-Low Carbon Fuels Project
⑨　HIF USA
⑩　Project Star
⑪　Haru Oni
⑫　Bell Bay Power-fuels Project
⑬　HIF Tasmania

	プロジェクト名	国名	主な参加企業	CO2供給源	生産するe-fuelの種類	主な用途				生産目標(稼働予定)
						自動車	船舶	航空	化学品	
①	Flagship One	スェーデン	Ørsted	BIO	メタノール		○			5.5万トン/年（2025）
②	Flagship Two	スェーデン	Liquid Wind AB. Sundsvall Energi	BIO	メタノール		○			10万トン/年（2026）
③	Norsk e-Fuel Alpha	ノルウェー	Sunfire, Climeworks, Paul Wurth	DAC	ジェット燃料			○		5万kL/年（2026）
④	Green Fuels for Denmark	デンマーク	Ørsted, A.P.Moller-Maersk	BIO	メタノール ジェット燃料		○	○		10万トン/年（2027） 25万トン/年（2030）
⑤	Arcadia eFuels	デンマーク	Arcadia eFuels, Topsoe, Sasol, Technip Energies	DAC, BIO	ジェット燃料 ﾃﾞｨｰｾﾞﾙ、ﾅﾌｻ	○		○	○	10万kL/年（2026）
⑥	INERATEC Pioneer Plant	ドイツ	INERATEC, Engie, Safran	BIO	ジェット燃料			○		3,500kL/年（2026）
⑦	Reuze Project	フランス	Engie, Infinium, Arcelor Mittal	CCU	ジェット燃料 ﾃﾞｨｰｾﾞﾙ、ﾅﾌｻ		○	○	○	10万kL/年（2026）
⑧	Ultra-Low Carbon Fuels Project	米国	Infinium	CCU	ジェット燃料 ディーゼル	○		○		非公表 数十万ﾄﾝ/年(2025〜)
⑨	HIF USA	米国	HIF Global	DAC, CCU	ガソリン	○				76万kL/年（2026）
⑩	Project Star	米国	Ørsted	BIO	メタノール		○			30万トン/年（2027）
⑪	Haru Oni	チリ	HIF Global, Siemens, Porche, ENEL, Exxon	DAC	ガソリン	○				5.5万kL/年（2025） 55万kL/年（2027）
⑫	Bell Bay Power-fuels Project	豪州	ABEL Energy	BIO	メタノール	○	○		○	30万トン/年（2027）
⑬	HIF Tasmania	豪州	HIF Global	BIO	ガソリン	○				7.5万kL/年（2028）

出典：各社 website，各種報道資料，eFuel Alliance「eFuels Production Map」などを参考に筆者作成

プロジェクトを組成し，安定的に輸入できる体制を築いていくことが肝要だ。なお，海外でe-fuel製造まで行なって輸入する場合は，海外で回収したCO_2を日本国内で排出することになるので，2国間でCO_2をオフセットする枠組みの整備が必要となる。

文　献

1）国際エネルギー機関（IEA），「Global EV Outlook 2024」，p. 26（2024.4）
2）ATAG（航空輸送行動グループ），「Waypoint 2050 第2版（要約版）」，pp. 5-6（2021.9）
w2050_v2021_27sept_summary.pdf (aviationbenefits.org)
3）国際航空運送協会（IATA），「SAF Deployment」，p. 1
SAF Deployment (iata.org)
4）国際エネルギー機関（IEA），「Global Hydrogen Review 2023」，p. 80（2023.9）
GlobalHydrogenReview2023.pdf (windows.net)
5）Costs & Outlook–eFuel Alliance (efuel-alliance.eu)

2　液体合成燃料 e-fuel の自動車用燃料への利用に向けた取り組み

岡本憲一*

2.1　はじめに

2.1.1　合成燃料の導入促進に向けた国内の取り組み

2050 年のカーボンニュートラルに向けては CO_2 を含めた温室効果ガス（GHG：Green House Gas）排出量削減が喫緊の課題となっている。

このような背景から，CO_2 と再生可能エネルギー由来電力等から得られるグリーン H_2 を原料として製造される合成燃料（e-fuel）の市場導入が期待され，欧米や日本でも技術開発や実証事業が開始されている。

日本では，2021 年 6 月に策定された「2050 年カーボンニュートラルに伴うグリーン成長戦略」において，自動車・蓄電池産業の中に燃料のカーボンニュートラル化が重点技術として合成燃料が初めて取り上げられた。また，2022 年 9 月には種々の課題に対応するために「合成燃料の導入促進に向けた官民協議会」が設立され，2023 年 6 月に公表された「2023 年中間とりまとめ」の中で示されたロードマップ[1)]では，合成燃料の商用化時期の前倒し（2040 年→ 2030 年代前半）のため GI 基金事業（高効率な大規模 FT（Fischer–Tropsch）合成プロセス）についての支援の拡充や，既存技術等を用いて早期供給を試みる事業者の設備投資等やビジネスモデルの確立に向けた実証への支援が検討され，併せて各国との連携や情報プラットフォームの整備が推進されている。

次世代 FT 合成プロセスについては，合成燃料のコスト低減に向けた高効率な FT 合成技術（直接合成 Direct FT，共電解＋FT 合成）の開発が NEDO 交付金事業[2)]で進められており，一般財団法人カーボンニュートラル燃料技術センター（JPEC）では，産官学の関係機関と連携する形で，「①次世代 FT 反応の研究開発」，「②再エネ由来電力を利用した液体合成燃料製造プロセスの研究開発」，「③ SOEC 共電解実用化の研究開発」に取り組んでいる。①は CO_2 を含む合成ガスから一段で効率良く，FT 反応を行う技術や，生成物の選択性制御技術，そして実用化に関する研究開発である。③は高効率・低コストから有望な技術と期待されている SOEC 共電解技術の更なる長寿命化・電解効率向上を目指した研究開発で，2023 年 10 月に新たに追加された。JPEC は，国立研究開発法人産業技術総合研究所と連携し，②の再エネ由来電力を利用した CO_2 からの合成ガス製造，液体化石燃料と親和性が高い FT 合成を組み合わせた液体合成燃料一貫製造プロセス技術及び液体合成燃料の利用技術の研究開発を実施している。

燃料利用研究の概要を図 1 に示す。本プロジェクトで合成する FT 合成粗油に加えて，国内外

＊　Kenichi OKAMOTO　（一財）カーボンニュートラル燃料技術センター
合成燃料技術開発本部　研究部　研究部長

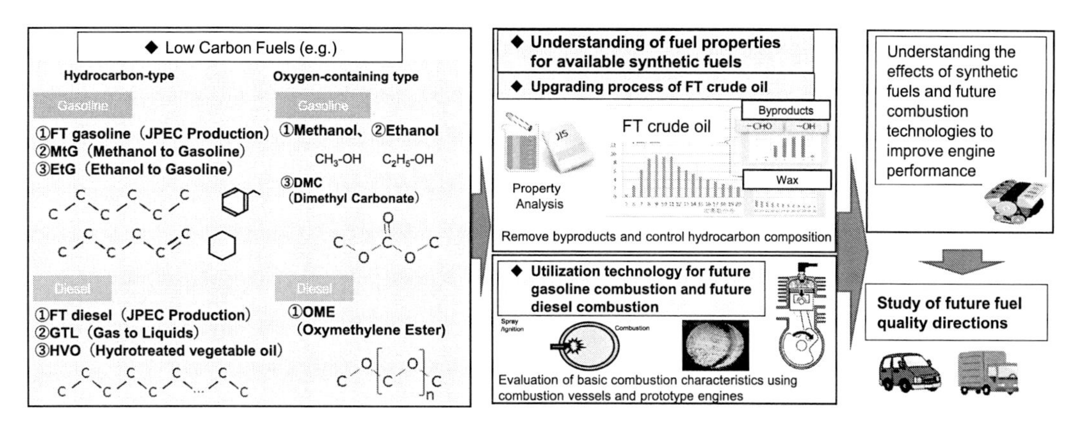

図1　燃料利用研究の概要

から低炭素燃料（合成燃料やバイオ燃料）を調達し，その品質や規格適合性を把握する。FT合成粗油に関しては，副生するワックスや含酸素化合物を除去するとともに，燃料規格に適合化させるためのアップグレーディング技術も検討する。加えて，これら合成燃料と将来の燃焼技術との組合せによるエンジン性能向上の可能性を把握し，燃料品質の方向性を示していくというものである。

まずは，欧州を中心に研究されている合成燃料を市販燃料に混合した際の品質変化や規格適合性調査した[3]。その結果，炭化水素系合成燃料は100%品でも現行の燃料規格に概ね適合した。一方，含酸素系合成燃料では少量の混合でも燃料規格に抵触する燃料があり，利用する場合は規格適合性や自動車に影響を及ぼさない混合量等を見極めていくことが重要であることを把握した。

次に，欧州で実際に販売されている合成燃料やバイオ燃料の品質を調査したのでその結果を紹介する。また，JPECのFTベンチ装置で製造したFT合成粗油から試作した合成ガソリン，合成軽油の燃料規格適合性の評価結果について示す。

2.2　市販合成燃料の品質調査

2.2.1　調査燃料

調達した燃料を図2に示す。欧州のガスステーション（GS）で販売中の合成燃料やバイオ燃料として，ガソリンはG1～G7の7種，軽油はD1～D13の13種を入手した。G1とD1は33%再生可能燃料の混合と20%のCO_2排出削減を訴求した燃料である。33%の内訳は，G1は10%のバイオエタノールと23%のバイオナフサ，D1は7%のFAME（脂肪酸メチルエステル）と26%のパラフィン系合成燃料（廃食油由来）である[4]。GTL（Gas to liquids，D3～D8）とHVO（Hydrotreated vegetable oil，D10，D11）は，同一のGSから時期を変えて入手し，季節による品質の違いの有無を確認した。

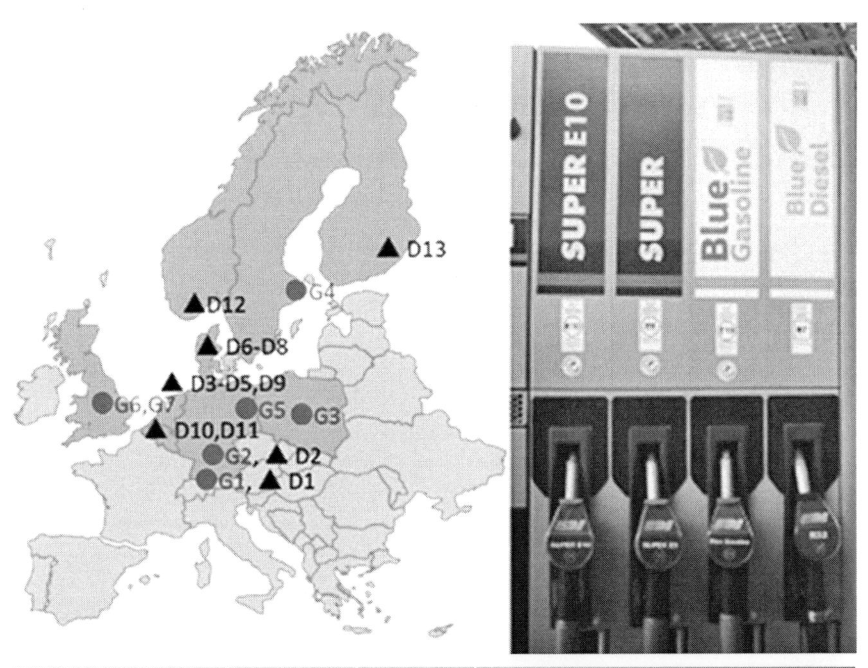

Type	No.	Country	GS	Fuel name (Procurement date)
Gasoline	G1	Germany	Edi	R33 Blue gasoline(2023/1)
	G2	Germany	Aral	Future Super95(2023/1)
	G3*	Poland	Orlen	Verva 98 E5(2022/2)
	G4*	Sweden	OKQ8	Go Easy Biobensin 95 E10(2022/1)
	G5	Germany	-	For race(2022/5)
	G6	UK	-	EtG :Ethanol to gasoline (2021/4)
	G7	UK	-	Bio naphtha（2022/4）
Diesel	D1	Germany	Edi	R33 Blue diesel(2023/1)
	D2	Germany	Aral	Futura Diesel(2023/1)
	D3-D5	Netherlands	Shell	GTL : Shell GTL Fuel (D3:2022/5,D4:2022/8,D5:2022,12)
	D6-D8	Denmark	Shell	Shell GTL Fuel (D6:2022/5,D7:2022/8,D8:2022,12)
	D9	Netherlands	Neste (import)	HVO : Neste My Renewable Diesel ™ (2022/4)
	D10,D11	Belgium	OKQ8	HVO(D10:2022/4,D11:2022/8)
	D12	Sweden	CIRCLE-K	HVO : milesBIO HVO100(2022/4)
	D13	Finland	Neste	HVO : Neste MY Renewable Diesel ™ (2022/4)

*SGS Fuel Survey

図2　欧州市場から入手した燃料一覧

これらに加えて，レース用として販売されていたガソリンG5を入手した。当該レースは2022年から100%再生可能燃料を使用するとされている[5)]。

また，バイオエタノールを炭化水素に転換したEtG（Ethanol to Gasoline, G6）やバイオナフサG7を入手した。

2.2.2　調査方法

欧州のガソリン規格（EN228）や軽油規格（EN590）の主要項目および組成分析を行い，その特徴を整理した。

2.2.3　調査結果

(1)　ガソリン系燃料の特徴（表1，図3）

①　欧州GS販売品（G1～G4）

分析結果は，いずれも欧州ガソリン規格EN228相当であった。また，国内レギュラーガソリン（RMG1）と比較して，品質に大きな違いはなかった。なお，4種ともエタノールやETBE（Ethyl-tert-butyl-ether）が含まれていた。なお，G1，G2及びG4の酸素濃度はEN228規格上

表1　欧州ガソリン分析結果

		Ref. fuel	Test fuel						
Specification	Unit	RMG1	G1	G2	G3*	G4*	G5	G6	G7
RON	-	90.4	96.5	97.2	98.3	96.8	101.5	92.2	57.0
MON	-	82.4	86.3	87.2	87.4	87.0	89.3	82.7	57.0
Density	g/cm^3	0.7331	0.7395	0.7459	0.7412	0.7454	0.7592	0.7684	0.7261
IBP	degC	33.0	39.5	37.5	27.8	41.7	39.5	37.0	46.0
10%Dist	degC	52.5	54.5	54.0	41.8	55.7	48.5	58.5	73.5
50%Dist	degC	91.5	92.0	96.0	89.1	100.0	76.0	126.5	113.5
90%Dist	degC	162.0	144.0	132.5	151.1	173.9	173.5	179.0	153.0
EP	degC	187.0	179.0	177.5	185.1	208.7	201.5	207.0	173.5
Vapor pressure	kPa	63.3	62.4	63.6	83.5	62.5	66.5	47.8	31.0
Unwashed gum	mg/100ml	2	53	24	34	15	103	3	4
Washed gum	mg/100ml	0	0	0	1	1	1	2	0
Benzene	vol.%	0.4	0.3	0.2	0.6	0.1	0.2	0.2	0.3
ETBE	vol.%	0.0	0.6	9.7	9.5	<0.2	0.0	0.0	0.0
Ethanol	vol.%	0.0	9.7	5.1	0.2	9.7	0.0	0.0	0.0
Methanol	vol.%	0.0	0.0	0.0	<0.17	<0.17	3.0	n.d.	n.d.
MTBE	vol.%	0.0	0.2	0.0	<0.17	<0.17	33.5	n.d.	n.d.
n-paraffins	vol.%	15.0	8.4	7.4	9.2	8.1	7.1	9.7	18.5
i-paraffins	vol.%	42.1	47.6	39.1	37.4	45.8	21.1	35.6	48.9
Olefins	vol.%	9.2	6.0	6.7	8.1	2.2	2.4	4.4	1.7
Napthene	vol.%	4.1	5.0	7.0	4.4	7.6	7.8	9.9	26.7
Aromatics	vol.%	29.6	22.5	24.9	31.4	26.6	25.2	40.4	4.3
Sulfur	mass%	0.0005	0.0007	0.0002	0.0005	0.0001	0.0001	0.0001	0.0001
Nitrogen	mass%	0.0008	0.0003	0.0005	n.d.	n.d.	0.0029	0.0001	0.0001
Oxygen	mass%	<0.1	3.8	3.5	1.5	3.6	6.8	<0.1	<0.1
Water	massppm	83	569	877	210	540	88	97	36

* SGS Fuel Survey,　n.d: no data

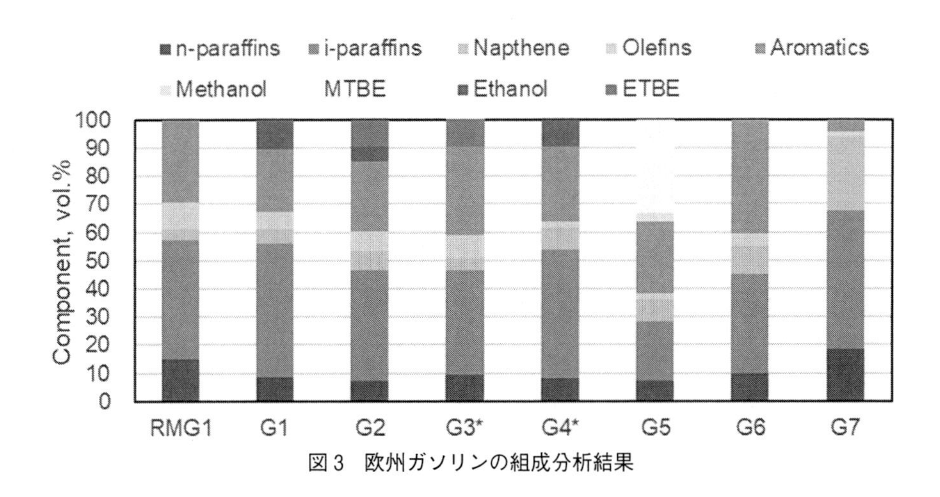

図3　欧州ガソリンの組成分析結果

限（3.7 mass%，E10 レベル）相当であった。

② レース用燃料（G5）

市販レギュラーガソリンと比較して以下の特徴があった。オクタン価は RON が 101.5，MON が 89.3 と高かった。また，低沸点（56℃）の MTBE（Methyl-tert-butyl-ether）と高沸点の芳香族が主成分であった。当該燃料は 100％再生可能原料由来であるされていることから，再生可能エネルギー由来の MTBE に芳香族を多く含む EtG，MtG（Methanol to gasoline）やバイオナフサの改質処理（芳香族化）品を混合して製造された可能性がある。その他，未洗ガム分や窒素含有量が高かった。

③ その他

EtG（G6）のオクタン価は，市販のレギュラーガソリン相当で，欧州で市販されている G1～G4 よりも低かった。また，芳香族やナフテンを多く含んでおり，全体的に蒸留性状が重質であることがわかった。これは，エタノールを脱水し，環化して製造されたためと考えられる。

一方，バイオナフサ（G7）のオクタン価は 57.0 と非常に低かった。オクタン価が低い炭素数 6 以上のパラフィンやナフテンが多いためと考えられる。ガソリンに利用する場合は，オクタン価を高める必要がある。

(2) ディーゼル系燃料の特徴（表2，表3）

① 欧州 GS 販売品（D1，D2）

分析結果は，いずれも欧州軽油規格 EN590 相当であった。曇り点 CP，目詰まり点 CFPP や流動点 PP は低く，国内 JIS 特 3 号軽油相当の優れた低温性能を有していた。D2 には EN590 規格の上限相当の FAME が含まれていた。

国内 2 号軽油と比較すると，芳香族が少なかったものの，その他の項目については大きな違いはみられなかった。

表2　欧州軽油の分析結果（その1）

		Ref.	Test fuels					
Specifications	Unit	JIS No.2	D1	D2	D3	D4	D5	D6
Cetane number	-	59.7	59.3	59.7	67.4	69.5	73.0	69.3
Cetane index	-	60.0	60.8	58.6	82.5	84.0	84.3	83.0
Density@15degC	g/cm^3	0.8262	0.8203	0.8220	0.7767	0.7777	0.7784	0.7798
IBP	degC	172.0	169.5	172.5	170.5	177.5	178.0	177.0
10%Dist.	degC	217.0	212.0	208.0	200.5	208.0	208.0	208.5
50%Dist.		283.0	275.5	270.5	269.0	273.0	275.5	274.0
90%Dist.	degC	335.5	331.5	332.5	329.0	329.0	331.0	330.0
EP	degC	361.5	363.0	360.5	346.5	344.5	347.0	346.0
Viscosity@40degC	mm^2/s	3.085	2.895	2.699	2.539	2.647	2.673	2.643
CP	degC	-3	-10	-15	-20	-24	-25	-20
CFPP	degC	-10	-27	-30	-27	-35	-27	-21
PP	degC	-15.0	-32.5	-32.5	-27.5	-32.5	-35.0	-27.5
Saturates	vol.%	81.5	88.2	90.1	99.5	99.4	99.6	99.4
Olefins	vol.%	0.0	0.0	0.0	0.0	0.0	0.0	0.0
1-Aromatics	vol.%	17.1	10.8	9.0	0.5	0.6	0.4	0.6
2-Aromatics	vol.%	1.2	0.8	0.7	0.0	0.0	0.0	0.0
3+Aromatics	vol.%	0.2	0.2	0.2	0.0	0.0	0.0	0.0
Sulfur	mass%	0.0007	0.0006	0.0005	<0.0001	<0.0001	<0.0001	<0.0001
Nitrogen	mass%	<0.0001	0.0006	0.0019	0.0007	0.0007	0.0006	0.0005
FAME	vol.%	<0.1	0.2	7.5	<0.1	<0.1	<0.1	1.3
Rancimat	hr	>20	>20	>20	>20	>20	>20	>20
PetroOXY@140degC	min.	102	280	93	125	113	89	176
POV	mg/kg	0	0	1	0	0	0	0
HFRR@60degC	μm	285	422	230	349	334	376	293
Water	massppm	18	19	54	22	41	46	15

② 欧州市販GTL（D3〜D8）及びHVO（D9〜D13）

欧州では，パラフィン系合成軽油規格EN15940が設定されている。規格に適合した燃料の給油機や給油が可能な車両の燃料タンク[6)]にはそれぞれXTLラベルが貼付されており，ユーザーの利便性向上が図られている（図4）。

今回調達したGTL6種およびHVO5種はEN15940に規定されている高セタン価，低密度および低芳香族という特徴を有していた。また，酸化安定性（Rancimat，PetroOXY，過酸化物価POV）や潤滑性（WSD）等の実用性能にも問題はなかった。

試験燃料の低温性能の指標である曇り点，目詰まり点，流動点は国内2号軽油と比較して，GTL（D3〜D8）およびHVO（D9〜D12）のそれらの温度は低く，低温性能が良かった。図5に燃料の組成を示したが，主成分は低温性能に優れたイソパラフィンであり，十分に異性化が施されていた。なお，季節による低温性能の違いはなかった。GTLよりHVOの方が低温性能は良かったが，原料である油脂が低炭素数（16，18）で構成されているためと考えられる。

表3　欧州軽油の分析結果（その2）

Specifications	Unit	Test fuel						
		D7	D8	D9	D10	D11	D12	D13
Cetane number	-	68.6	72.8	73.1	80.1	82.1	80.6	79.3
Cetane index	-	72.7	84.1	93.1	93.9	94.1	93.5	93.1
Density@15degC	g/cm^3	0.7787	0.7795	0.7806	0.7803	0.7799	0.7807	0.7809
IBP	degC	176.0	178.5	177.0	119.5	98.0	180.5	185.5
10%Dist.	degC	205.5	208.0	260.0	259.5	259.5	261.0	259.5
50%Dist.	degC	272.0	275.5	281.0	283.0	282.5	282.0	282.0
90%Dist.	degC	330.0	325.5	292.0	294.5	293.0	293.0	293.0
EP	degC	346.0	343.5	313.0	323.0	313.0	318.5	316.5
Viscosity@40degC	mm^2/s	3.163	2.658	3.065	3.05	3.002	3.051	3.067
CP	degC	-22	-22	-32	-27	-27	-34	-33
CFPP	degC	-24	-26	-32	-28	-28	-35	-35
PP	degC	-32.5	-30.0	-45.0	-40.0	-45.0	-50.0	-50.0
Saturates	vol.%	99.3	99.3	99.4	99.3	99.2	99.5	99.4
Olefins	vol.%	0.0	0.0	0.0	0.0	0.0	0.0	0.0
1-Aromatics	vol.%	0.7	0.6	0.6	0.7	0.8	0.5	0.6
2-Aromatics	vol.%	0.0	0.1	0.0	0.0	0.0	0.0	0.0
3+Aromatics	vol.%	0.0	0.0	0.0	0.0	0.0	0.0	0.0
Sulfur	mass%	<0.0001	<0.0001	<0.0001	0.0002	0.0004	<0.0001	<0.0001
Nitrogen	mass%	0.0004	0.0004	<0.0001	0.0003	0.0003	<0.0001	<0.0001
FAME	vol.%	1.3	1.3	<0.1	0.2	0.2	0.1	0.1
Rancimat	hr	>20	>20	>20	>20	>20	>20	>20
PetroOXY@140degC	min.	176	165	77	70	73	92	83
POV	mg/kg	0	0	0	0	0	0	0
HFRR@60degC	μm	243	323	366	397	417	357	294
Water	massppm	36	21	22	28	38	30	20

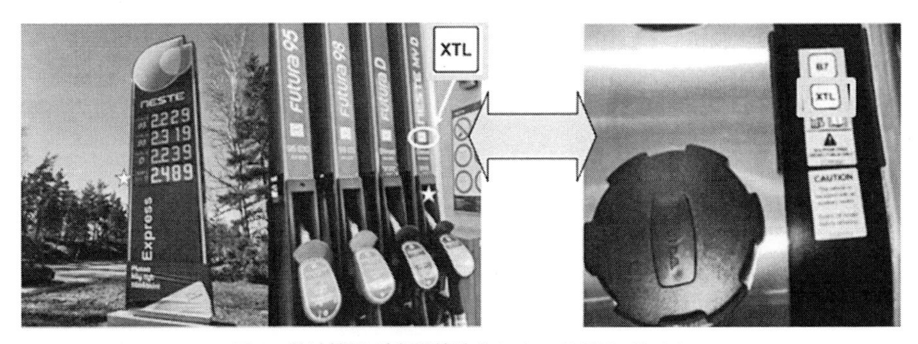

図4　給油機及び車両給油タンクへのXTLラベル

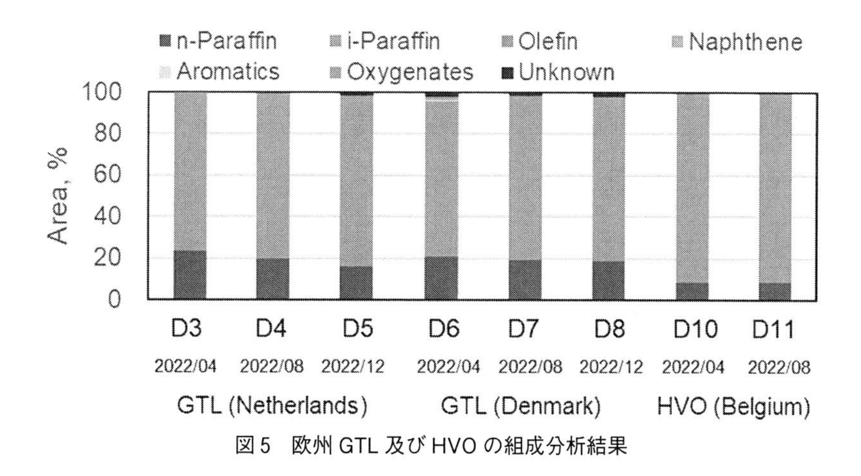

図5　欧州GTL及びHVOの組成分析結果

2.3　FT合成燃料の自動車用燃料への適合化検討

2.3.1　FT合成による液体合成燃料の製造について

FT合成とは合成ガス（CO, H_2）から長鎖の炭化水素を製造する技術である。近年はCO_2と再生可能エネルギー由来のグリーンH_2の活用によるカーボンニュートラル液体合成燃料（e-fuel）の製造技術の一つとして注目されている。FT合成は，重質なワックスも生成するが，ガソリン，ジェット燃料，灯油，軽油，重油といった，幅広い液体燃料を製造できることが大きな特徴でもある。

FT合成による燃料製造のフローを図6に示した。合成ガスのFT反応により合成粗油を製造し，必要に応じてアップグレーディングを行い，製品燃料に転換する。一方で，アップグレーディングにはエネルギーが必要であり，製造コストの低減のためには必要最小限であることが望ましい。本プロジェクトでは炭化水素の選択性制御や合成粗油の分解・改質機能を有する「次世

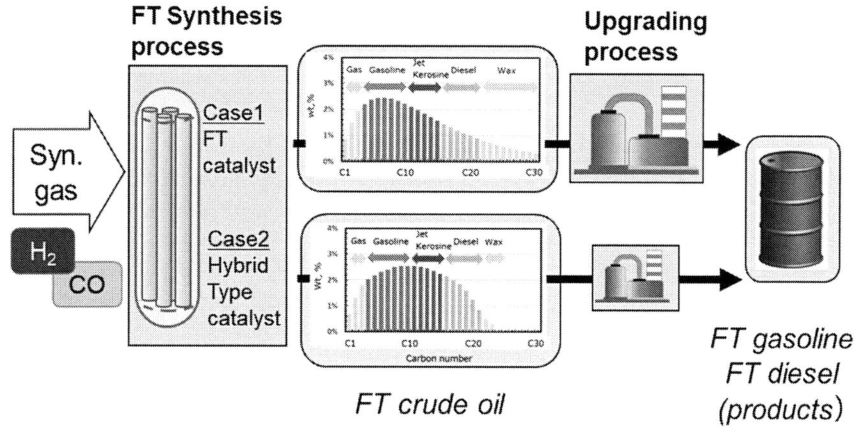

図6　FT合成による液体合成燃料の製造フロー

図7　FT 合成ベンチで製造した合成粗油

代FT触媒と酸触媒から構成されるハイブリッド触媒」を開発し，合成粗油の組成を適正に制御することで，アップグレーディングを最小限に抑えることを目指している。

2.3.2　合成粗油の品質評価

2022年度にFTベンチ装置（図7）を導入し，合成粗油の品質評価を開始した。まずは，基準としているCo系FT触媒（Case1）を用いて製造した合成粗油に対して，その性状分析結果から適切なアップグレーディングを選択し，JISガソリン規格（K2202）や軽油規格（K2204）に適合したFT合成燃料の試作を行った。

まずは，Co系FT触媒で製造*した合成粗油（炭素数5～30以上のほぼノルマルパラフィンで構成）をガソリン（ナフサ）留分，灯軽油留分およびワックス留分の3成分に精密蒸留（分画）し，それぞれの性状分析を実施した。

（*代表的な運転条件は，反応温度210～220℃，空間速度W/F＝5）

2.3.3　燃料規格適合化のためのアップグレード検討

(1)　ガソリン（ナフサ）留分

図8に炭素数分布と組成を示すが，炭素数5～11程度のノルマルパラフィンが主成分であり，GC全成分分析から推定されるオクタン価は低かった（＜0）。ガソリンに利用するためには，接触改質処理による芳香族化等によるRONの高い成分への転換が必須である。また，軽質オレフィン成分は将来のガソリン品質の方向性として議論されていることから[7]，ワックス留分の接触分解処理によるオレフィンへの転換も有効と考えられる。

(2)　灯軽油留分

図9に炭素数分布と組成を示すが，炭素数10～19程度のノルマルパラフィンが主成分であった。セタン指数は83程度と国内市販2号軽油と比較して非常に高く，ディーゼルエンジンの性能向上も期待される。一方で，低温では流動性が悪いため，低温環境下で使用する場合には異性化処理による流動性の良いイソパラフィンへの転換が必要である。

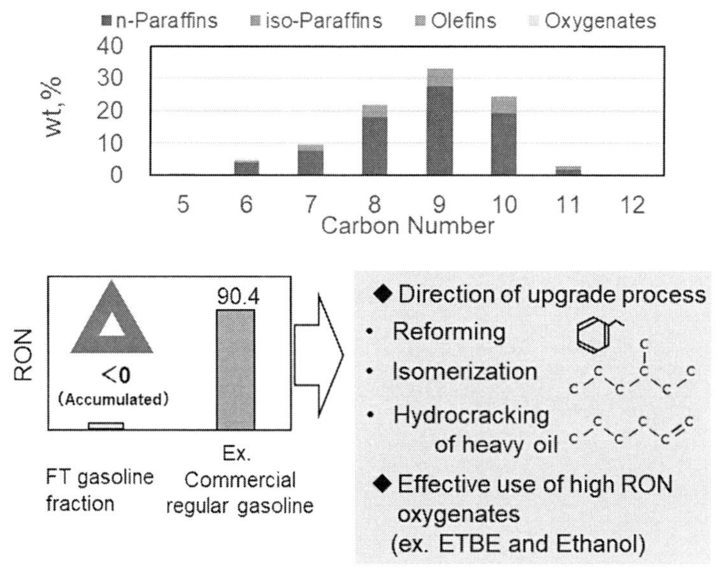

図8　ガソリン留分のアップグレードの方向性

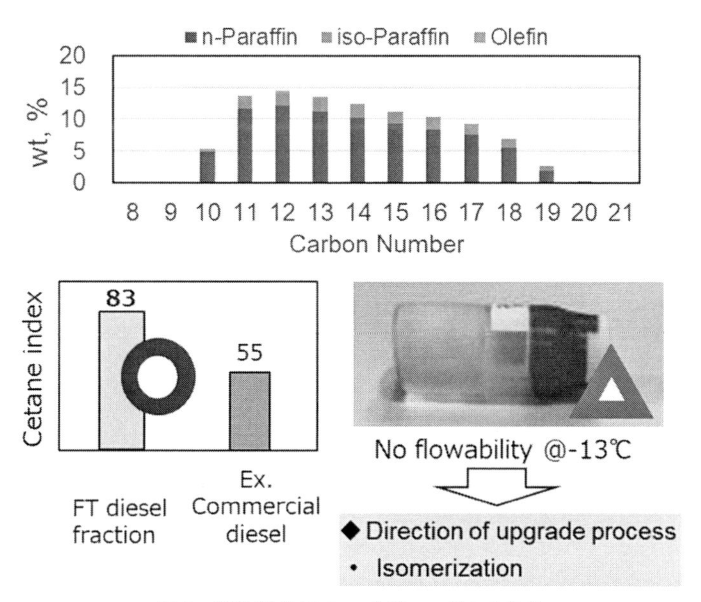

図9　軽油留分のアップグレードの方向性

2.3.4 アップグレードによるFT合成ガソリンとFT合成軽油の燃料規格適合化検討

ナフサ（ガソリン）留分，灯軽油留分及びワックス留分に関して，2.3.3で決定したアップグレードを実施した。また，得られた燃料基材を適切な比率で混合し，FT合成ガソリンPG1，FT2号軽油PD2を試作した（図10）。両者の燃料性状の例を表4，表5に示すが，いずれもJIS

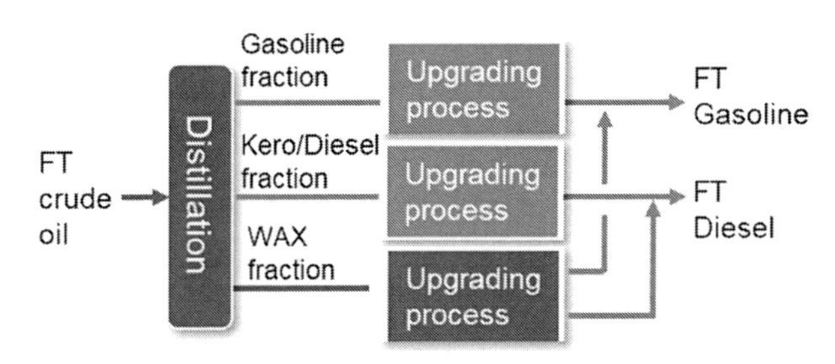

図10 FT 合成ガソリン及び FT 合成軽油製造のためのアップグレード全体像

表4 試作 FT 合成ガソリンの燃料性状の例

	FT syntehtic gasoline PG1	Conformity to fuel standards	Fuel standards (JIS K2202 #2)	Ex. Commercial gasoline
RON*	90.6	○	>89.0	91.6
Density*（15℃） g/cm3	0.708	○	<0.783	0.714
Vapor pressure* kPa	77.2	○	44-93	77.6
Dist.10% ℃	43.0	○	<70	46.5
Dist.50% ℃	75.5	○	75-110	79.0
Dist.90% ℃	141.5	○	<180	146.5
FBP ℃	158.5	○	<220	176.0
Benzene vol.%	0.7	○	<1	0.5
Sulfur massppm	(<1)	○	<10	6

*Estimated by GC analysis data

表5 試作 FT 軽油の燃料性状の例

	Prototype FT synthetic Diesel PD2	Confirmity to fuel standards JIS K2204	Fuel standards JIS K2204	EX. Commercial diesel
Cetane number	87.4	○	>50	60
Density@15℃ g/cm3	0.7786	○	<0.86	0.826
Dist.10% ℃	249.5	○	NA	217.0
Dist.50% ℃	267.0	○	NA	283.0
Dist. 90% ℃	300.5	○	<350	335.0
Viscosity@30℃ ㎜2/s	3.448	○	>2.5	3.842
PP ℃	-7.5	○	<-7.5	-15
CFPP ℃	-10	○	<-5	-10
Sulfur massppm	<1	○	<10	7

燃料規格の主要項目に適合していることを確認した。

今後は，製品品質のみならず，必要となるエネルギー，燃料収率や処理装置への影響も含めた適正化を進める。

2.4 まとめ

液体合成燃料の品質の方向性を検討するため，欧州で市販されている合成燃料やバイオ燃料の品質調査を実施した。

2.4.1 調査結果

⑴ 欧州GS販売ガソリン（G1～G4）

いずれの合成燃料やバイオ燃料も，分析項目は欧州ガソリン規格EN228に適合していた。エタノールやETBEといった高オクタン価基材が積極的に利用されていた。

⑵ レース用燃料（G5，100%再生可能原料由来）

欧州GS販売ガソリン（G1～G4）よりオクタン価が高かった。低沸点のMTBEと高沸点の芳香族が主成分であった。芳香族を多く含む合成ガソリンEtG，MtGの利用も考えられる。

⑶ その他のガソリン燃料

EtG（G6）のオクタン価は国内レギュラーガソリン相当であった。芳香族が多く，蒸留性状が重質であった。

バイオナフサ（G7）のオクタン価は低かった。ガソリンに混合する場合はオクタン価を高めることが必須である。

⑷ 欧州GS販売軽油（D1，D2）

両燃料とも，欧州軽油規格EN590に適合していた。また，優れた低温性能であった。国内2号軽油より芳香族が少なかったが，その他の品質は概ね同等であった。

⑸ 欧州GS販売GTL，HVO（D3～D13）

いずれもパラフィン系合成軽油規格EN15940相当であり，高セタン価，低密度および低芳香族という特徴を有していた。また，いずれもJIS特3号軽油相当の優れた低温性能であった。主成分はイソパラフィンであり，異性化が施されていたと考えられる。これらパラフィン系合成軽油に適合したディーゼル車が市場導入されていた。

2.4.2 FT合成燃料の自動車用燃料への適合化検討

Co系FT触媒を用いて製造した合成粗油の性状分析の結果から，アップグレードの方針を決定し，FT合成ガソリンとFT合成軽油を試作した。

⑴ 試作FT合成ガソリン

ナフサ留分の接触改質処理基材及びワックス留分の接触分解基材を混合した試作FT合成ガソリンはJISガソリン規格K2202の主要項目に適合していた。また，硫黄分も少なく，環境性に優れた品質を有していた。

⑵ 試作FT合成軽油

灯油留分と軽油留分の水素化異性化処理基材を混合した試作FT合成軽油はJIS軽油規格K2204の2号軽油の主要項目に適合していた。また，セタン指数が高く，将来ディーゼル燃焼技術との組合せによりエンジンの性能向上が期待される。

Co系FT触媒の合成粗油を用いて試作したFT合成ガソリン及びFT合成軽油の品質の特徴並びにJIS燃料規格への適合性を把握した。今後，ハイブリッド触媒の合成粗油の品質を確認し，効率的な自動車燃料への転換を検討する。

FT合成燃料は既存の自動車やインフラに親和性が高く，導入のハードルは他の新燃料よりも低いことから，近い将来の市場導入が期待される。導入に際しては，ユーザーが安全に安心して利用できるように，規格適合化はもちろんのこと，信頼性や性能・排出ガスの観点[8]にも留意しておく必要があるであろう。

JPECも燃料製造および燃料利用の各業界の専門家とも連携し，早期に普及させるために貢献していきたい。

謝辞

本発表に関する成果は，国立研究開発法人 新エネルギー・産業技術総合開発機構（NEDO）からの委託事業によるものです。この場をお借りしまして関係各位に感謝の意を表します。

文　献

1）経済産業省，第16回　産業構造審議会　グリーンイノベーションプロジェクト部会，エネルギー構造転換分野ワーキンググループ，資料4，https://www.meti.go.jp/shingikai/sankoshin/green_innovation/energy_structure/pdf/016_04_00.pdf

2）NEDO CO_2からの液体合成燃料の一貫製造プロセス技術の研究開発に着手（2023/8），https://www.nedo.go.jp/news/press/AA5_101410.html

3）岡本憲一ほか，各種液体合成燃料の燃料性状の調査，自動車技術会2022年秋季大会学術講演会予稿集，20226211(211)

4）Audi Media Center. Carbon-neutral production sites: vehicle fueled with sustainable fuels at the factory（2023/8），https://www.audi-mediacenter.com/en/press-releases/carbon-neutral-production-sites-vehicles-fueled-with-sustainable-fuels-at-the-factory-15098

5）WRC RALLY1 CARS USE 100% SUSTAINABLE FUEL，https://www.wrc.com/en/more/beyond-rally/innovation/sustainable-fuel/（2023/8）

6）Neste Renewable Diesel Handbook（2023/8），https://www.neste.com/sites/default/files/attachments/neste_renewable_diesel_handbook.pdf

7）菅野秀昭ほか，石油連盟-日本自動車工業会間のCO_2低減に関する共同研究（AOIプロジェクト）について，自動車技術会2023年春季大会学術講演会予稿集，20235204(204)

8）一般財団法人石油エネルギー技術センター，JATOP II成果発表会（2023/8），https://www.pecj.or.jp/japanese/jcap/jatop2/pdf/index_jatop2_3-2.pdf

3　熱機関での利用を考慮したCO_2と水素から再生可能エネルギーを用いて合成する合成燃料

田中光太郎*

3.1　はじめに

大気中の二酸化炭素（CO_2）濃度が420 ppmを超え，地球温暖化に寄与するとされるCO_2の大気中濃度を低減することが喫緊の課題になっている[1,2]。CO_2の多くは熱エネルギーとして利用している化石燃料の燃焼から生成していることから，化石燃料由来の熱エネルギーを別のものに置き換えていくことが必要である。特に熱機関は化石燃料を使い，熱エネルギーを得る優れた技術として発展してきたが，CO_2を排出することから対応が迫られている。2024年の時点で考えられているシナリオの多く[3)]は，化石燃料から熱機関を通して得ていた熱エネルギーをできる限り電気エネルギーに置き換えていくことである。ただし，この際，電気は再生可能エネルギーから発電していることが必須である。そして，この電動化は比較的出力の小さな熱機関の代替として検討されている。一方，出力が大きな熱機関では，電動化が難しく，CO_2を排出しない燃料を利用することが注目されており，水素やアンモニアといった炭素原子を含まない燃料利用が検討されている[3~5)]。水素については，燃料電池への活用も考えられているが，熱機関に水素を利用する場合は，比較的純度が悪い場合でも活用できるメリットがあり，水素を熱機関に利用することも検討されている。そして，出力が大きく長距離を，多くの人や荷物を輸送する航空機や大型の船舶では，単位体積当たりの発熱量（エネルギー密度）が大きな燃料の利用が重要であり，このような燃料では継続して液体燃料を活用した熱機関の利用が必要である[3)]。液体燃料で，エネルギー密度が大きい燃料は，まさにこれまで使用してきたガソリンやディーゼル燃料であり，これらに勝るものはない。しかし，これまで以上に新たに化石燃料を採掘し続けることが難しい状況になる中では，それらを代替する液体燃料の利用を考えていくしか方法はない。液体の炭化水素燃料を利用するということは，CO_2を排出してしまうことになることから，今後は，このCO_2を回収し，水素と組み合わせて再生可能エネルギーで合成する合成燃料（e-fuel）の利用が必須になっていく。つまり，カーボンリサイクルエネルギーの利用である。このエネルギー利用では，CO_2の排出をネットゼロ（排出量と回収量がバランスしてCO_2は実質排出しないという考え方）にしかならないが，CO_2回収技術ができた場合には，回収したCO_2を貯留することも可能であり，大気中のCO_2濃度の削減に貢献することが可能となる。

以上のように，今後は，電動化，水素，アンモニアを燃料とする熱機関利用，そしてカーボンリサイクル燃料を活用する熱機関利用という3つの柱が重要となる。また，電動化といっても過

---

*　Kotaro TANAKA　茨城大学　大学院理工学研究科　応用理工学野
機械システム領域　教授

渡期には熱機関と組み合わせたハイブリッド電動技術が重要になり，CO_2 を排出しない燃料を活用した熱機関は今後も重要な技術であるといえる。

3.2 熱機関に必要な燃料

熱機関からの CO_2 排出量をできるだけ小さくするためには，熱機関の基本サイクルであるオットーサイクルの理論熱効率をできるだけ大きくすることが求められる。この理論熱効率は以下の式で決定される。

$$\eta_{th} = 1 - \frac{1}{\varepsilon^{\kappa - 1}} \tag{1}$$

ここで η_{th} は理論熱効率，ε は圧縮比，κ は比熱比を示す。この式が導かれる過程については熱力学の教科書を参照されたい[6]。この時，理論熱効率を向上させるためには圧縮比を大きく，比熱比を大きくすることが求められる。一方で，現実のエンジンでは，理論的なサイクルであるオットーサイクルのようにはいかず，必ず熱損失を持つ。そのため，正味熱効率は理論熱効率から熱損失や機械損失など，損失を差し引いたものとなり，実際の出力に関係する正味熱効率の向上には，理論熱効率の向上とともに，熱損失や機械損失を低減することが求められる。この時燃料は，理論熱効率を向上させることと熱損失を低減することに関連してくる。例えば，火花点火機関を考える[7]。火花点火機関では，点火プラグを用いて燃料と空気の予混合気に点火し，燃料は，燃焼室内を火炎が伝播するように燃焼する。しかし，この時，理論熱効率を高くしようとするあまり，圧縮比を大きくすると，燃焼室内を火炎が伝播する前に，未燃領域において燃料が自着火してしまうノッキングという現象が起きてしまう（図 1）。これが起きると筒内圧に圧力振動が現れ，熱効率の悪化につながる。そのため，火花点火機関の場合は，ノッキングを起こしにくい燃料が必要となる。2024 年の時点では，米国で作成されたオクタン価（燃料の着火のしにくさを示す指標）[8] が火花点火機関の燃料の指標として用いられている。一方で，熱損失を低減するこ

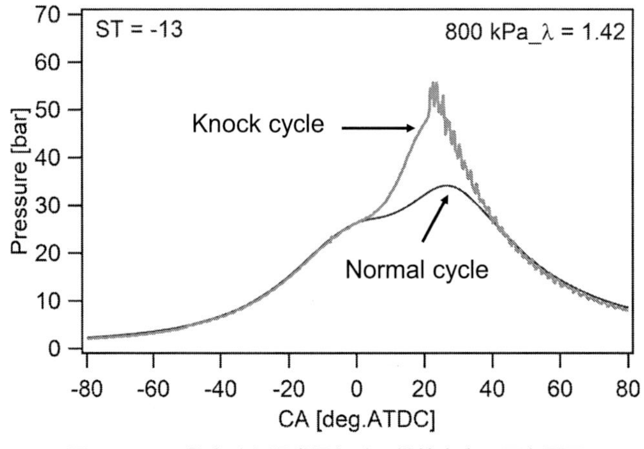

図 1　ノック発生時と通常運転時の燃焼室内の圧力履歴

とが必要であり，熱損失の多くは燃焼室壁面（シリンダ）から外部に逃げる熱が最も多く（これを冷却損失と呼ぶ）[9]，これらを低減することが必要である。この冷却損失を低減するためには，COが燃焼する温度以上を保ちつつ，できるだけ燃焼温度を低減することが求められる。この温度は概ね1500～1800 Kである[7]。これらを実現するためには，空気で希薄にするか，排ガスを再循環させて希釈し，燃焼室内の燃料量をできるだけ少なくして燃焼させる必要がある。この時，燃料は高い希薄，希釈条件であったとしても点火後火炎が保持し，消炎せずに火炎が伝播していくことが求められる。まとめると，火花点火機関に適用するためには，自着火しにくく，点火しやすく火炎が保持される燃料がよいということになる。この特徴に見合う燃料を探索するため，燃料の基礎燃焼特性を基礎的に詳細に明らかにし，火花点火機関に適用できる燃料研究が活発に進められている。具体的には，燃料の自着火特性（着火遅れ時間）や層流燃焼速度，消炎距離など基礎燃焼特性が詳細に明らかにされ，それらの知見から，火花点火機関に適用できる燃料が検討されている。火花点火機関については燃料を燃焼室内に直接噴射する燃料供給方式も取り入れられていることから，燃料噴霧の特性（微粒化特性や蒸発特性など）についても検討されているが，新規に活用される合成燃料や過渡的に使用されると考えられる合成燃料と既存燃料の混合燃料に関する基礎燃焼特性はわかっていないことも多く，活発な研究が進められている。

一方，大型機器などに用いられる圧縮着火機関（ディーゼル機関）では，燃料を燃焼室内に直接噴射し，燃料が自着火することにより動力を得る[7]。そのため，燃料としては火花点火機関とは異なり，自着火しやすい燃料を用いることが必要である。また，噴霧燃焼となることから，燃料の微粒化特性，蒸発特性，粘性など物性も大きく寄与する。火花点火機関よりは比較的どんな燃料でも適用することができるが，圧縮着火機関の正味熱効率向上についても理論熱効率の向上

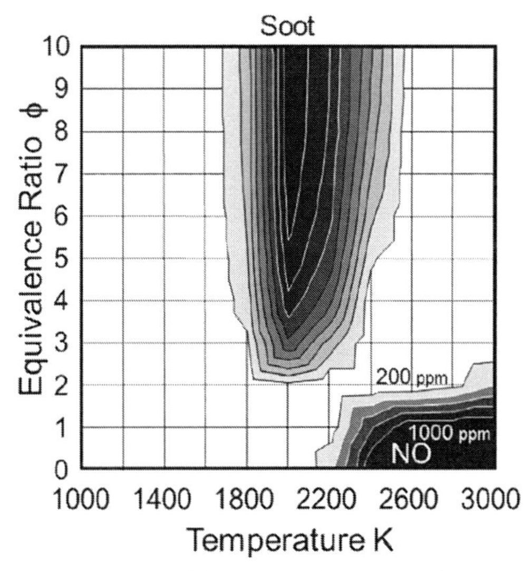

図2　Soot と NO_x の生成領域を示す当量比 ϕ–温度 T のマップ[11]

と熱損失の低減が課題であり，噴霧をいかに速く燃焼させるか，後燃えをさせずに燃焼し切るかが大きな課題である[10]。また圧縮着火機関の場合は，噴霧燃焼となることから，局所的に燃料が過濃になる領域や量論で高温燃焼が起きる領域が存在する。これらの領域は図2に示すようにφ-Tマップという形でまとめられている[11]。燃料が過濃で温度が低い領域ではSootが生成し，燃料が量論に近く燃焼温度が高い領域ではNO_xが生成するということで，これらをできるだけ削減できるように燃焼させることも重要である。この時燃料が重要になり，例えば燃料分子中に酸素原子を含み燃料過濃領域でもSootが生成しにくい燃料が圧縮着火エンジンには適している。一方で，NO_xができる可能性もあり，その場合は低温燃焼ができることが必要で，希釈条件でも自着火する燃料が適しているといえる。

火花点火機関ではSootやNO_xといった排出ガスにあまり触れなかったが，当然火花点火機関においてもNO_xを低減することは重要な課題である。さらに，Sootについても，単に排出質量だけでなく，粒子の大きさと粒子数も注意すべき点であり，その燃料を用いた時のCO_2以外の排出ガスについても注意を払う必要がある。

このように熱機関に適した燃料といっても，熱機関の仕組みにより最適な燃料は大きく異なる。現状は燃料規格が厳格に決められており，その範囲の中でわずかな成分調整がされ，燃料として用いられている[12]。今後，既存熱機関への適用も考慮すると，現状の燃料規格から大きな逸脱をすることのないように，合成燃料についても検討していく必要があると考えられる。ただし，ガソリンやディーゼル燃料といった化石燃料から脱却できるときであり，燃料を合成できる時代に突入したことから，既存熱機関，先進的熱機関も含め，熱機関の正味熱効率を最大にできる燃料を検討していくことも重要である。今後，熱機関の研究者と燃料合成の研究者がさらに密にコミュニケーションをしながら熱機関に最適な燃料を検討していくことが求められる。

3.3 CO_2と水素から合成する合成燃料

3.2に記載した通り，熱機関の仕組みにより適用できる燃料は異なる。他の章で合成が検討されている燃料について詳細に書かれていることから，本節では，熱機関の視点から検討されている燃料の特性について簡便に述べる。図3に合成燃料として検討されている燃料の概要図を示す。CO_2と水素から合成できる最も分子量の小さな液体燃料としてメタノールがある。メタノールはそれ単体でも燃料になるだけでなく，メタノールを起点として燃料や付加価値の高い化成品の原料になることから，CO_2と水素から合成される生成物として注目されている。メタノールについては，1980年代から1990年代にかけ，熱機関への適用に関する研究が活発に行われたものの，毒性の問題でいったん落ち着いた。しかし，近年，合成燃料として再度注目を浴び，エンジン研究が活発に行われている[13,14]。この燃料を火花点火機関に用いた場合，燃焼期間の短縮化とノック抑制により熱効率を向上させることができるとともに，燃焼温度が低いことから，NO_xといった排出ガスを低減することができる。火花点火機関への適用が比較的容易であり，ディーゼル機関への適用も検討されているが，着火性の低さが問題である。そのような場合は，着火源

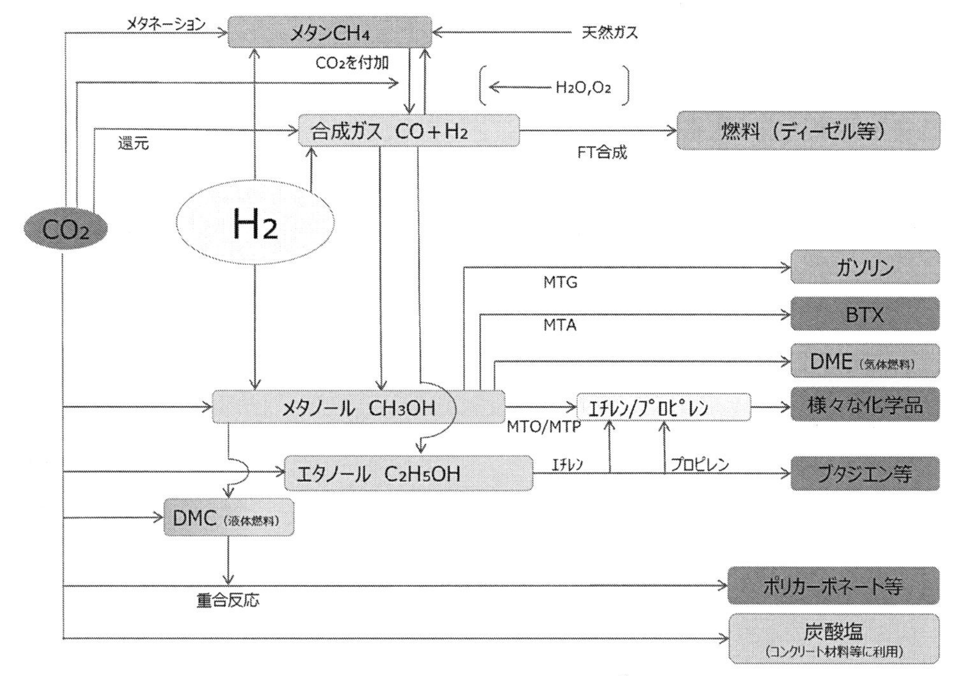

図3　検討されている合成燃料[3)]

として軽油をパイロット噴射する手法によりアシストしている。課題としては，アルデヒド類の排出ガスが増加し，冷間始動時の排出ガスをいかに削減するか，また，エネルギー密度が低いことから，出力に応じた多くの燃料をいかに噴射するかであり，継続的な研究が進められている。メタノールからはガソリンに近い成分の生成も検討されている（Methanol to gasoline, MtG）が，オクタン価の調整により，着火性が比較的悪いアロマ成分が多くなることから，MtGを用いるとSootや粒子数が増加するという報告もある[15)]。

メタノールからはエーテル系の燃料の合成も実施することが可能で，例えばジメチルエーテル（DME）は自着火しやすい燃料であることから，ディーゼル燃料の代わりに活用することができる。オキシメチレン基をいくつかもつオキシメチレンジメチルエーテル（OME）もエーテルの一種でディーセル燃料の代わりに利用することが可能である。

Fischer Tropsch合成で合成されたノルマルパラフィン系の燃料は自着火しやすいことから，ディーゼル燃料への適用が検討されている。さらに，ノルマルパラフィンから接触分解過程によりオレフィンやアロマが精製されると現状の燃料規格に近い成分の燃料の生成も可能である。燃料規格に収まる合成燃料であれば熱機関に適用することは可能と考えられるが，成分が異なることで熱機関の機関性能や排ガス性能が変わることから，合成された燃料が最適なものであるかを判断していくためには，さらなる研究が必要である。

一方で，合成手法についてはいったんおいておいて，熱機関の熱効率を改善する燃料成分に関する研究も行われている。例えば火花点火機関の場合，軽質オレフィン類，エタノール，エチルターシャリーブチルエーテルを既存燃料に混合すると熱効率が改善することが示されている[16)]。このような研究を参考に，熱効率の改善に有効な成分を含む合成燃料を考えていくことも重要である。

3.4 まとめ

熱機関で利用するという視点で，CO_2と水素から再生可能エネルギーを用いて合成される合成燃料に求められる燃料の特性について簡便に述べた。熱機関はこれまで100年以上の歴史を積み重ねて発展し，我々の様々な活動を支えるエネルギーを生み出してきた。21世紀に入り，CO_2という問題に直面したものの，炭素原子を含まない燃料やカーボンリサイクル燃料を適切に活用することで，今後も重要な熱エネルギー供給源となる。電動化と熱機関を適切に組み合わせ，大気中のCO_2濃度削減に資する技術を用いていくことが必要であり，熱機関に関連する研究開発は今後も活発に実施していく必要がある。

文　　献

1) Climate Change 2022: Impacts, Adaptation and Vulnerability, IPCC (2021)
https://www.ipcc.ch/report/sixth-assessment-report-working-group-ii/ (2024.6.30)
2) 気象庁，大気中二酸化炭素濃度の経年変化 (2024)
https://www.data.jma.go.jp/ghg/kanshi/ghgp/co2_trend.html (2024.6.30)
3) 資源エネルギー庁，第6次エネルギー基本計画 (2021)
https://www.enecho.meti.go.jp/category/others/basic_plan/ (2024.6.30)
4) H. Kobayashi *et al.*, *Proc. Combust. Inst.*, **37**(1), 109-133 (2019)
5) A. Joshi, *SAE Int. J. Adv. & Curr. Prac. in Mobility*, **2**(5), 2479-2507 (2020)
6) 例えば，熱力学，初版第11刷発行，日本機械学会，丸善出版 (2013)
7) J. Heywood, McGraw-Hill (2019)
8) ASTM: Knocking Characteristics of Pure Hydrocarbons, ASTM STP No. 225 (1958)
9) 飯田訓正ほか，日本燃焼学会誌，**61**(197)，178-192 (2019)
10) T. Aizawa *et al.*, *SAE Int. J. Adv. & Curr. Prac. in Mobility*, **2**(1), 310-318 (2020)
11) 秋濱一弘，日本燃焼学会誌，**56**(178), 291-297 (2014)
12) 経済産業省，石油製品の品質確保について (2024)
https://www.enecho.meti.go.jp/category/resources_and_fuel/distribution/hinnkakuhou/ (2024/6/30)
13) 高崎講二，ClassNK技報, (7), 57 (2023)
14) S. Verhelst *et al.*, *Prog. Energ. Combust.*, **70**, 43 (2019)
15) 中山智裕，第34回内燃機関シンポジウムフォーラム (2023)
16) 大森佑哉ほか，第33回内燃機関シンポジウム予稿集，12 (2022)

4　e-fuelの燃料性状を生かしたエンジンシステムの構築への取り組み

川野大輔*

4.1　まえがき

カーボンニュートラル（CN：Carbon Neutral）燃料である水素やアンモニアは，エネルギー密度の低さや保存・運搬方法が難しいという欠点がある。本研究では，e-fuelの一種であるフィッシャー・トロプシュ（FT：Fischer Tropsch）反応を用いて合成した液体燃料（FT燃料）に着目した。この燃料は大気中や工場排気から二酸化炭素を回収し還元生成した一酸化炭素と，再生可能エネルギーや原子力発電などのCN電力を使用し，水を電気分解して作られた水素で，FT合成を行い製造される。そのため，内燃機関から排出される二酸化炭素は，燃料製造時に回収した二酸化炭素由来であるため，実質的に内燃機関のCN化が実現可能である。

本研究は，FT燃料の早期噴射による予混合圧縮着火燃焼（PCCI：Premixed Charge Compression Ignition）の実現を目的とする。従来燃料におけるPCCI燃焼については既に先行研究が多く行われているが，高セタン価であるFT燃料を早期噴射することで過早期着火を生じる可能性があるため，早期噴射のみでPCCI燃焼を実現することは困難であると考えられる。そこで，可変バルブタイミング機構（VVT：Variable Valve Timing mechanism）を用いた吸気バルブ遅閉じ（LIVC：Late Intake Valves Closing）や排気ガス再循環（EGR：Exhaust Gas Recirculation）を行うことで，着火遅れ期間の確保を試みた。ここでは，1D・1Dシミュレーションの連携計算を用いて，軽油とFT燃料の燃焼特性を比較することでFT燃料でのPCCI燃焼の可能性を示すとともに，EGRとLIVCそれぞれのFT燃料のPCCI燃焼に対する効果と，EGRとLIVCを併用した際の燃焼特性や排出ガス性能の改善効果について述べる。

4.2　解析対象の機関

本研究では，単気筒試験用エンジン（AVL製SCRE5402＋EHVA（Single Cylinder Research Engine with Electronic Hydraulic Valve Actuation））を用いた。この機関は重量車で使用されるターボディーゼルエンジンを想定している。本機関の諸元を表1に示す。燃料噴射装置はコモンレールを使用した160［MPa］の高圧噴射装置を備えており，外部駆動スーパーチャージャーによる過給やEGRクーラーを装備した外部EGRシステム，および可変バルブタイミング機構（VVT：Variable Valve Timing）などの各種燃焼制御装置を搭載している。

*　Daisuke KAWANO　大阪産業大学　工学部　機械工学科　教授

表1 解析対象の機関諸元

Type of Engine	Direct Injection, 1 cylinder, water-cooled, 4-cycle, 4-valves
Bore × Stroke [mm]	85 × 90
Swept Volume [mm^3]	510700
Compression Ratio	15.4 (Base IVC* = −150, ε eff** = 14.6)
Fuel system	Direct injection
Injection System	Common-rail (Max : 160 MPa)
Nozzle Design	0.153 mm × 5 holes
Cavity Ratio	Reentrant (Φ 40.9 mm)
Swirl Ratio	1.86
Maximum power, supercharged [kW]	ca. 16
EGR Control	Cooled-EGR
Boost Control	Supercharged with intercooler
Valve Actuation	with VVT (Variable Valve Timing)
Main Intake Valve Operation	−370 (open), −150 (close) deg. ATDC
Main Exhaust Valve Operation	−590 (open), −355 (close) deg. ATDC

*IVC : Intake Valve Closing
**ε eff : Effective Compression ratio

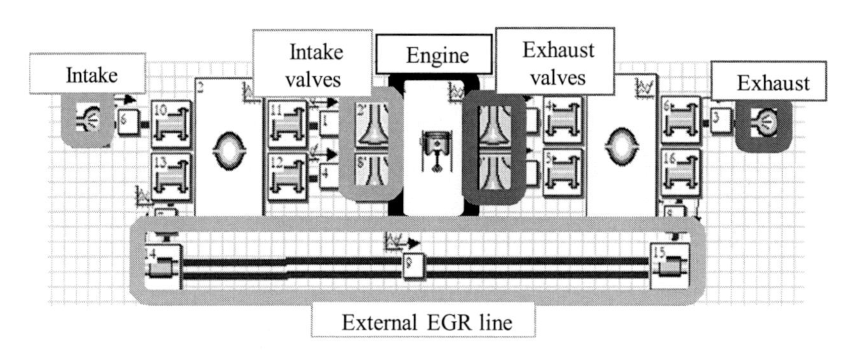

図1 1Dシミュレーションにおける解析モデル

4.3 数値解析手法

4.3.1 1Dシミュレーション

1Dシミュレーションでは，吸排気の圧力波やエンジン性能への影響の計算に適した1次元内燃機関用ガスダイナミクスコードであるOpenWAMを用いた[1)]。本ソフトウェアはバレンシア工科大学が作成したオープンソースコードであり，他アプリケーションとの連携や機能拡張に期待が持てるため，本ソフトウェアを用いてエンジンにおける燃焼特性の一次元解析を行った。

1Dシミュレーションにおける解析モデルを図1に示す。本モデルは左側に吸気，右側に排気を示している。実機関では，モーター駆動のスーパーチャージャーや排気圧力調整弁により吸排気圧力を一定にしているため，本モデルでは，実機関と同様に吸排気共に一定圧力に設定するコンポネートを使用した。また外部EGRラインも備え，ダクトにEGRクーラーの役目も併用させ，吸気温度も各条件の設定になるよう調整した。

4.3.2　3Dシミュレーション

3Dシミュレーションでは，ANSYS Forte（ANSYS, Inc）を使用し解析を行った。本ツールは，内燃機関に特化した1D-CFDツールであり，各種サブモデルが備えられているほか，燃焼反応計算にANSYS Chemkin Pro（ANSYS, Inc）を用いることで燃焼をより高精度かつ低負荷で計算を行うことが可能となっている。

本研究の燃焼計算では，計算負荷を考慮し筒内燃焼解析で一般的に使用される72［deg.］のセクターメッシュを用いた。筒内を斜め下から見た概略図を図2に示す。メッシュ単体は任意の六面体により構成されており，平均メッシュサイズを約1.0［mm^3］に限定した上で，ピストンボウル部やシリンダおよびヘッド壁面では計算精度の確保のためメッシュを細かく設定した。

4.3.3　1D・3Dシミュレーションによる連携計算

1DシミュレーションのみでVVTによる燃焼制御を解析する場合，数値が収束するまで多サイクルを計算する必要があり，計算負荷が膨大で一通りの解析にかなりの時間を要する。そこで本研究では，1Dシミュレーションを用いて20サイクル計算を行い，サイクル毎の計算結果が安定した後の筒内圧力，筒内温度，ガス組成を1Dシミュレーションに受け渡し，これらを初期値として1Dシミュレーションでの計算を行った。1Dシミュレーションでは，各条件での燃焼特性を高精度かつ低計算負荷で行うためにクランク角−50［deg. ATDC］から60［deg. ATDC］

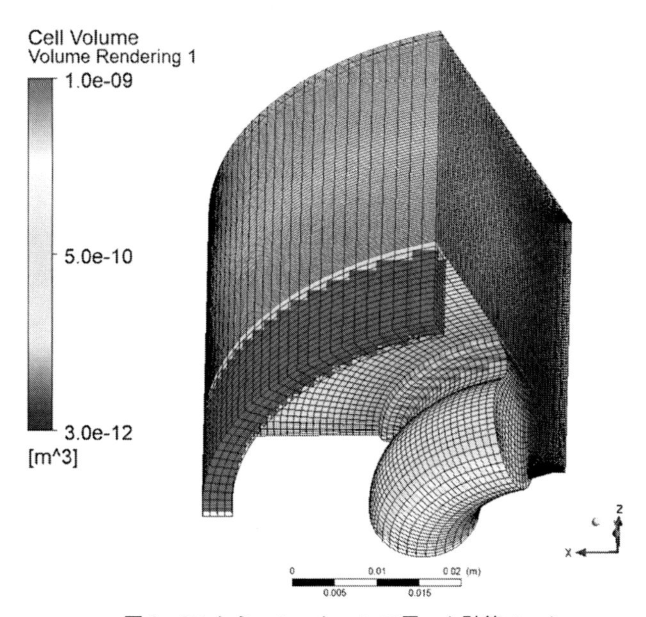

図2　3Dシミュレーションで用いた計算メッシュ

表2　軽油の実燃料と軽油サロゲートの性状比較

	Diesel-oil	Diesel-Surrogate
Cetane number	58.4	54.4
Liquid Density [g/cm^3]	0.83	0.83
Distillation properties [K]		
T10	490.00	487.00
T50	559.00	514.00
T90	608.00	554.00

までの解析を行った。この連携計算を行うことで，大幅な計算時間と負荷の削減が実現できた。なお，実機関での筒内圧力，筒内温度，熱発生率の履歴の実験結果が，本連携計算により得られた計算結果と概ね一致しており，本連携計算の手法は妥当であることを確認している[2,3]。

4.3.4　燃料のサロゲートモデルの作成

本研究では，1D シミュレーションで使用する軽油と FT 燃料双方の燃焼素反応モデルを作成する必要がある。そこで，Chemkin Reaction Workbench の SBO（Surrogate Blend Optimizer）[4]を使用して各燃料のサロゲートモデルの作成を行った。

本研究で用いた化学種パッケージは，5242 種の化学種と 68218 の反応本数を有するパッケージをベースに，ディーゼルエンジンの数値計算に最適化された 258 種と 5000 本以上の反応数を持つ化学種パッケージを使用した。この化学種パッケージには，C20 までの炭素数が多いアルカンが多く含まれており，軽油のサロゲートモデルは n-Hexadecane：36 [wt%]，AMN：9.7 [wt%]，HMN：15.4 [wt%]，Decalin：38.9 [wt%] の 4 コンポーネントで再現されている。実際の軽油と得られたサロゲートモデルとの性状の比較を表 2 に示す。サロゲートモデルでは実燃料の性状が概ね再現されており，1D シミュレーションに使用しても差し支えないと判断した。

FT 燃料のサロゲートモデルを作成する際の最適化のウェイトとして，PCCI 燃焼における着火特性の研究を参考に，最も着火特性を左右するセタン価に一番重いウェイトを与え，次いで蒸留性状にもウェイトを設定した[5]。FT 燃料と同成分である GTL（Gas To Liquid）の実燃料と作成したサロゲートモデルとの性状の比較を表 3 に示す。FT 燃料についてもサロゲートモデルは実燃料の性状を再現しており，このサロゲートモデルを本 1D シミュレーションで使用することとした。

4.4　軽油と FT 燃料の燃焼特性の比較

ここでは，軽油と FT 燃料を早期噴射することで，PCCI 燃焼の条件下における燃焼特性を比較することにより，FT 燃料の良好な着火性能が及ぼす PCCI 燃焼への影響を解析した。計算条件を表 4 に示す。燃料噴射時期は PCCI 燃焼を想定した −25 [deg. ATDC] とした。軽油と FT 燃料で低位発熱量の差異があるが，燃料の投入量を調整することで総投入熱量を同じとした。ま

表3　GTL の実燃料と FT 燃料サロゲートの性状比較

Fuel	Real fuel (GTL)	Surrogate-fuel
Component [wt%]	—	Heptamethylnonane：0.2003, n-Hexadecane：0.7997
Cetane number	83.0	83.0
Liquid Density [g/cm^3]	0.7768	0.7714
lower heating value [kJ/kg]	45.06	44.00
Distillation properties [K]		
T10	513.20	500.50
T20	513.20	508.50
T30	519.00	515.50
T40	524.90	524.00
T50	530.70	533.50
T60	536.60	544.50
T70	542.40	557.00
T80	548.30	570.00
T90	554.10	582.00

表4　軽油と FT 燃料の燃焼特性を比較する際の計算条件

Fuel	FT	Diesel
Engine speed [rpm]	1800	
Fuel quantity [mg/st.]	13.97	14.5
Fuel injection timing [deg. ATDC]	−25	
Fuel duration [deg.]	4.5	
External EGR rate [%]	0	
Intake & exhaust gauge pressure [kPa]	80	
Fuel injection pressure [MPa]	160	
Intake valve Opening (sub-IVO) [deg. ATDC]	—	
Intake valve Closing (sub-IVC) [deg. ATDC]	570	

た燃料の違いのみによる燃焼特性を解析するため，EGR や VVT は使用せずに解析を行った。

得られた筒内圧力および熱発生率の計算結果を図4に示す。着火時期を熱発生の10 [%] (CA 10) と定義した場合，図4の熱発生率に示すように，従来燃料である軽油が燃料噴射から18 [deg.] の着火遅れ期間を持つのに対して，FT 燃料は8 [deg.] に留まり，過早期着火が生じる結果となった。筒内圧力の履歴からわかるように，圧縮行程での圧力差は見受けられず，FT の

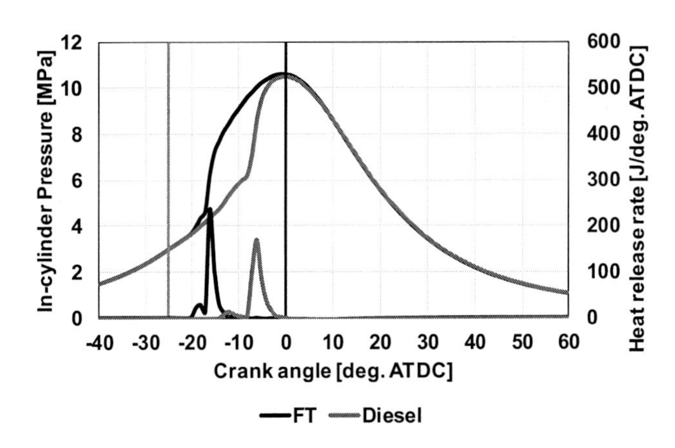

図4　軽油とFT燃料使用時の筒内圧力と熱発生率の計算結果

着火が開始したタイミングで急激に上昇している。したがって，FT燃料が着火する圧力・温度条件は，軽油よりも極端に低いことがわかる。

以上のことから，FT燃料の早期噴射のみによるPCCI燃焼では，FT燃料の燃料性状から，軽油のような着火遅れ期間を確保することが難しいことがわかった。したがって，FT燃料を用いたPCCI燃焼では，EGRやLIVCなどによる燃焼制御技術を使用して，燃料の過早期着火を抑えて着火遅れ時間を確保し，混合気の希薄化を促進させることが必須であると考えられる。

4.5　FT燃料の燃焼特性に対するEGRの効果

ここでは，FT燃料の燃焼特性に対するEGRの効果を解析した。計算条件を表5に示す。PCCI燃焼を想定した早期噴射条件においてEGR率を0 [%] と60 [%] に設定し各々の条件が燃焼に及ぼす影響について調査した。なお，EGRのみが及ぼすFT燃料への影響を調査するた

表5　EGRの効果を解析する際の計算条件

	EGR0_BASE	EGR60_BASE
Fuel	FT	
Engine speed [rpm]	1800	
Fuel quantity [mg/st.]	13.97	
Fuel injection timing [deg. ATDC]	−25	
Fuel duration [deg.]	4.5	
External EGR rate [%]	0	60
Intake & exhaust gauge pressure [kPa]	80	
Fuel injection pressure [MPa]	160	
Intake valve Closing (sub-IVC) [deg. ATDC]	570	

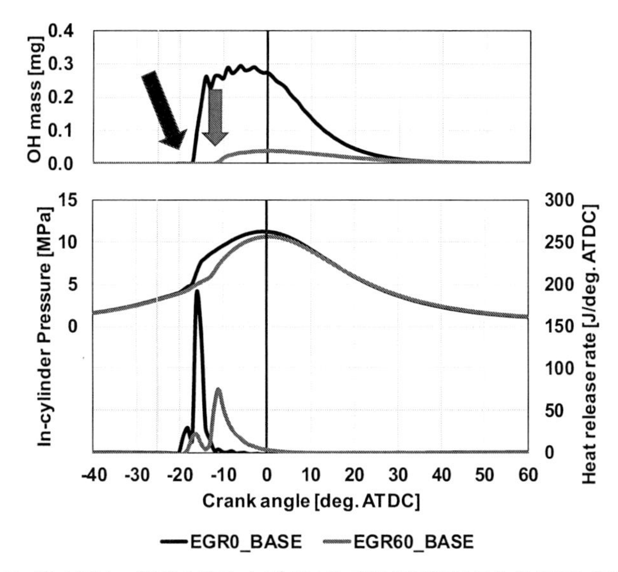

図5　筒内圧力，熱発生率および OH 生成量の履歴に与える EGR の効果

め，サブカムによる LIVC は使用せずに解析を行った。

図5に計算により得られた筒内圧力と熱発生率を示す。また，PCCI 燃焼における着火・燃焼時期の指標として OH の生成量も図5に併記した。圧縮行程中の筒内圧力においては，EGR を使用しない場合は，約－20［deg. ATDC］において低温酸化反応を示した後，急激な高温酸化反応が生じている。一方 EGR を 60［%］使用した場合は，少し遅れた位置から低温酸化反応が生じており，続く高温酸化反応では比較的緩やかな熱発生を確認できた。この特徴は図5に示す OH の生成量においても，同様の特徴が見て取れるため EGR を使用することで，燃焼がより緩慢になったと言える。また，熱発生率の履歴より，EGR を使用することで着火時期は約6［deg.］の遅角を生じ，熱発生期間においては約10［deg.］の長期化を示した。これらは，主に EGR により吸気に含まれる O_2 が低減，CO_2 が増加したことから，急激な燃焼が抑制され緩慢な燃焼となったためと考えられる。しかしながら，EGR 率 60［%］でも着火は上死点前で生じており，燃焼温度の低下には効果があるものの，着火遅れ期間の確保には不十分であることがわかった。

4.6　FT 燃料の燃焼特性に対する LIVC の効果

ここでは，FT 燃料の燃焼特性に対する LIVC の効果を解析した。計算条件を表6に示す。上記の EGR による着火制御は行わずに，LIVC が着火遅れに及ぼす影響のみを解析した。また図6のバルブプロファイルに示すように，閉弁時期を 570［deg. ATDC］の通常のカムで駆動した条件を BASE とし，VVT による 650［deg. ATDC］の閉弁条件を LIVC とした。その他の噴射時期や噴射量，吸気圧力などは EGR の有無の効果を検証した際と同じ条件とした。

筒内圧力，熱発生率および OH 生成量を図7に示す。LIVC を用いた場合は，なしの場合に比

表6 LIVCの効果を解析する際の計算条件

	BASE	LIVC
Fuel	FT	
Engine speed [rpm]	1800	
Fuel quantity (FT-Fuel) [mg/st.]	13.97	
Fuel injection timing [deg. ATDC]	−25	
Fuel duration [deg.]	4.5	
External EGR rate [%]	0	
Intake & exhaust gauge pressure [kPa]	80	
Fuel injection pressure [MPa]	160	
Intake valve Closing (sub-IVC) [deg. ATDC]	570	650

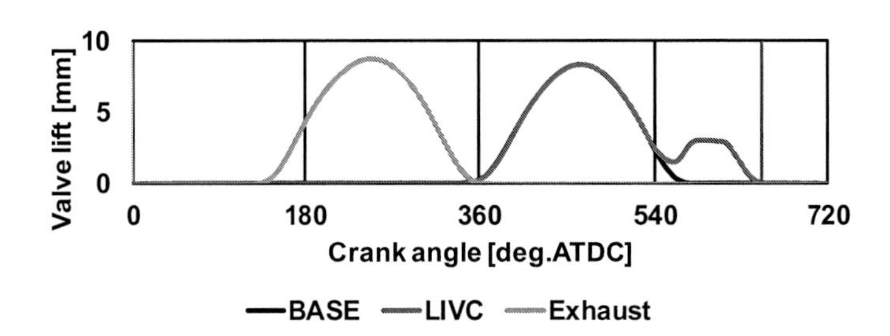

図6 LIVCの効果を解析する際のバルブプロファイルの推移

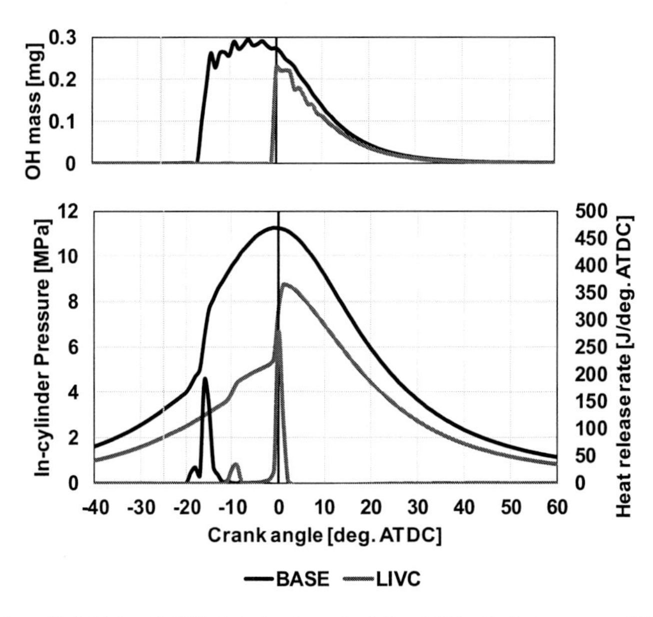

図7 筒内圧力，熱発生率およびOH生成量の履歴に与えるLIVCの効果

べて筒内に流入した空気の圧縮開始点が遅角するため，筒内圧力が大幅に低下しているのがわかる。これにより，着火時期が－16［deg. ATDC］から0［deg. ATDC］へと後退してより長い着火遅れ期間が確保され，熱発生が全体的に遅角した。しかしながら，上死点付近で急激な熱発生が生じており，燃焼騒音やNOx排出量が大幅に増加する可能性を示した。

4.7　EGRとLIVCの併用によるFT燃料の燃焼改善効果

これまで，EGRとLIVCがそれぞれFT燃料の燃焼に及ぼす効果について述べてきた。ここでは，上記の解析結果を踏まえた上で，EGRとLIVCの併用によるFT燃料の燃焼改善効果について述べる。本解析の計算条件を表7に，用いたバルブプロファイルの推移を図8に示す。EGR率は軽油使用時では高EGR率となる60［%］とし，VVTによるLIVC時期は650［deg. ATDC］において失火が生じたため，640［deg. ATDC］とした。噴射時期はこれまでの条件と変わらず，早期噴射の－25［deg. ATDC］とした。

得られた計算結果の筒内圧力，熱発生率およびOH生成量を図9に，筒内平均温度を図10に示す。上記の解析での傾向と同様に，EGRとLIVCを併用した場合では，LIVCによる圧力と温

表7　EGRとLIVCの併用の効果を解析する際の計算条件

	BASE	LIVC
Fuel	FT	
Engine speed [rpm]	1800	
Fuel quantity [mg/st.]	13.97	
Fuel injection timing [deg. ATDC]	－25	
Fuel duration [deg.]	4.5	
External EGR rate [%]	60	
Intake & exhaust gauge pressure [kPa]	80	
Fuel injection pressure [MPa]	160	
Intake valve Closing (sub-IVC) [deg. ATDC]	570	640

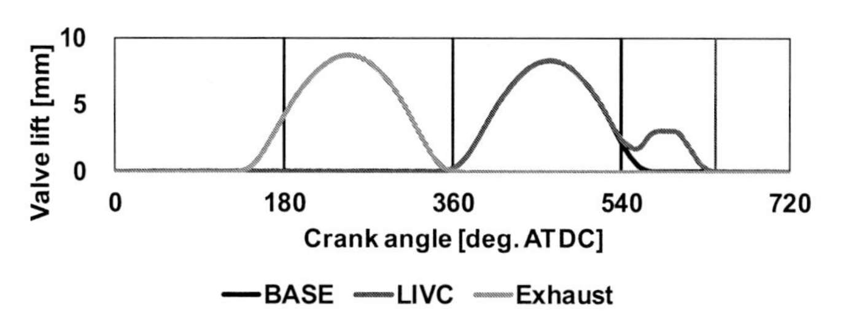

図8　EGRとLIVCの併用の効果を解析する際のバルブプロファイルの推移

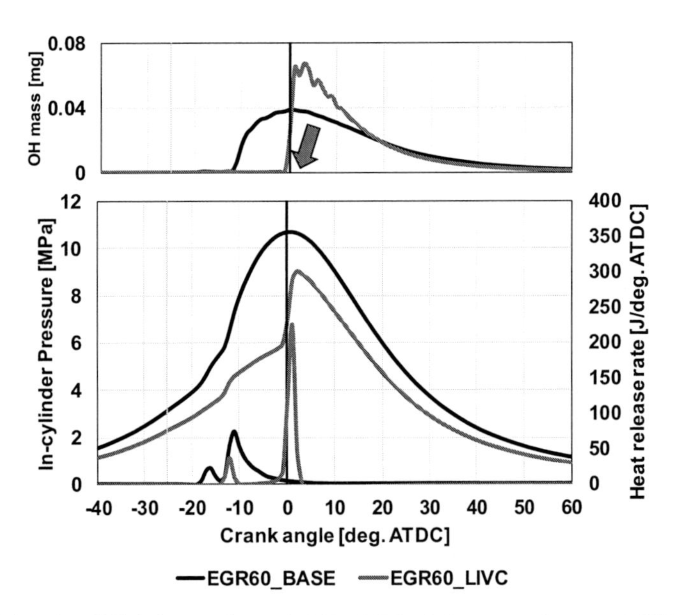

図9　筒内圧力，熱発生率および OH 生成量の履歴に与える EGR と LIVC の併用の効果

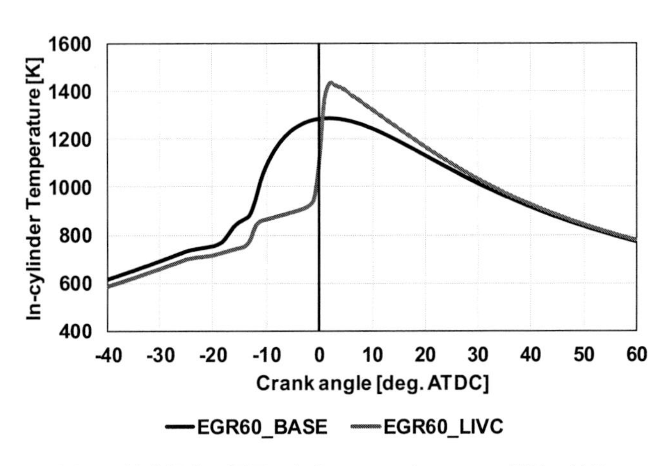

図10　筒内温度の履歴に与える EGR と LIVC の併用の効果

度の低下が見受けられ，大幅な熱発生位置の遅角が確認された。LIVC を行うことで，着火時期は－10［deg. ATDC］から 0［deg. ATDC］へと遅角しており，着火遅れ期間が 15［deg.］から 26［deg.］と大幅に長期化した。一般に EGR によって全体的に緩慢な燃焼となり等容度の低下を伴うが，LIVC を行うことで大幅な着火遅れ期間が確保され燃料と吸入空気の混合が促進された結果，高 EGR 率にも関わらず活発な熱発生を示した。加えて，図 10 の筒内平均温度に示すように，前節では 1500［K］を超えていた最高筒内平均温度が，EGR と LIVC を併用することで 1400［K］程度に抑制できることがわかった。

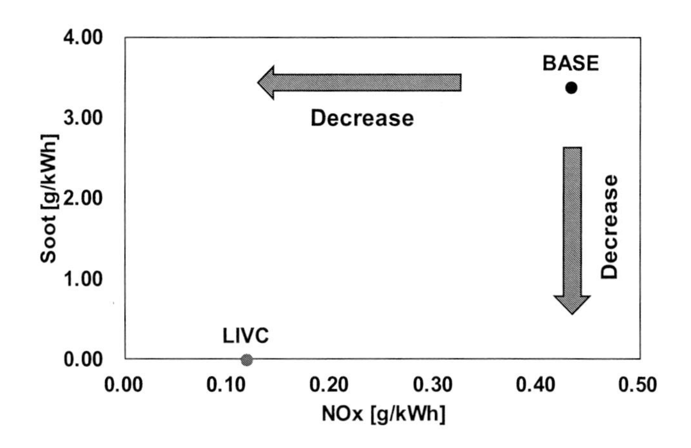

図11　NOxとSootの排出量に与えるEGRとLIVCの併用の効果

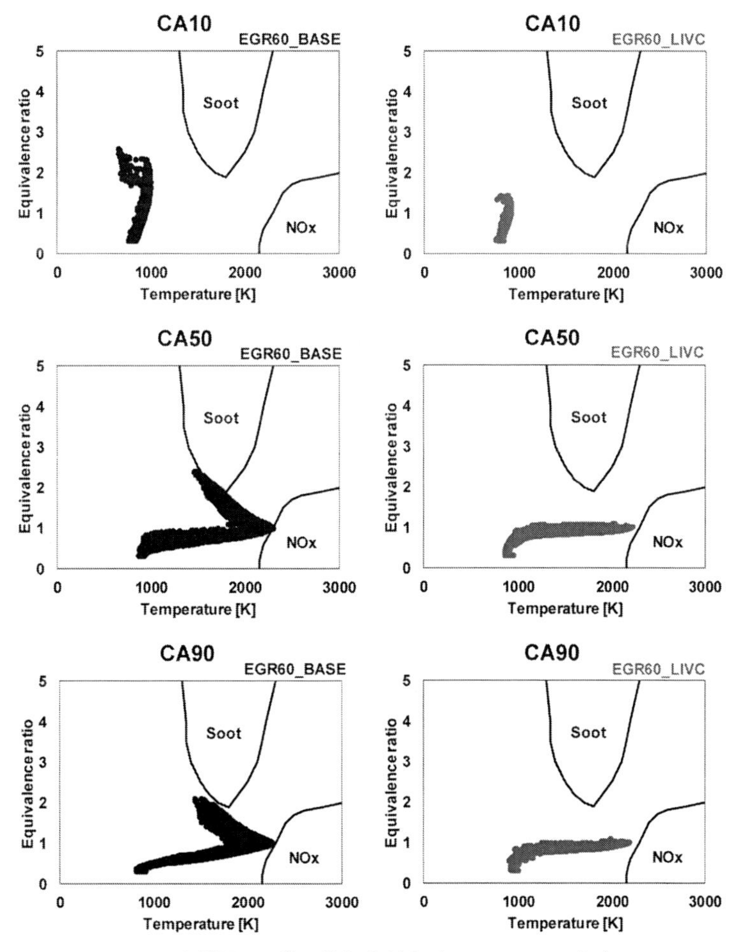

図12　EGRとLIVCを併用した際の熱発生割合（CA10, 50, 90）毎の ϕ-T マップ

NOx と soot の排出量の計算結果を図 11 に示す。EGR と LIVC を併用することで，NOx と soot 排出量の同時低減が実現された。図 12 に示す熱発生割合（CA10，50，90）毎の ϕ-T マップから明らかなように，EGR により燃焼温度が低下していることに加え，LIVC により着火遅れ時期を確保することで混合気の希薄化が促進され，当量比が 1.0 以上の過濃混合気が存在しないことから，いずれの時期でも NOx と soot の生成領域を回避できていることがわかった。

以上より，FT 燃料は着火性が軽油と比べて高く，PCCI 燃焼の実現には不向きな燃料ではあるものの，EGR と LIVC を併用することで，出力や燃費などの機関性能を維持しつつ大幅な NOx や soot 排出量の削減が可能な低温かつ希薄な燃焼となり，理想的な PCCI 燃焼が実現できることがわかった。

4.8 まとめ

FT 燃料はセタン価が高く良好な着火性を持ち合わせるが，PCCI 燃焼を実現するために早期噴射を行った場合，軽油よりも大幅に早い段階で着火が生じた。したがって，FT 燃料で PCCI 燃焼を実現するためには，EGR や LIVC を使用して着火遅れ期間を確保する必要があることがわかった。

EGR を使用した場合，EGR を使用しなかった場合よりも筒内の酸素濃度が低下し，若干着火時期の遅角が生じたものの，高 EGR 率でも PCCI 燃焼の実現には不十分であった。

LIVC を用いた場合，ベースカムで閉弁した場合と比較して，圧縮行程中において大幅な圧力上昇の抑制が確認され，これにより熱発生も燃料噴射時期から大きく遅延した。ただし，予混合期間が長く確保されたことで急峻な燃焼が上死点付近で生じた。

EGR および LIVC を併用した場合，EGR による燃焼温度の低下と LIVC による着火遅れ期間の確保の相乗効果により，理想的な PCCI 燃焼が実現され，機関性能を維持した上で NOx と soot 排出量の同時低減が可能となった。

文　　献

1) J. Gakindo *et al.*, *Mathematical and Computer Modelling*, **54**(7-8), 1738-1746 (2011)
2) 寺田将也ほか，連携計算を用いた可変バルブタイミング機構付きディーゼル機関の性能予測，日本機械学会 関西支部第 96 期定時総会講演会 (2021)
3) Y. Sumida *et al.*, JSAE/SAE Powertrains, Energy and Lubricants International Meeting, 2023-32-0060 (2023)
4) ANSYS inc., Chemkin Reaction Workbench User's Manual, pp. 14-20 (2023)
5) 李鉄ほか，自動車技術会論文集，**40**(6), 1503-1508 (2009)

5　e-fuel の専燃・混燃の燃焼制御技術の開発

中原真也*

e-fuel は，他の節でも解説があったように，既存の石油や天然ガスに相当する炭化水素燃料を，再生可能エネルギーを利用し，CCS や DAC により回収した CO_2 と，グリーン水素や水から合成する燃料のことで，可能となりつつある。具体的には，都市部で都市ガスとして利用される天然ガスの主成分のメタンであるメタネーションや e-メタンと称される合成燃料，また地方部を中心に利用される LPG（液化石油ガス）の合成燃料の製造技術の研究・開発や実証試験が実施されている。

一方，内燃機関では，単位時間・単位容積の発熱量を高めるために，乱流燃焼場が利用される。これは，図 1（乱流火炎）に示すように乱流により火炎面が湾曲し，単位流路断面積あたりの未燃混合気（燃料）の消費量を増大させることができるからである。一般的な，乱流燃焼速度 S_T の概念を次式に示す。

$$S_T = (A_T/A_{L0})S_L \tag{1}$$

ここで，A_T/A_{L0} は乱流火炎の層流火炎からの表面積増加率，S_L は乱流火炎の局所燃焼速度である。なお，従来の一般的なモデルでは，S_L は層流燃焼速度 S_{L0} と同一とされている。

本節では，上述の燃料として利用した場合に，CO_2 の排出量がガソリンや軽油より削減できる，天然ガスの主成分のメタン，そしてメタンより重質な LPG の主成分のプロパンを主な対象とする。

さらに，上記のカーボンニュートラルなメタンやプロパンの e-fuel を更なる CO_2 排出の削減を考えた場合に，主に次の二つの手法が想定されている。①水素をこれら e-fuel に混合し燃焼させ CO_2 を削減する方法，さらに②オットーサイクル的内燃機関の観点から，e-fuel を量論比（当量比 $\phi = 1.0$）より低燃空比（$\phi < 1.0$）である希薄予混合気の状態で燃焼させ，比熱比を

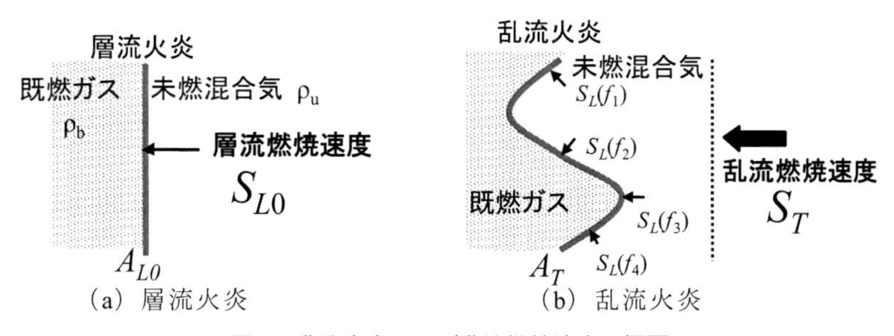

図 1　乱流火炎および乱流燃焼速度の概要

*　Masaya NAKAHARA　愛媛大学　大学院理工学研究科　機械工学講座　教授

1.3程度から1.4へ近づけ熱効率向上を図り，かつポンピングロスも低減傾向とすることによりCO_2を削減する方法である。ここで，水素は，例えばメタンやプロパンの低発熱量[1]が802［kJ/mol］と2043［kJ/mol］に対して，分子量が小さいことから242［kJ/mol］と単位容積あたりの発熱量は低い。したがって，①や②の場合，内燃機関を想定した場合，水素をe-fuelに混合することで，単位容積・単位時間あたりの発熱量が低下することから，従来の内燃機関より高強度の乱流を与え火炎表面積の一層の増加を図ることなどにより，発熱量の低下を補う必要がある。さらに，②の場合は特に，希薄化にともない最小点火エネルギーの増大や燃焼速度が低下（図2参照）することから，高強度の乱流を与えると消炎や失火が発生し，内燃機関が正常に作動しなくなる。そこで，この不具合を回避するために，可燃範囲が広いかつ大きな燃焼速度を有するなどの特徴を持つ水素をメタンやプロパン－空気の希薄や希薄可燃限界以下の混合気に混合（添加）する方法が提案されている[2,4~7]。

以上より，本節では，e-fuelとしてのメタンとプロパン，および水素を燃料として対象とし，単一燃料での燃焼の専燃とメタンやプロパンに水素を混合した場合の混燃の乱流燃焼制御法について解説する。

5.1 e-fuelの専燃

まず，基礎的な事項として，メタン，プロパンおよび水素の各単成分燃料の層流燃焼速度S_{L0}についてみてゆく。図2に，各燃料の当量比ϕに対する窒素／酸素の値を変化させた場合の等層流燃焼速度線を示す[2]。図2中，N_2/O_2が3.76のところが空気を表す。なお，N_2/O_2の変化は，EGR（排気ガス再循環）により窒素を富化した燃焼や，酸素を富化した燃焼に相当する。

図2から，$N_2/O_2 = 3.76$である，メタン－空気混合気およびプロパン－空気混合気では，S_{L0}は量論比付近で最大値を呈し，40 cm/s前後である。さらに，一般的に言われているように，各等S_{L0}線の最大値は，メタンの場合は希薄側［$\phi < 1.0$］で，プロパンの場合は過濃側［$\phi > 1.0$］に少しずれていることがわかる。一方，水素は同一ϕではS_{L0}の値が大きく，図2には示されて

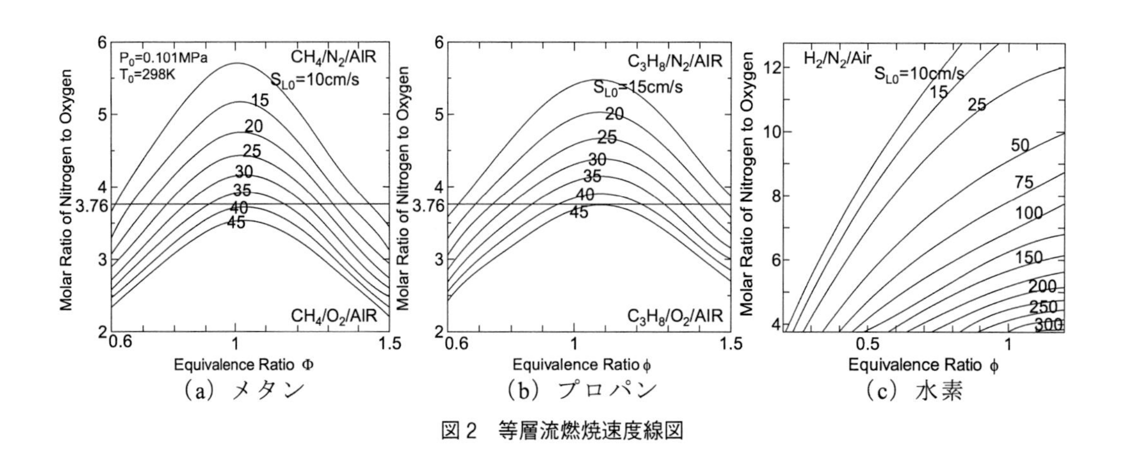

（a）メタン　（b）プロパン　（c）水素

図2　等層流燃焼速度線図

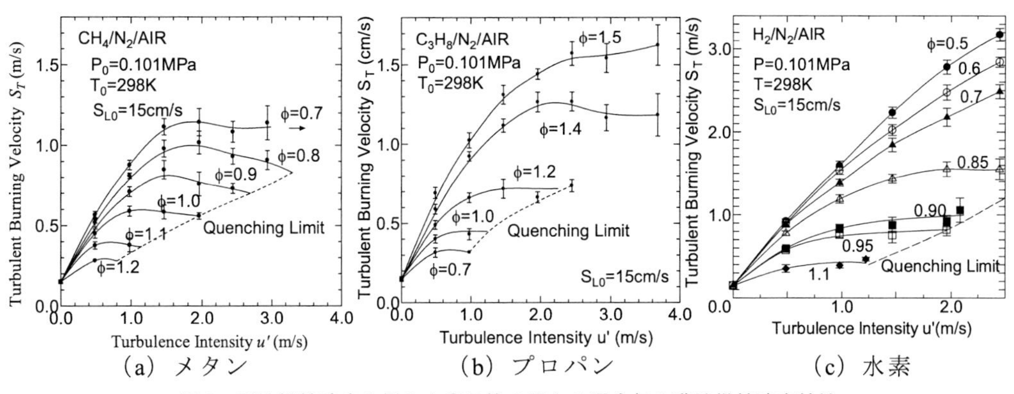

（a）メタン　（b）プロパン　（c）水素

図3　層流燃焼速度を揃えた当量比の異なる混合気の乱流燃焼速度特性

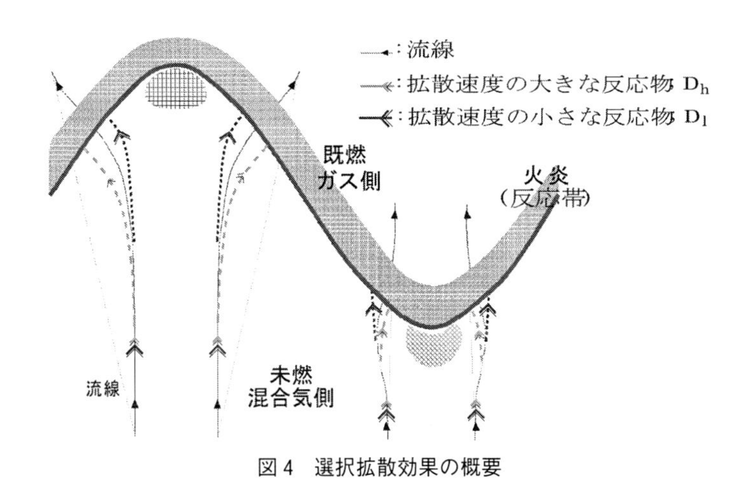

図4　選択拡散効果の概要

いないが，各等S_{L0}線はϕが1.8程度に向け増大する傾向にある。

次に，乱流場での燃焼速度である乱流燃焼速度S_Tについてみてゆく。

図3に，乱流燃焼度特性に与える因子を明らかにするために，S_{L0}を15 cm/sに揃えた混合気（図2参照）に対する乱れ強さu'と乱流燃焼速度S_Tの関係を示す[3)]。図3から，同一u'でのS_Tは，メタン－空気－窒素混合気と水素－空気－窒素混合気ではϕが小さくなる（酸素量が多くなる）と増大し，一方，プロパン－空気－窒素混合気ではϕが大きくなる（燃料量が多くなる）と増大する傾向にある。さらに，消炎限界も，S_Tと同様に，メタンと水素混合気とプロパン混合気とで当量比の傾向が逆である。これは，燃料の分子拡散特性に起因する選択拡散効果で説明できる[3)]。

図4に，選択拡散効果の模式図を示す。図4に示すように，反応物に分子拡散速度に差異があると，拡散速度の大きな分子は，未燃混合気側に凸な火炎（反応帯）部分に，既燃ガス側に凸な部分に比べて，相対的に多く拡散する。したがって，予混合と言えども火炎面近傍で組成の不均一性が発生する。さらに，未燃混合気側に凸な火炎部分が燃焼場全体を支配する。そこで例え

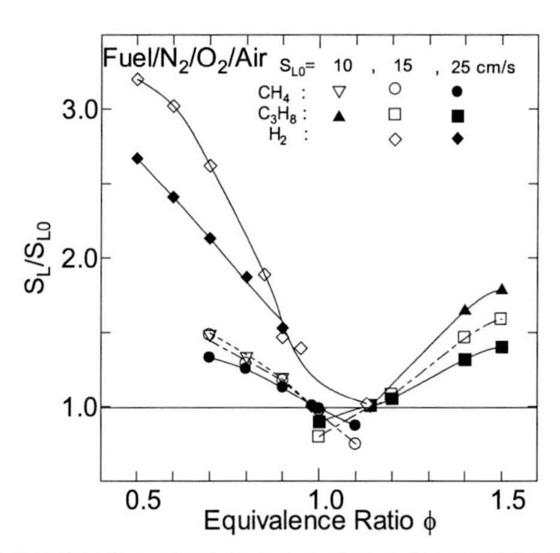

図５　選択拡散効果を考慮し推定した乱流火炎の局所燃焼速度特性

ば，メタンの場合，僅かであるが，酸化剤の酸素よりメタンの拡散速度が速く，相対的に未燃に凸な火炎部分の燃料濃度が増加し，ϕが小さい希薄混合気では燃料が不足しているので，この部分に燃料であるメタンが拡散することにより燃料濃度が増加し燃焼速度が増加し，燃焼場全体としても乱流燃焼速度特性が改善する。なお，図２(a)上で，酸素と窒素の拡散速度はほぼ等しいことから，同一N_2/O_2上を，ϕが大きくなる方向に変化することになる。水素も同様である。一方，酸素より拡散速度の遅いプロパンは，図２(b)で，同一N_2/O_2上で，ϕが小さくなる方向に変化することになる。なお，図２の等S_{L0}線の関係から，希薄（ϕが小さく）へ又は過濃（ϕが大きく）へゆくほど勾配が大きくかつ密になるので，速度の変化量が大きくなる傾向にあることもわかる。

この選択拡散効果による乱流火炎の局所燃焼速度S_Lを独自の方法により定量的に調べた結果を図５に示す[3)]。上述したように，乱流火炎の局所燃焼速度S_Lは，酸素より拡散速度が大きなメタンおよび水素は希薄なほど大きくなり，酸素より拡散速度が小さなプロパンは過濃なほど大きくなることがわかる。したがって，予混合乱流燃焼場では，従来の考えと異なり，乱流火炎の局所燃焼速度は層流燃焼速度から量論比付近から離れるほど大きく変化していることがわかる。

そこで，乱流燃焼場での実質的な火炎の燃焼速度であるこの局所燃焼速度を基準とすることにより，図６に示すように燃料の種類によらず乱流燃焼速度を包括的に整理できる次式の乱流燃焼速度整理式を提案した[3)]。

$0 < Ka_L \leqq 0.5$

$$S_T = (S_L + \sqrt{2}/2 \cdot \alpha \cdot u')(1 - Ka_L{}^2) \tag{2}$$

$0.5 < Ka_L \leqq 1.0$

$$S_T = (3/8\sqrt{2} \cdot \alpha \cdot \lambda_g/\eta_L + 3/4)S_L \tag{3}$$

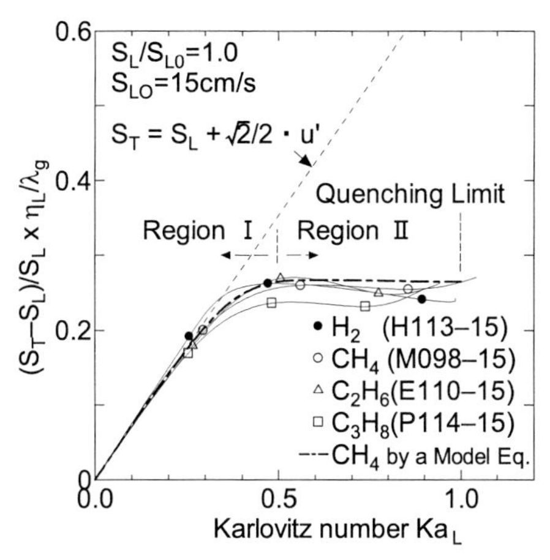

図6　乱流火炎の局所燃焼速度を基準とした乱流燃焼速度特性の整理

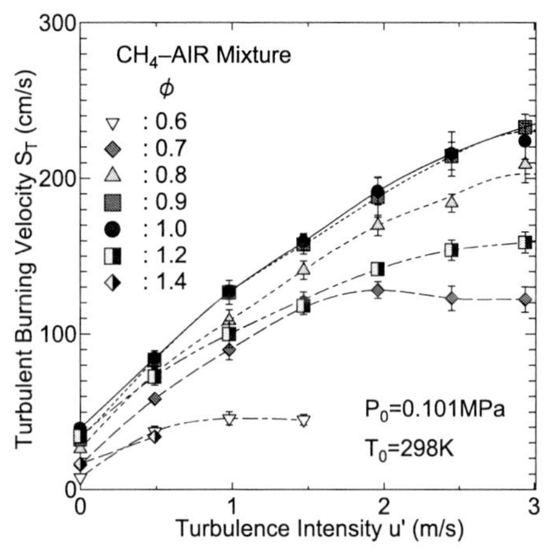

図7　メタン－空気の乱流燃焼速度特性

ここで，αは形状補正係数［$=((L_f+\eta_L)/L_f)^2$］，Ka_Lは局所燃焼速度を基準値としたKarlovitz数［$=(u'/\lambda_g)\cdot(\eta_L/S_L)$］，$\eta_L$は局所当量比を考慮した予帯厚さ［$=\alpha_L/S_L$］，$\alpha_L$は局所当量比を考慮した混合気の熱拡散係数，$L_f$は縦方向積分尺度，$\lambda_g$はTaylor微細尺度を表す。

この乱流燃焼速度整理式の考え方は，火炎片への乱れの影響として，火炎面積を増大させる燃焼速度の増加効果［式(2)右辺第1括弧］と火炎伸長による燃焼速度の減少効果［式(2)右辺第2括弧］が存在し，この両効果のバランスにより乱流燃焼速度が決定されると言う簡潔なものである。図6に示したように，Ka_Lが0.5の時その効果のバランスの最良点が存在し，0.5以上では増加効果と減少効果が均衡し，1.0で消炎に至る。なお，Ka_Lが0.5程度以上では火炎の部分消炎が開始する領域である。

一例として，メタン－空気混合気での計測した乱流燃焼速度S_Tと乱れ強さu'との関係を図7に本整理式［式(2)と(3)］を適応した場合のS_T/S_{L0}とKa_Lの関係を図8に示す。なお，図8中，

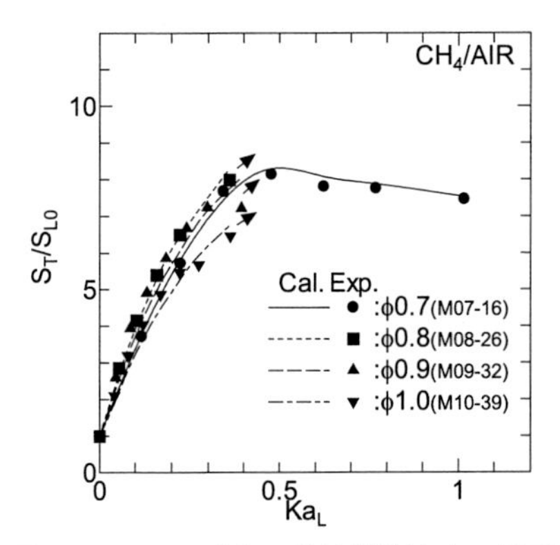

図8　メタン－空気の乱流燃焼速度の予測

シンボルは実験値，曲線は整理式による予測値を示す。両図から，本整理式により，乱れにより乱流燃焼速度を促進されるのは Ka_L が 0.5 程度までで，Ka_L が 0.5 程度以上強い乱れを与えると乱流燃焼速度は増加せず，火炎面の部分消炎がはじまり未燃混合気が排出される領域になっていることがわかる。そして，Ka_L が 1 程度で火炎全体が消炎に至ることがわかる。

以上より，本整理式［式(2)と(3)］により，単成分燃料混合気である e-fuel の専燃の乱流燃焼を制御できる可能性があることがわかる。

5.2　e-fuel の混燃

まず，メタンやプロパンに水素を混合した場合の混燃の層流燃焼速度特性を図 9 に示す。図 9 中，Φは式(4)のように二種類の燃料中の各炭素および水素分子数を基にした総合当量比[2,4~6]を表す。

$$\Phi = [1/2 \cdot \delta_H + (\alpha + \beta/4) \cdot (1 - \delta_H)] / X_0 \qquad (4)$$

ここで，混合気組成は $\delta_H H_2 + (1 - \delta_H) C_\alpha H_\beta + X_0 O_2 + X_N N_2$ である。δ_H は，水素の混合割合で二種類の燃料ガス中に占める体積割合を表す。

図 9 から，S_{L0} は，純メタンやプロパンに水素を少量添加しても変化は小さいが，純水素にメタンやプロパンを添加すると大きく減少する傾向があることがわかる。また，メタン－空気混合気では，希薄可燃限界以下の $\phi = 0.4$ では，水素を体積比内割りで 50%（$\delta_H = 0.5$）程度添加すると燃焼が可能になることもわかる。

次に，図 3 と同様に，S_{L0} を揃えた（=25 cm/s）の水素添加メタンまたはプロパン混合気［$\delta_H H_2 + (1 - \delta_H) CH_4$ or $C_3H_8 + X_0 O_2 + X_N N_2$］の乱れ強さ u' と乱流燃焼速度 S_T との関係[4,5]を図 10 に示す。

図 10 から，S_{L0} を揃えた条件下では，総合当量比Φが 0.8 の希薄混合気への水素添加は，その添加量 δ_H の増加にともない概ね単調に同一 u' での S_T を増加させることがわかる。一方，Φ

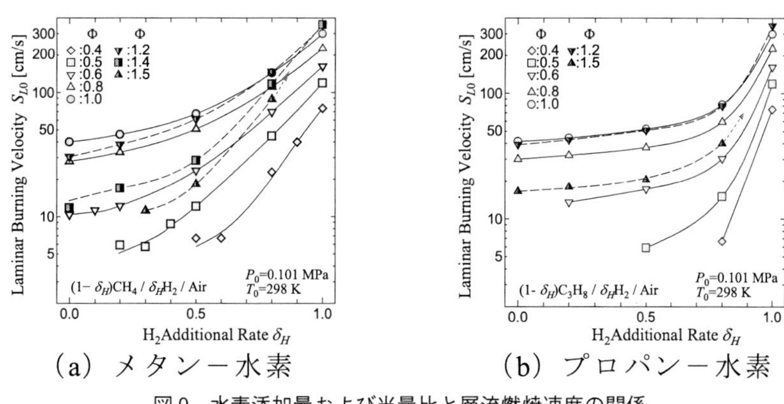

（a）メタン－水素　（b）プロパン－水素

図9　水素添加量および当量比と層流燃焼速度の関係

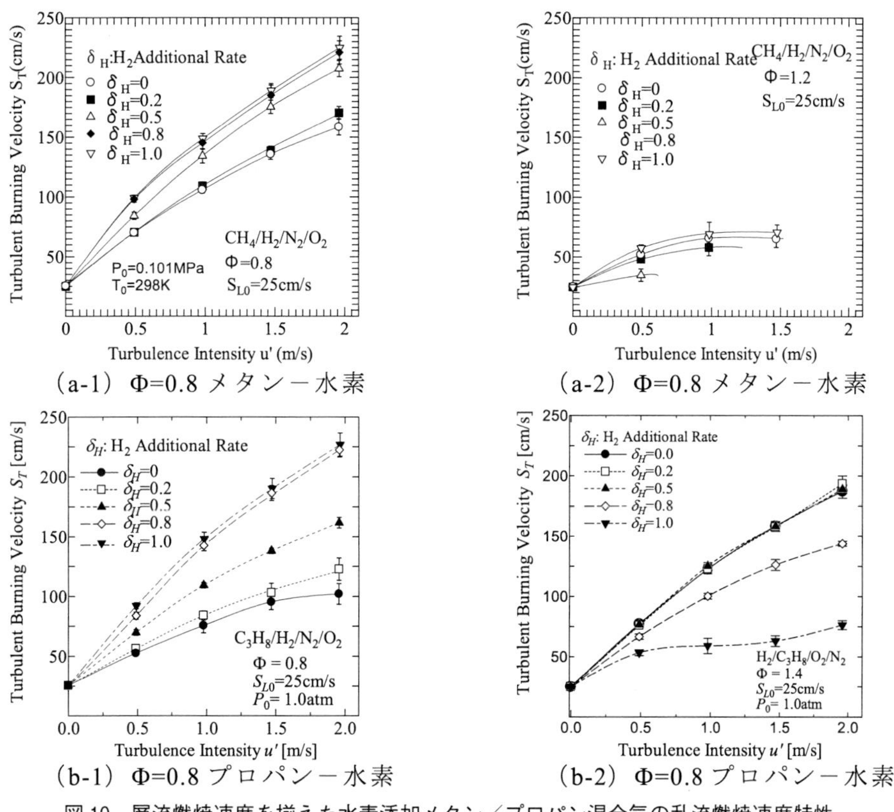

（a-1）Φ=0.8 メタン－水素　（a-2）Φ=0.8 メタン－水素

（b-1）Φ=0.8 プロパン－水素　（b-2）Φ=0.8 プロパン－水素

図10　層流燃焼速度を揃えた水素添加メタン／プロパン混合気の乱流燃焼速度特性

が1.2または1.4と増大すると，希薄混合気とは異なり，δ_HにともなうS_Tの変化が単調ではないことがわかる。例えば，Φ＝1.2のメタン混合気では，同一u'でS_Tは，δ_Hが0.5程度では低下し，δ_Hが0.5程度は着火しなくなり，さらに水素だけの$\delta_H = 1.0$では再び燃焼し$\delta_H = 0.0$と同等値を示す。したがって，例えばEGRガスを添加しS_{L0}を低下させたメタンやプロパン混

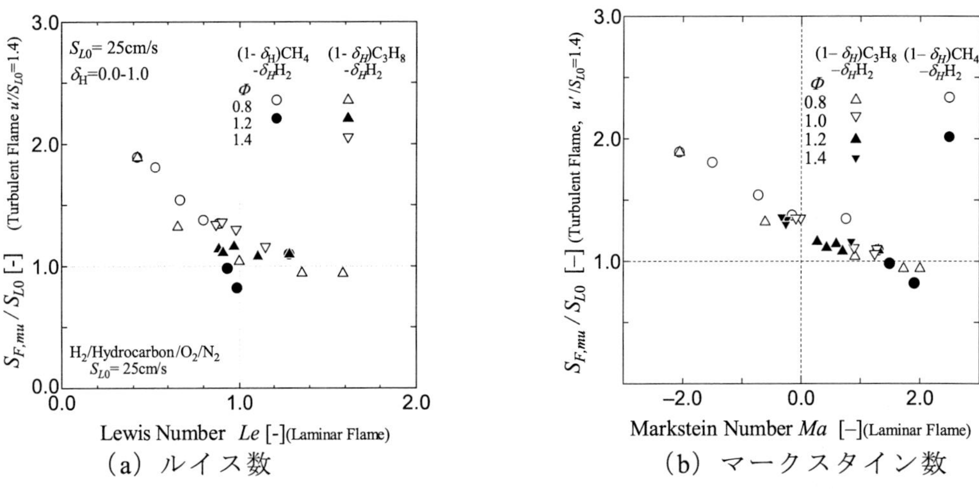

図 11 乱流火炎の局所燃焼速度特性とルイス数とマークスタイン数との関係

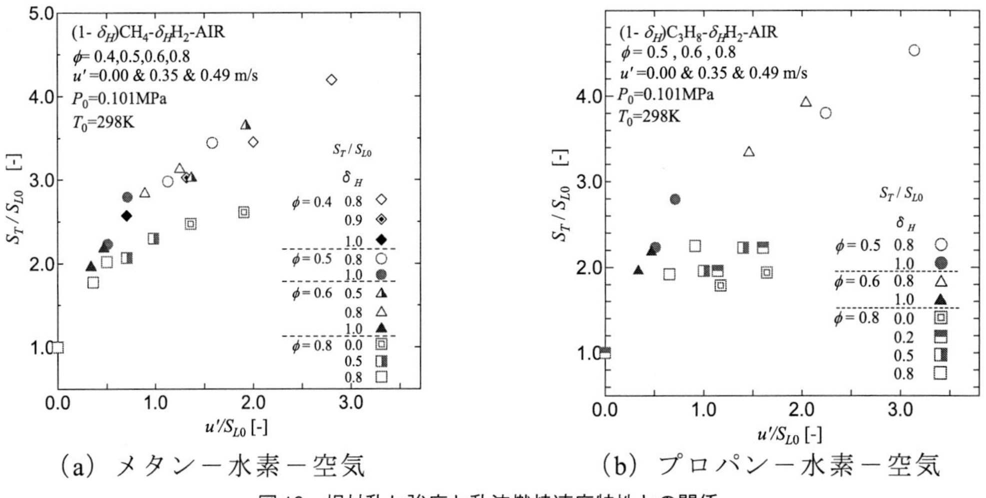

図 12 相対乱れ強度と乱流燃焼速度特性との関係

合気では，量論比より過濃なプロパン混合気への水素添加は，必ずしも乱流燃焼特性を改善するものでないことが明らかである。

次に，5.1 節と同様に，乱流火炎の局所燃焼速度の平均値を実際に火炎の変位速度から算出した結果（S_{Fmu}/S_{L0}@u'/S_{L0}= 1.4）と，混合気の物性値から求まるルイス数 Le と層流火炎から求められるマークスタイン数 Ma との関係[6]を図 11 に示す。ここで，Le は a_0/D_d で定義され，a_0 は混合気の熱拡散係数，D_d は不足成分の拡散係数を表す。Ma は，層流火炎の燃焼速度の火炎伸長に対する感度を表す。図 11 から，乱流火炎の局所燃焼速度は，Le や Ma が小さいほど増大し，かつ線形的な良い相関関係にあることがわる。したがって，図 11 より，物性値もしくは計測または計算が容易な層流火炎の情報から得られる Le や Ma から，乱流燃焼場を支配する乱流火炎の局所燃焼速度を予測できる可能性がある。

次に，図9の水素を混合したメタンまたはプロパン－空気希薄混合気［$\delta_H H_2+(1-\delta_H)C_3H_8+$ Air, $\Phi<1.0$］の乱流燃焼速度特性 S_T/S_{L0} と相対乱れ強度 u'/S_{L0} の関係[7]を図12に示す。図12から，メタンおよびプロパンの差異に因らず，図10と同様に，同一当量比でみると水素の混合（添加）により，さらに当量比が小さいほど，乱流燃焼速度特性は改善する傾向にあることがわかる。

最後に，図12に対して，局所燃焼速度特性を基に図6と同様な横軸と縦軸をとり整理した結果を図13に示す。なお，図13中，破線は式(2)による予測値である。図13より，概ね整理式による値が乱流燃焼速度を予測できていることがわかる。

以上より，本整理式［式(2)&(3)］により，水素を混合した炭化水素燃料混合気でも，乱流火炎の局所燃焼速度を知れば，e-fuelと水素との混焼の乱流燃焼を制御できることがわかる。

上述した混合気以外の任意のe-fuelと水素との混焼の乱流燃焼制御に関しては，次の2とおりも考えられる。①既報[2]に示した，図2から各単一燃料混合気の組成から S_{L0} を求め，次に図5を利用し各単一燃料混合気の局所燃焼速度を求め，そして各燃料の酸素消費割合を重みとし，混合燃料の局所燃焼速度を推定し，提案する整理式［式(2)&(3)］へ代入する方法，また②図11から，その組成や層流場から求まる Le や Ma から，乱流火炎の局所燃焼速度を求め，提案する整理式へ代入する方法，である。

以上のように，乱流火炎の実質的な燃焼速度である局所燃焼速度に着目することにより，e-fuelの専燃や混燃での乱流燃焼特性を予測，または制御できることがわかる。なお，着火特性についても，分子拡散特性に着目することにより制御することが可能である[8]。

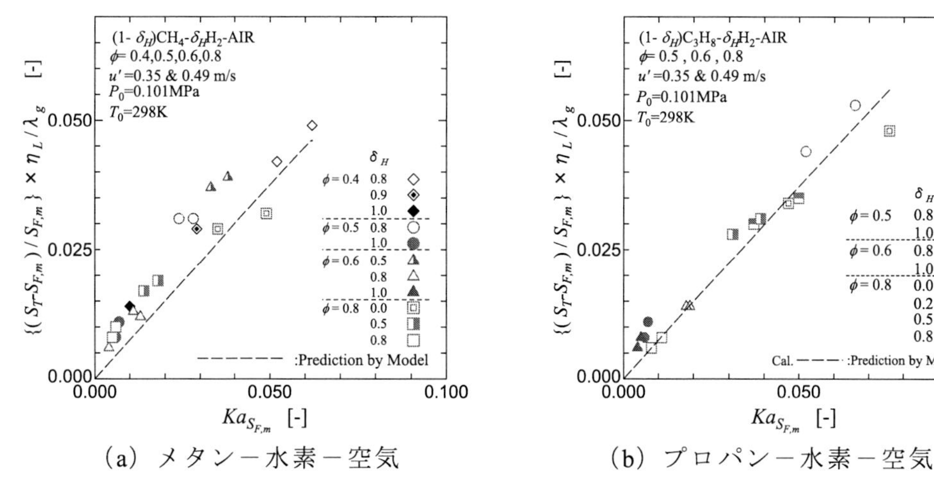

(a) メタン－水素－空気　　(b) プロパン－水素－空気

図13　乱流燃焼速度特性の実験値と予測値との関係

文　　献

1)　水谷幸夫，燃焼工学［第3版］，森北出版（2008）
2)　城戸，中原，橋本，バラティ，日本機械学会論文集，**66**(651B)，3021-3026（2000）
3)　城戸，中原，日本機械学会論文集，**63**(614B)，3477-3483（1997）
4)　中原，松田，城戸，日本機械学会論文集，**73**(736B)，2579-2586（2007）
5)　中原，橋本，白砂，月川，日本機械学会論文集，**75**(760B)，2550-2557（2009）
6)　M. NAKAHARA, T. SHIRASUNA, J. HASHIMOTO, *Journal of Thermal Science and Technology*, **4**(1), 190-201 (2009)
7)　中原，松尾，大元，佐伯，阿部，日本機械学会論文集，**81**(822)，1-13（2015）
8)　M. NAKAHARA, K. TANIMOTO, H. KUDO, Y. MARUYAMA, F. ABE, *Journal of Thermal Science and Technology*, **17**(3), 1-10 (2022)

6　船舶への代替燃料導入に対する取組み

田口真一*

6.1　要旨

国際海運は2050年までの温室効果ガス（GHG）ネットゼロエミッションを目指している。長距離を航行する国際海運の再生エネルギーによる電化は，体積エネルギー密度の観点で困難であるため，脱炭素にはクリーン代替燃料が必要となる。国際海運からのGHGの太宗を占めるCO_2の大幅な削減は，LNGやメタノール，更にはアンモニアへの燃料転換，新技術の導入，効率改善の3つの組み合わせにより達成していく。船の種類，航路，大きさによって最適な代替燃料は異なる可能性がある。国際海運への代替燃料導入の実現には，IMOと各国当事者が，国際海運のサービスを享受する社会・産業の合意のもとに，短期・中長期の削減対策と経済的並びに規制的手法を組み合わせて，クリーン代替燃料転換へのトランジションをマネジメントすることが重要となろう。

※ 発表内容は筆者個人の見解に基づくものであり，筆者が所属する組織の公式見解ではない。

6.2　国際海運の特殊性，国際海運におけるCO_2排出量の現状

国際海運とは，異なる国・地域において，船舶により旅客または資源・エネルギー・穀物・製品等の貨物を輸送，船舶を貸し渡しによって収益を得るサービス事業である。現在世界の貿易量の90%を輸送している国際海運は，人類の生活やグローバル経済・社会の持続的成長を支え，全世界の経済成長に伴う海上荷動きの拡大とともに成長してきた。2021年の国際海運による輸送量は約120億トンとなっている（図1）。

国際海運からのCO_2排出量は，年間約7億トン（全世界の約2%）と，ドイツ一国に匹敵する量で（図2），輸送量は今後も伸長が見込まれているため，排出削減への取り組みは必須である。国際海運は，数週間も大洋上を航海するため，陸上におけるEVのような形で再エネ電力をそのまま動力として使用することが難しい。体積エネルギー密度の観点で，長距離を航行する船舶の電化は困難であるため，脱炭素にはクリーン代替燃料が必要となる。

6.2.1　国際海運の特徴とGHG削減推進の枠組み

国際海運の排出量は各国毎に計上されるパリ協定の傘下におらず，パリ協定とは別枠で，IMOで検討される。その背景として，第一に海運自由の原則に依り外航海運会社は世界中のどの港からどの港までも貨物輸送することができること，第二に国際海運は輸出入国・造船国・船

* Shinichi TAGUCHI　㈱商船三井　カーボンソリューション事業群
カーボンソリューション事業開発ユニット 兼 燃料GX事業部
シニアスペシャリスト

図1　世界海上荷動き量と世界 GDP 推移
出所：日本船主協会 Shipping now 2022－2023 より

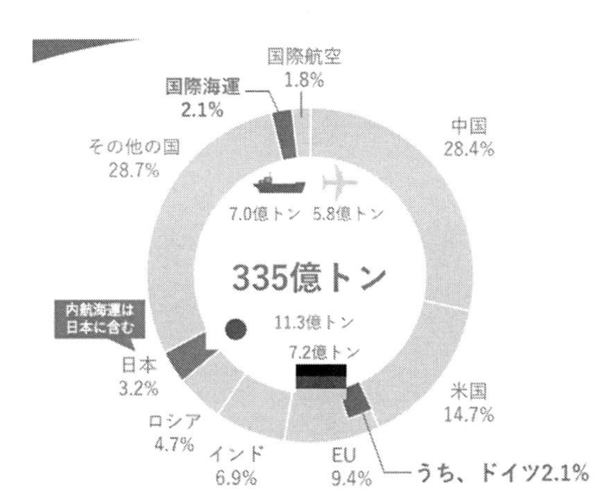

図2　国際海運からの CO_2 排出量（2020）
出所：日本船主協会 HP

籍国・本船の船主法人居住国・本船の運航法人居住国など多岐にわたっており，国ごとに排出を割り当てる枠組みを運用することが困難であることが挙げられる。

IMO は GHG 削減戦略として，2023 年 7 月に GHG ゼロエミッション目標を 2050 年頃と定め，GHG 総排出量を 2008 年比で 2030 年までに 20～30％削減，2040 年までに 70～80％削減するとともに，ゼロエミッション燃料等を 2030 年までに全体の 5～10％導入する目標を設定した（図3）。さらに，以下の具体的削減策が，2027 年春の発効を目指して検討されている（図4）。

6.2.2　地域における規制導入の動き

国際海運からの具体的な GHG 削減対策は IMO 傘下での一本化が本来の姿であるが，環境税

※ 上記に加えて，2030年までに国際海運全体の燃費効率（輸送量あたりのCO_2排出量）を40%改善する目標も定められている。

図3　IMO GHG削減戦略
出所：日本船主協会HPより

◆ 経済的手法（船舶からのGHG排出に課金し低・脱炭素燃料を使用するfirst moversへの支援を行う手法（GHGプライシング）等）
◆ 規制的手法（舶用燃料のGHG強度（エネルギーあたりのGHG排出量）に段階的な削減規制を課す手法（燃料GHG強度規制）等）

図4　IMOにて検討中の具体的削減対策
出所：EU委員会HPより日本船主協会取りまとめ

◆ 2024年より排出権取引システム（EU－ETS）に国際海運を段階的に追加する。
◆ 船舶燃料の熱量あたりのGHG排出量を段階的に規制する「Fuel EU Maritime」を2025年から導入。燃費改善効率では対応できず，燃料転換を促す規制となる。

図5　EUにて決定済の具体的GHG削減対策
出所：EU委員会HPより商船三井取りまとめ

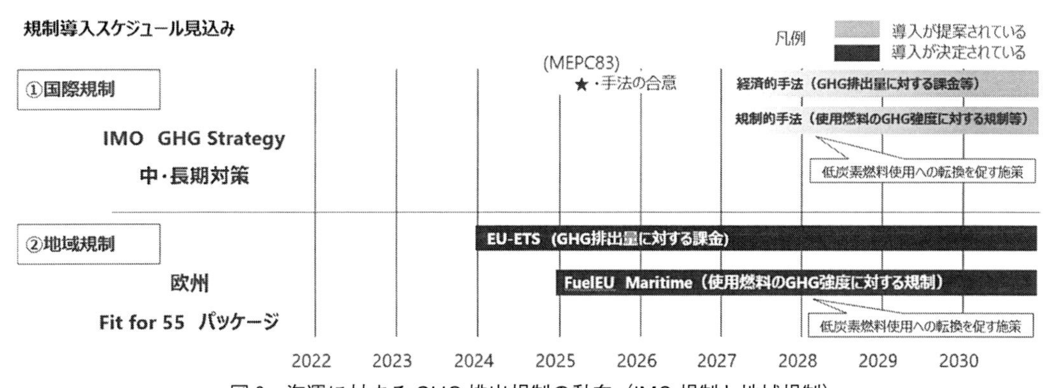

図6　海運に対するGHG排出規制の動向（IMO規制と地域規制）
出所：IMO，EU委員会資料より商船三井作成

制を用いて産業転換を図る欧州地域での規制は先行している。具体的にEUと一部の地域では以下の規制導入が決定された（図5，6）。他にも世界各地で同様の動きがあり，地域規制の乱立が懸念されるためグロ－バルでの有効的な脱炭素に向けての施策導入が急がれる。

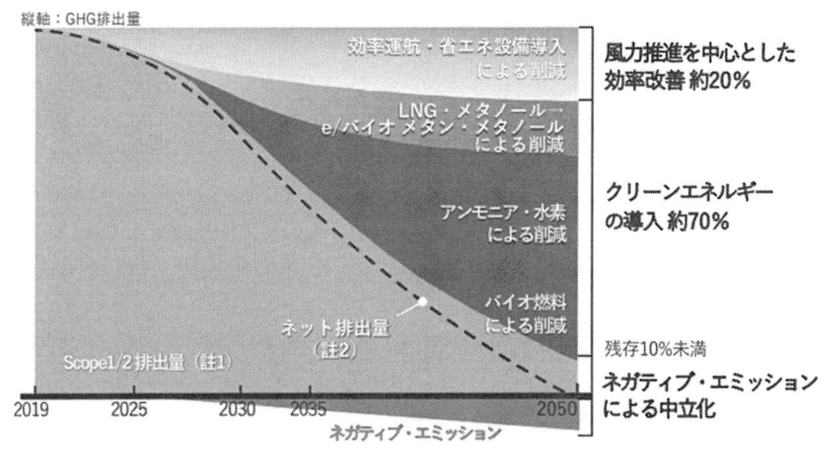

図7　商船三井　2050年ネットゼロエミッションへのPathway（自社運航船）
出所：商船三井環境ビジョン2.2（2023年4月）

6.3　国際海運のCO_2削減への取り組み

6.3.1　CO_2排出量削減の3つの要素

国際海運からのCO_2排出量削減は，①クリーン代替燃料への転換 × ②風力活用など新技術の導入 × ③減速航海など効率的オペレーションの3要素を組み合わせて行っていく。航路と船の大きさ，船の種類によっては，2050年においても一部重油を使用せざるを得ない場合もあり，その際は，カーボンオフセットも用いてネットゼロエミッションを達成する。筆者が所属する商船三井は，2023年4月に自社運航船に対しての3要素ごとのGHG削減比率と今後の道筋を具体的に示しており，その中でクリーン代替燃料への転換による削減が太宗を占めることが提示されている（図7）。

6.3.2　国際海運の代替燃料転換の取り組み（LNG燃料・メタノール燃料・アンモニア・水素への転換）

2050年ネットゼロ目標がグローバル企業にとってのスタンダードとなり，国際海運に対する経済的・規制的手法の導入が現実の動きとなる中で，足元からすぐにCO_2排出量を削減できる施策に取り組むことが，船会社の課題となっている。具体的には，炭素強度の高い重油の使用を段階的に廃止するために，今すぐ活用可能な低炭素船用燃料であるLNG等を使用することで，足元からの排出削減を進める動きである。既に船舶での活用実績があるメタノール燃料についても，非化石燃料であるバイオ・e-メタノールの活用が開始されている。同時にアンモニアを船舶燃料として活用すべく，エンジン開発・ルール整備が進められている。

後述のように代替燃料の特性により，船の種類や航路，そして大きさに応じた船舶燃料の解は一つとは限らないため，様々な船の種類・航路・大きさに合わせた脱炭素に向けた複数の導入経路を想定して段階的な投資が必要となってくる。

商船三井のメタノール二元燃料（DF）メタノール輸送船“Taranaki Sun”

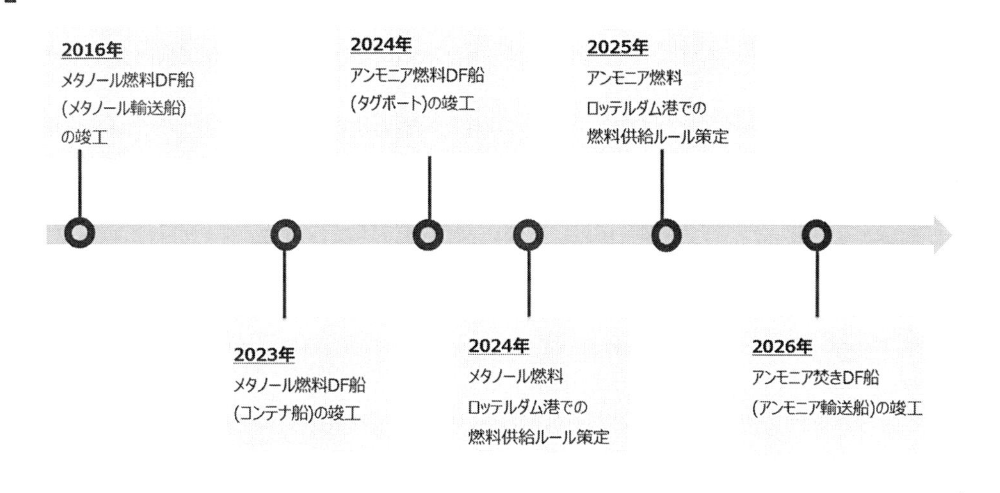

図8　実際の進捗＆各社・各港湾の取組み
出所：各種公知情報より筆者取りまとめ

代替燃料船の整備に併せて，燃料供給への取り組みも進んでいる。LNG供給は既に広範に広がっており，加えてメタノール燃料（バイオ・合成メタノール）についても，燃料トレーダーを含む多くのサプライヤーがシンガポール・ロッテルダム港での船舶燃料の供給を具体的に検討している。また，アンモニア燃料エンジンの開発に併せて，シンガポールと欧州を中心にアンモニア燃料供給が検討されている（図8）。

既存の舶用エンジンでの利用が可能なバイオディーゼル燃料も，重要なクリーン代替燃料候補である。また，メタノール燃料，アンモニア燃料を使用する際には，着火性の観点から常時一定程度割合でパイロット燃料を必要とするため，低炭素のパイロット燃料としてバイオディーゼル燃料は非常に重要である。しかしながら，世界で年間2億トンを超える国際海運向けの舶用燃料需要（重油換算）に鑑みると，原材料の供給制約と航空向け需要との競争の2点から，バイオ

〈コラム〉大手船社が有望とするクリーン代替燃料

国際海運の脱炭素に積極的に取り組む大手海運会社2社の例を紹介したい。

1) マースクライン（欧州大手コンテナ専業船社）

Priority fuels for green shipping

	**Biodiesel** (from waste and residue feedstock)	Maersk's policy is to only use second-generation bio-diesel. Can be used as a drop-in fuel for existing vessels and engines, and the market already exists. Constrained by the availability of suitable biomass feedstock and subject to fierce competition with aviation and road biofuels. Subject to volatile and unpredictable price swings and therefore not a commercially suitable long-term solution.
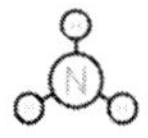	**Green methanol** (bio-methanol and e-methanol)	Methanol is already safely in use on vessels today and is easy to handle. Can be produced as green methanol either as bio-methanol made from sustainable biomass or as e-methanol made from renewable energy and biogenic CO_2. Constrained by limited suitable feedstocks and renewable electricity availability.
	Green ammonia (e-ammonia)	Contains no carbon and can be produced at scale with nitrogen, a plentiful resource. However, ammonia is highly toxic and has environmental, health and safety considerations and requires new bunkering and handling methods and special port infrastructure. It will therefore take longer to scale, but could be more promising for the future.

出所：マースクライン HP より

2040年ゼロエミッション実現を世界に先駆けて宣言しており，バイオディーゼル燃料・e-/bio-メタノール・グリーンアンモニアが3つの有望燃料としている。グリーンアンモニアの将来性を指摘しながらも，毒性の観点から普及には時間がかかると言及している。

2) 日本郵船（国内大手海運会社）

We will build a resilient fleet through immediate reductions that include considerations for other environmental impacts (such as oil spill risk, SOx, NOx, and black carbon) in the transition.

- Onboard CCS may play an important role in the transition subject to the maturity of the CO2 supply chain.

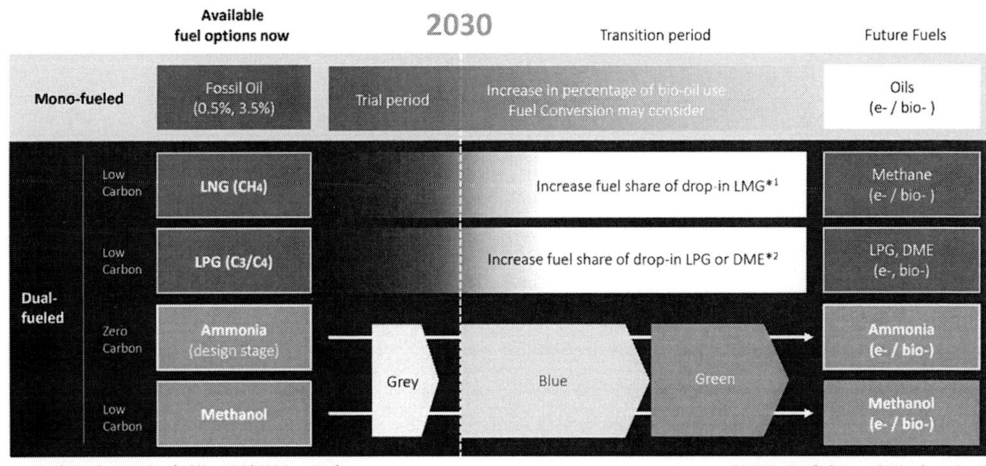

出所：日本郵船 HP，https://www.nyk.com/esg/pdf/envi_decarbonization_01.pdf

様々な種類・大きさの船舶を保有・運航する日本郵船は，商船三井同様に複数の燃料選択肢を検討している。

表1　主な多国間，並びに経済団体の動き

年月	パートナーシップ	主体者	内容
2022年11月	シンガポール港/ロサンジェルス・ロングビーチ港 パートナシップ	港湾局	✓ シンガポール港と加州の両港に於いて、低炭素・ゼロエミッション船舶燃料の供給設備設置の補助、および船舶への燃料供給をサポートするデジタルツール開発を援助。
2022年1月	世界経済フォーラム ゼロエミション輸送	世界経済フォーラム 先進国の船会社・港湾局、並びに 燃料供給者	✓ アジア・豪州の鉄鉱石輸送、アジア・欧州のコンテナ輸送において、ゼロエミッション輸送を実現するための施策・金融政策を提案する。
2021年11月	Cargo Owners for Zero Emission Vessels (coZEV)	欧米ブランドの主要荷主	✓ 国際海運の脱炭素化を加速させるため主要荷主間での相互協力を目指す。 ✓ ゼロエミッション船の活用により、2040年までに、主要荷主による国際海上輸送の脱炭素化を目指す。

出所：各種公知情報より筆者作成

ディーゼル燃料に依拠した CO_2 排出削減計画は，一定の規模以上の燃料調達を必要とする船社に於いては現実解ではない。

6.3.3　主な多国間，並びに経済団体の動き

国際海運の CO_2 削減を加速させるために以下のような多国間の当局，並びに経済団体の動きがある（表1）。

1)　各国港湾局の相互連携
2)　経済団体に加盟する船会社・港湾局・燃料共有者の相互連携
3)　主要荷主間の相互協力
4)　政策面・規制面での支援

これらの取り組みは，国際海運における CO_2 削減の困難さを十分に理解したうえで，まずは特定地域での取り組みを実行していく重要性に言及している。

6.4　代替燃料候補の評価ポイント・主な課題

6.4.1　代替燃料候補の評価ポイント

クリーン代替燃料は，コストとエネルギーを掛けて製造する「目的生産物」といえる。そのため，船上での CO_2 排出量に加えて，製造時の CO_2 排出量から勘案する Life Cycle Assessment（LCA）での評価が重要となる。燃料の性状，技術動向のみならず，経済要素，経済・技術に大きく影響を与える社会的要素も十分に評価する必要がある。黎明期での供給の偏在性，供給の柔軟性に欠ける未成熟なマーケットの問題は，これからの代替燃料導入において，改善されるべきポイントとなろう（表2，3）。

表 2　評価していく代替燃料の要素

環境要素		
製造＋利用時 CO2排出量 Well to Propeller	メタンスリップ 大気中への漏洩	NOx/N2O等 燃焼ガス

燃料特性			
温度管理	圧力管理	毒性	体積・重量 エネルギー密度

経済要素			
製造費用	追加インフラ	取引市場 ヘッジ手法	供給能力

技術要素			
燃料製造 舶用機関	規格 ルール	運航技術 ノウハウ	船舶設備

経済・技術に大きく影響を与える要素				
炭素価格	燃料炭素 強度規制	エネルギー シフト	他社動向	顧客動向

出所：各種公知情報より筆者作成

表 3　各代替燃料候補の主要課題

		既存インフラの活用	海運以外の需要セクターのブルー化・グリーン化需要	LCA評価におけるGHG削減度
LNG　(化石)		必要なのは主にバンカリング船の整備のみ	ガス事業者・メジャーでの合成・バイオメタン開発機運有り	対重油比の削減比率▼17%
	合成メタン			水素製造部分は、グレー水素から約7割削減(註)
	バイオメタン			供給ソースにより対重油削減率の評価が変わる
メタノール　(グレー水素)		生産・供給インフラの追加整備が必要	合成燃料の原料として需要が期待される。開発プロジェクト数はアンモニア比較少ない。	VLSFO比 GHG排出増加
	合成メタノール			水素製造部分は、グレー水素から約7割削減(註)
	バイオメタノール			供給ソースにより対重油削減率の評価が変わる
アンモニア　(グレー水素)		生産・供給インフラの追加整備が必要	日韓の石炭火力発電等混焼用の実需あり。欧州もアンモニア輸入を明言。開発プロジェクト多数	VLSFO比 GHG排出増加
	グリーン／ブルーアンモニア			グレーアンモニアから約7割削減

註：水素社会推進法にて METI により再定義付けされた低炭素水素由来の合成メタン・合成メタノールの定義に基づく。製造・輸送を含めた炭素強度が設定される。

出所：各種公知情報より筆者作成

6.4.2　代替燃料ごとの主な課題（生産・供給体制の確保に向けての海運以外の需要セクターの重要性）

インフラ面，海運以外の需要セクターからの非化石燃料需要(ブルー化・グリーン化)，そしてLCA 評価の観点から，代替燃料ごとの主な課題を分析した。アンモニアについては，水素キャリア・電力向けを視野に入れた開発案件が世界的に多数ある状況だが，最終需要家の購買コミットメントまで至る案件は少ない。天然ガス由来のグレーアンモニアは LCA の観点からは

〈参考〉代替燃料特性一覧

代替燃料特性一覧

※1　舶用重油比熱量あたりの体積比　※3　常温で気体
※2　船上でのCO2排出量

		商用利用実績	体積※1	貯蔵環境		CO_2削減量※2	メリット	課題
				温度	圧力			
メタン	LNG	○	1.8	-162℃	常圧	25 %	実用化済 合成/バイオメタンへのインフラ・機器転用可能	メタンスリップ
メタノール		○	2.4	常温	常圧	10 %	実用化済	燃料体積、着火性
アンモニア		×	2.7	-33℃	常圧	100 %	①炭素を含まず ②NH3のまま燃料として使用可能 ③取り扱いが比較的容易	①燃料体積 ②舶用燃料利用実績なし ③供給/インフラ/マーケット ④熱量当たりの単価が割高想定 ⑤毒性に対する安全対策 ⑥亜酸化窒素（N2O）
水素	液化水素	×	4.5	-253℃	常圧	100 %	燃焼時のCO_2発生なし	極低温、燃料体積
	圧縮水素※3	×	24.0	常温	700 気圧			燃料体積
	MCH	×	7.5	常温	常圧			毒性（トルエン）
LPG	常温高圧	○	2.0	常温	8 気圧	20 %	実用化済（LPG船） 取り扱い容易	インフラ・市場
	低温常圧	○		-40℃	常温	20 %		
バイオディーゼル		○	1.0	常温	常圧	最大100 %	既存インフラ/機器転用可能	供給量の制約
電池	リチウムイオン	○	30	---	---	100 %	実用例あり、電力インフラ活用可能、船上でのCO_2発生なし	小型軽量化
	全固定電池	×	15	---	---	100 %	電力インフラ活用可能 船上でのCO_2発生なし	小型軽量化

VLSFO（Very Low Sulfur Fuel Oil：超低硫黄燃料油）で劣るので，ブルーアンモニア，またはグリーンアンモニアの利用が必須となってくる。石炭・天然ガス由来のグレーメタノールも，グレーアンモニア同様にLCAで見るとVLSFO比較でGHG削減効果がなく，メタノールの活用には，合成・バイオメタノールへの前広な取り組みが必須となる。合成・バイオメタノールは，舶用燃料としての供給創出が先行してきたが，足元のグレーメタノール需要の過半を占める産業への供給，更にはSAF等の原料としても徐々に注目されつつある。

6.5　船舶への代替燃料導入の課題

6.5.1　船舶燃料転換に必要なインフラ投資額

国際海運におけるGHGネットゼロを実現するために必要な投資は，クリーン代替燃料を使用できる船舶建造のみならず，陸上における燃料生産や供給インフラ整備をはじめ多岐にわたる。国際海運の化石燃料需要規模は2.5億トン/年程度（重油換算・2019年）と巨大であり（図9），これを賄うためのクリーン代替燃料の供給体制整備は一朝一夕に成るものではない。例えば，世界銀行レポート（2021年）では，海運が2050年ネットゼロを達成するために必要なアンモニアを生産・利用するために累積で1.4～1.9兆米ドルの投資が必要と試算している（図10）。また，Boston Consulting Group資料（2020）によると，海運の脱炭素化に必要な2050年までの投資額は，2.4兆米ドルと試算している。

6.5.2　エネルギー産業・港湾との協業，価格差を埋める経済的手法と規制の重要性

海運の環境政策・政策的補助とその効果に関する研究論文として，Balcombe（2019）らは，

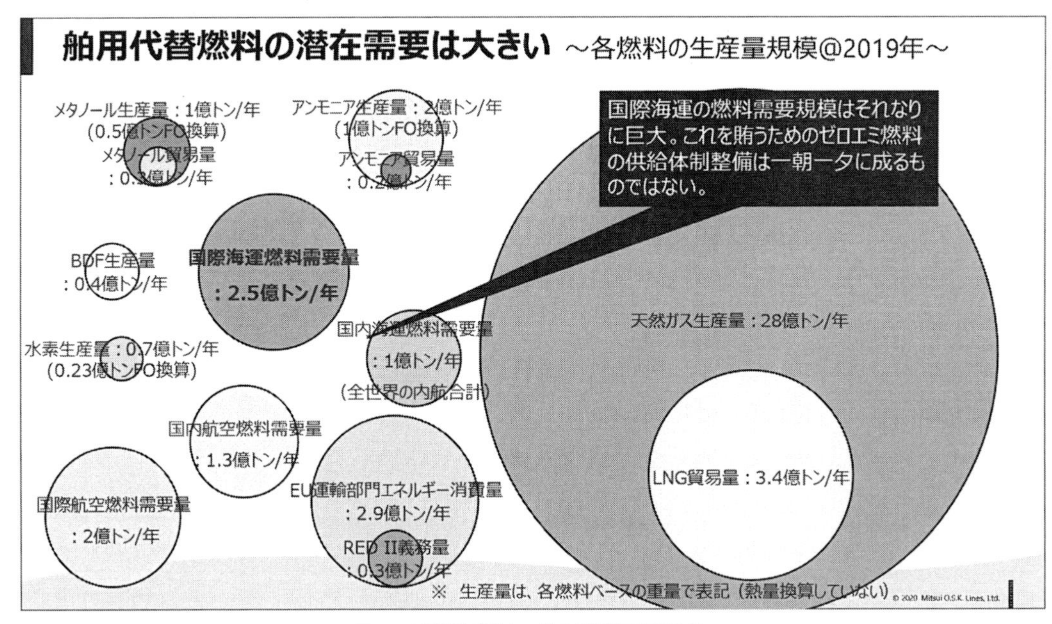

図9 国際海運等の化石燃料需要規模
出所：国際エネルギー機関等の資料より当社取りまとめ

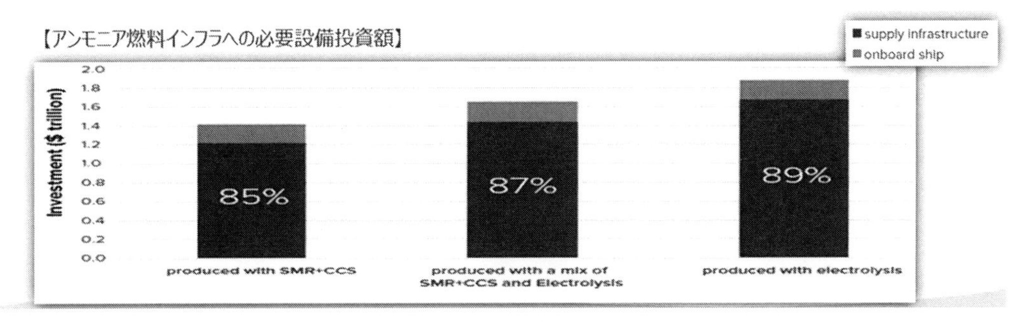

図10 海運が2050年ネットゼロを達成するために必要なインフラ投資額
出所：世界銀行資料より商船三井作成

海運の脱炭素には短期・中期・長期にて様々な手法を組み合わせる必要があること，更に長期的には強力な金銭的インセンティブが国際的に適用されるべきであると示している。他方で，Xing, Hui (2021) らは，海運部門のみならず産業・社会全体でのエネルギーシフトでの評価が必要であることを示している（表4）。

6.5.3 結びとして：クリーン代替燃料の想定価格を踏まえたトランジション・マネジメントの重要性

各種調査機関のクリーン代替燃料の短期・長期価格見通しによると，2030年時点でもグリーンアンモニア・合成メタノールのようなクリーン代替燃料は，原油を精製処理後に残渣として得

表4　海運の環境政策・政策的補助とその効果の研究論文

主題	How to decarbonise international shipping: Options for fuels, technologies and policies	Alternative fuel options for low carbon maritime transportation: Pathways to 2050
著者	Balcombe, Paul et al. 2019	Xing, Hui et al. 2021
概要	様々な手法を組み合わせ、短期的アプローチと中長期的アプローチを区別する必要がある。長期的な脱炭素化には、強力な金銭的インセンティブが国際的に適用されるべき。	GHG削減の持続可能性を考慮して、最も有望な代替船舶燃料を決定するための技術的レビューを実施。LCA評価、海運部門のみならず産業・社会全体のエネルギーシフトでの評価が必要。

出所：筆者作成

表5　国際の脱炭素についてのトランジション・マネジメントの考え方

要素・レイヤーの繋がりを設計するトランジション・マネジメントと社会の受容が重要

目指すべき脱炭素社会の姿への社会の合意
Landscape Development

目的生産物であるため、化石燃料比較で高コストとなるエネルギー
利用前提での経済成長が実現される。

社会・経済・技術の密接な相互作用に基づき変化する社会体制 Socio-technical regimes				
炭素価格	燃料炭素 強度規制	エネルギー シフト	産業動向	顧客動向
製造 費用	供給 インフラ費用	取引市場 ヘッジ手法	供給 能力	LCA計算手法と データガバナンス

技術開発 Technological Niches				
燃料製造 舶用機関	規格 ルール	運航技術 ノウハウ	船舶設備	LCAデータ プラットフォーム

参考：MULTI-LEVEL PERSPECTIVE ON SYSTEM INNOVATION: RELEVANCE FOR INDUSTRIAL TRANSFORMATION, (Geels et.al. 2006)

© 2020 Mitsui O.S.K. Lines, Ltd.

出所：Geels（2006）に構想を得て筆者作成

られる重油燃料（600米ドル/トン・2024年6月）の3～4倍高価になる。この価格差が国際海運からのCO_2排出量削減を妨げる要素となっており，価格差を埋める高額なカーボンプライスの導入が無ければ，クリーン代替燃料の普及が見通せない。各種クリーン代替燃料の安定的な供給を促進するためには，エネルギー産業の設備投資と港湾等における供給インフラ整備を補助する政策も重要となる。

Geels（2006）は，「あるべき社会の視点（トップダウン）と技術開発の視点（ボトムアップ）を結実させること）がイノベーションであり，ビジネス・社会・技術・アイディア等の様々な階層間のつながりを設計するのがトランジション・マネジメントの考えである」と提言している。その考え方に基づき「海運の脱炭素へのトランジション・マネジメント」その姿を以下のように作成した（表5）。国際海運からGHG削減の実行のためには，IMOと各国当事者が，国際海運のサービスを享受する社会・産業の合意のもとに，クリーン代替燃料転換へのトランジションを，

表にあるような構成要素・階層の繋がりを設計し，マネジメントすることが重要となろう。その際には，LCAデータの公正な計算手法，データの取り扱いに関するガバナンス，カーボンプライシングの船会社よりの徴収並びに船会社等への配賦に対してのガバナンス，透明性の担保も重要であることは言うまでもない。

文　献

1）Frank W. Geels, Part of the book series: Environment & Policy, Understanding Industrial Transformation, pp. 163-186 (2006)
2）日本の海運2050年GHGネットゼロへの挑戦，日本船主協会HP（2023），https://www.jsanet.or.jp/GHG/index.html
3）"Carbon Revenues From International Shipping: Enabling an Effective and Equitable Energy Transition", 世界銀行HP（2022），https://www.worldbank.org/en/topic/transport/publication/carbon-revenues-from-international-shipping
4）Boston Consulting Group/The Global Financial Markets Association, "Climate Finance Markets and the Real Economy"（2020），https://www.sifma.org/wp-content/uploads/2020/12/Climate-Finance-Markets-and-the-Real-Economy.pdf
5）IEA 2023，https://www.iea.org/energy-system/transport/international-shipping
6）森本清二郎，国際海運における経済的手法の動向，日本海事センター企画研究部（2022）
7）水素社会推進法について，資源エネルギー庁HP（2024），https://www.meti.go.jp/shingikai/enecho/shoene_shinene/suiso_seisaku/014.html

7　低・脱炭素燃料に対応する機関開発への取組み

杉浦公彦*

7.1　はじめに

世界の貨物の約80～90％が海上輸送されており，ここから排出されるCO_2の排出量は，世界の排出量の約３％に相当する。このため，ディーゼル機関から排出されるCO_2の排出量削減は，海事産業の持続性といった課題に重要な影響を及ぼすことになる。現在実施されている政策だけでは今世紀末までに2.8℃の気温上昇が見込まれており，この気温上昇を1.5℃に抑えるというパリ協定の目標を達成し，頻繁に発生する深刻な干ばつ，熱波，降雨などの気候変動による最悪の影響を回避するためにも，大規模な脱炭素化システムを構築することが求められている。

国際海事機構であるIMOのMEPC80において，2050年までにGHGの排出をゼロにすることを目標とすることが採択された[1]。このように海運業界においても，脱炭素社会の実現に向けて積極的に取り組んでおり，その中で推進機関となるディーゼル機関においては，燃焼効率の改善に取り組むと同時に，再生可能エネルギーに起因する代替燃料が使用できる二元燃料機関（デュアルフューエル＝DF）の開発と普及が求められている。また，GHGの排出をゼロにするという目標を達成するためには，新造船だけでなく，既存の船団にも焦点をあてる必要があり，推進機関を二元燃料機関に改造するレトロフィット案件も増えてきている。

このような背景の中で，脱炭素化に重要な役割を果たす代替燃料としてメタノール，アンモニア，水素などに関心が高まってきている。また，従来の油焚機関も2050年においても残存することになるため，バイオ燃料にも関心が寄せられてきている。ここでは，船舶用２ストローク機関の燃料としてのメタノール，アンモニア焚機関の開発に関する情報提供を中心に，残存する従来の油焚機関へのバイオ燃料の利用についても若干触れる。

尚，アンモニア（NH_3）や水素（H_2）は，炭素および硫黄を含まない分子組成のため，これらをエンジンで燃焼させると，CO_2およびSO_xの排出量は基本的にゼロである。今後はTank-to-Wake（タンクからプロペラまで）ではなくWell-to-Wake（井戸からプロペラまで）の観点から評価され，アンモニアや水素が，風力や太陽エネルギーといった再生可能エネルギー源から生成された場合，ゼロエミッション燃料とみなされる。これらは，炭素に関連する大気汚染物質であるブラックカーボンまたはすす，未燃炭化水素（HC），メタンスリップ（CH_4），一酸化炭素（CO）の排出がないといったメリットもある。

---

*　Kimihiko SUGIURA　マンエナジーソリューションズ ジャパン㈱　２ストロークビジネス シニアアドバイザー

7.2　二元燃料機関の普及度

前述の背景もあり，2021年以降，二元燃料機関の契約が市場の相応の部分を占めてきており，その傾向は確かなものとなってきている。図1に2022年から2033年までの船種毎の二元燃料機関搭載船の契約数の割合（実績と予測）を示す。既に二元燃料機関搭載が主流のLNG船，LPG船に続いて，コンテナ船やタンカー，自動車運搬船への搭載，最後にバルクキャリアへの搭載と，契約数が急激に増えてくるものと想定している。この結果，2030年頃までに2ストローク機関搭載船の契約数の内，80%近くが二元燃料機関であるDF機関を採用することになると見込んでいる。

図2に2012年からの2ストローク機関の契約出力をGWで示すが，2022年において全契約出力の55%が，2023年においては50%が二元燃料機関での契約となっており，予想を上回る勢いで着実に増えてきていることが分かる。MAN Energy Solutions（MAN ES）では，これまでにLNG（メタン），エタン，LPG（プロパン），メタノール焚機関が開発され実用化されてきた。

メガコンテナ船においては，昨今メタノール焚機関を採用する契約数の急増が注目を浴びてきている。これは，メガコンテナ船各社が，他の燃料と比較して取り扱いが容易で，既に技術が確立しているメタノール焚機関を採用することで，脱炭素社会の実現といった社会的課題の早急なる解決への貢献と共に，企業価値の向上を目指しているからであろう[2]。

また，荷主もグリーン燃料焚機関を搭載した船舶で製品を輸送することで，脱炭素化への貢献度を社会にアピールすることができるからであろう。ここでのメタノールはグリーンメタノールになるが，メタノール研究所はフィンランドのGENA Solutions Oy[3]と提携し，バイオメタノールおよびe-メタノールプロジェクトのデータベースの開発に取り組んでいる。2024年5月現在，

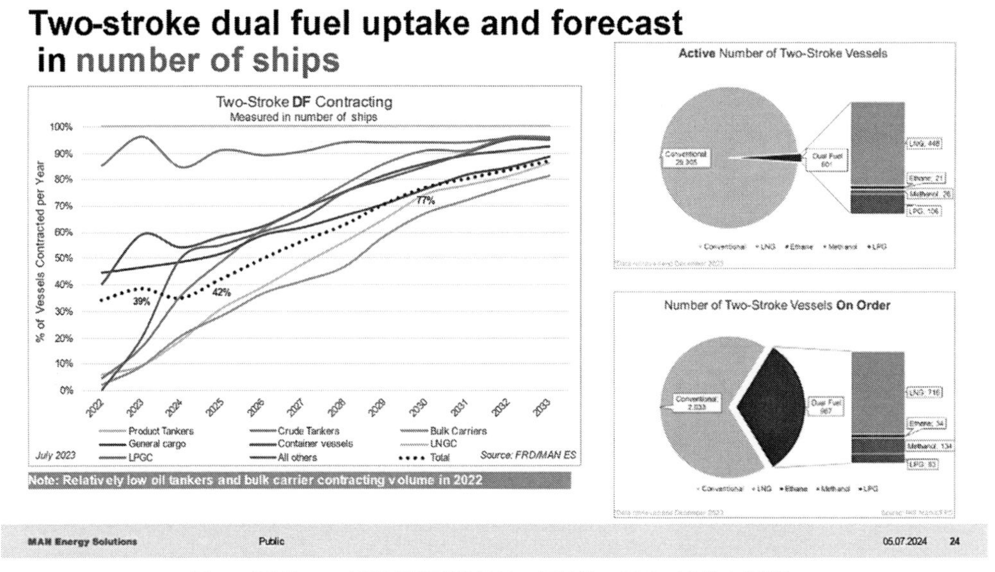

図1　船種毎の二元燃料機関搭載船の契約数の割合（実績と予測）

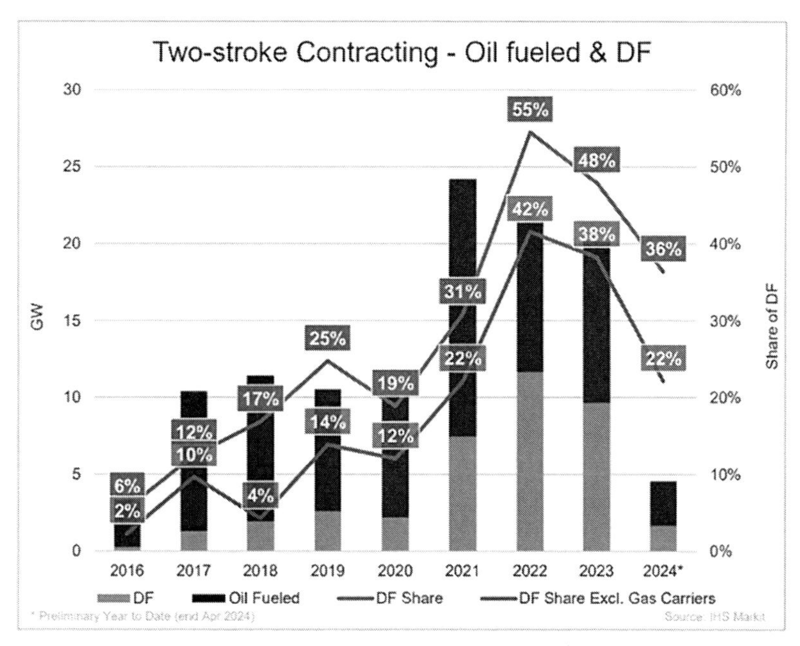

図2　従来型機関とDF機関の契約出力
（出典：IHS Markit end April, 2024）

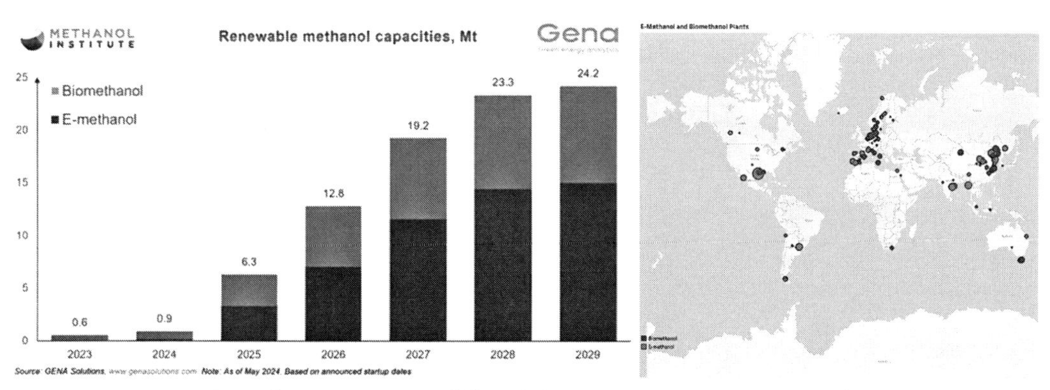

図3　グリーンメタノール供給量（バイオメタノールとe-メタノール）
（Source：GENA Solutions, https://www.genasolutions.com；https://www.methanol.org/renewable）

データベースは世界中の152件の再生可能メタノールプロジェクトを追跡しており，この結果を図3に示す。これより，総容量は2027年までに1,920万トン（243億リットル），2029年までに2,420万トン（306億リットル）に達するとしている。内訳は，e-メタノールプロジェクトの総容量は2027年までに1,160万トン，2029年までに1,500万トンで，バイオメタノールプロジェクトの総容量は同期間にそれぞれ770万トンと920万トンとなっている。今後，需要に呼応する形で，新しいプロジェクトが立ち上がり供給量が増えてくることを想定している。

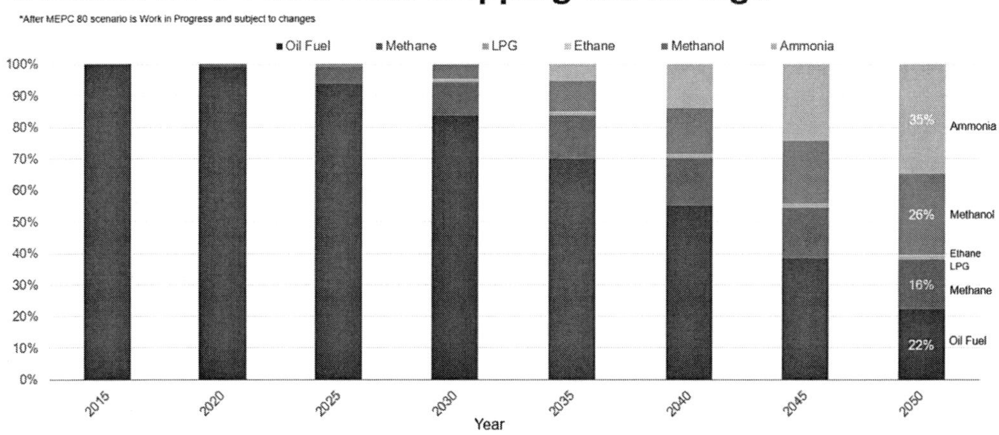

図4　2050年までの燃料の需要予測

図4は2050年までのスパンでどのような燃料が使用されていくのかを予想したものである[4]。これより，2050年において，出力ベースでLNG（16%），メタノール（26%），アンモニア（35%）といった燃料を予想しているが，従来の油焚機関も22%残ると予想している。ここでの油焚機関では，従来の重油ではなく，環境にやさしいバイオ燃料などでの対応が求められる。また，現在開発中のアンモニア焚機関は，2025年頃から市場投入が開始されるが，それ以降，急速に普及するものと予想している。長期スパンでは，水素焚機関の普及の可能性もあると想定している。

7.3　2ストローク船舶用燃料供給方式・燃焼方式

7.3.1　燃料供給方式・燃焼方式

MAN ESにおいて，これまでに開発を完了し，就航中のLNG，エタン，LPG，及びメタノール焚二元燃料機関，また現在開発中のアンモニア焚機関の技術的なポートフォリオを図5に示す。この図の右側に示すLNGやエタン焚機関は，Gas Injection（GI）方式を採用しており，燃料をガスの状態でエンジンに供給する。一方，図の左側に示すLPGやメタノール焚機関は，燃料を液体の状態でエンジンに供給し，燃料噴射弁の上部に組み込まれたブースター（FBIV：Fuel Booster Injection Valve）で液体燃料を昇圧して燃焼室内に噴射するLiquid Gas Injection（LGI）方式を採用している。

現在開発中のアンモニア焚機関は，LPGやメタノール焚機関で実績のあるLGI方式にて開発を進めており，タンクからエンジンまでの供給圧力はLPGの50 barに対して，アンモニアでは80 barで計画している。このように燃料供給方式は，十分に実績のあるLPGやメタノール供給システムから主な機能を継承している[5]。ここでの開発課題は，アンモニアは強い毒性のため未燃アンモニアの処理や漏れ対策などの安全対策，アンモニア燃料着火のためのパイロット燃料低

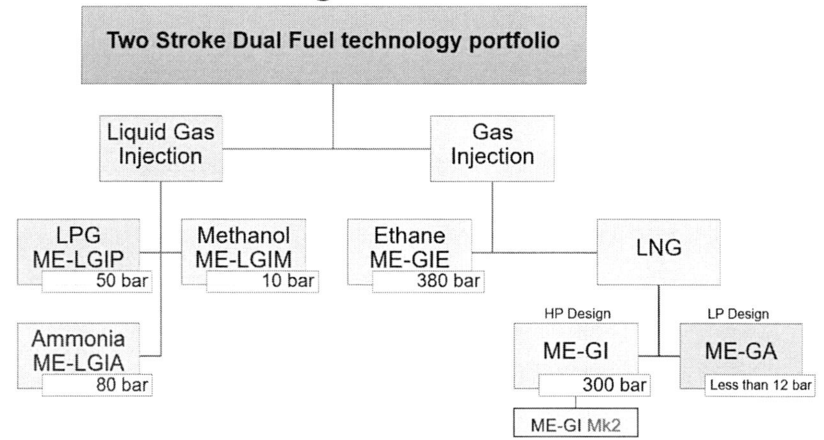

図5　二元燃料機関のポートフォリオ

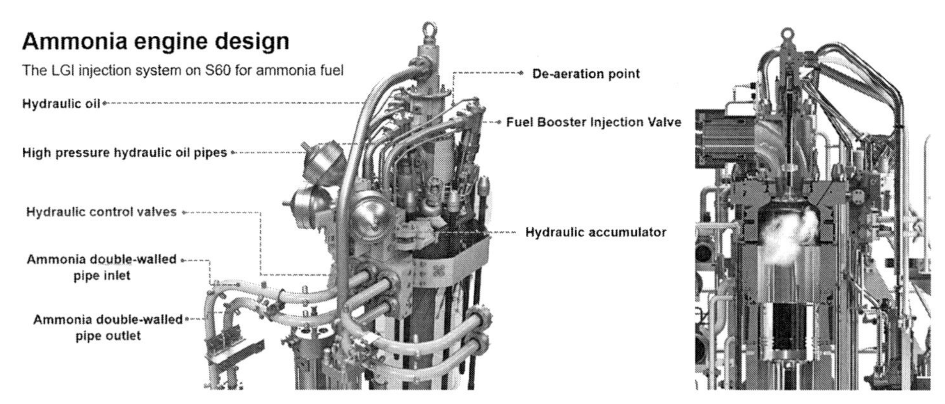

図6　アンモニア焚機関の燃焼室周りの構造

減技術，この他，アンモニア燃焼時に発生が予想されるCO_2の約300倍もの温室効果があるN_2Oの処理があげられる。このN_2Oであるが，MAN ESのテスト機関にて検証したところ，燃焼のコントロールで発生を抑えることができることが確認されている。図6でアンモニア焚機関のパイロット着火によるアンモニアの燃焼のイメージ（右側）と，シリンダカバー上のアンモニア燃料噴射弁（FBIV）とパイロット燃料噴射弁の配置例（左側）を紹介する。

補足として，LNG焚二元燃料機関について説明する。図7に示すように，ディーゼルサイクル（Diesel Cycle）のME-GI機関と，オットーサイクル（Otto Cycle）のME-GA機関の二種類の燃焼方式がある。ディーゼルサイクルのME-GI機関では圧縮後の上死点付近での噴射となるため300 bar（エタン焚機関では380 bar）の高圧ガスを燃焼室内に投入する必要がある。一方，オットーサイクルのME-GA機関では圧縮初めでLNGを噴射するため，12 bar以下の低圧ガスで燃焼室に投入することが可能となる。このように，オットーサイクルは供給ガス圧力が低いと

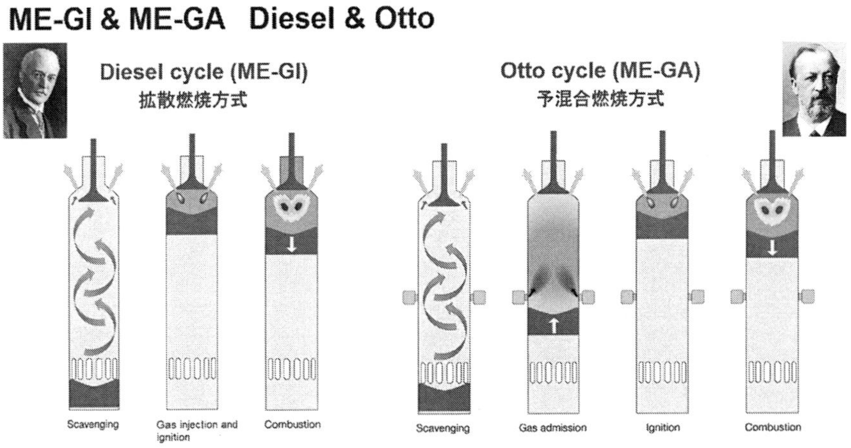

図7　ディーゼルサイクルとオットーサイクルの比較

いうことでCAPEX面でメリットがあるものの，ディーゼルサイクルと比較して燃焼効率が低く，メタンスリップが多いといった課題がある。

尚，アンモニア焚二元燃料機関では，燃焼効率が高く，アンモニアスリップを最小にできるディーゼルサイクルを採用している。

7.4　将来の船舶用燃料としてのアンモニアに関する考察

アンモニアの物理的および化学的特性に関して，アンモニアを燃料とする推進システム，および貯蔵を含む周辺機器の設計面で多くのことを検討しなければならない。船舶の所有者は，アンモニアの貯蔵と利用可能性，船舶の取引パターン，および関連する排出規制を，船舶の環境への影響への関心の高まりと組み合わせて検討する必要がある。

7.4.1　物性

表1にアンモニア，その他の代替燃料との物理的特性，及び貯蔵に関する特性の比較を示す。水素は－253℃，LNGは－162℃，アンモニアは－33℃で液化する。アンモニアの燃料供給圧力と噴射圧力は，それぞれ80 barと600～700 barで計画している。ここで，アンモニアの最小点火エネルギーは，水素の0.015 mJ，メタンの0.29 mJに対して，アンモニアは170 mJと着火しにくいことが分かる。アンモニアの火炎速度も，水素の270～290 cm/sec，メタンの37～38 cm/secに対して，7 cm/secとかなり小さく火炎速度が遅いことが分かる。これらの点から，パイロット燃料の噴射量がメタンなどと比較して多くなる可能性があるが，熱量換算でアンモニアの噴射量に対してパイロット燃料の噴射量を5%以内にすることを目標としている。

7.4.2　アンモニア燃料の課題と利点

物理的および化学的特性によりアンモニアの貯蔵，輸送，および燃焼に関連した課題があり，これを図8に示す。即ち，CO_2の約300倍の温室効果のあるN_2Oのレベルの確認，CO_2の約30

表1　舶用燃料としてのアンモニアの特徴

舶用燃料としてのアンモニアの特徴

	燃料油	メタン	メタノール	アンモニア
機関形式	ME-C	ME-GI	ME-LGIM	ME-LGIA
LCV [MJ/kg]	42.8	50.0	20.1	18.6
エネルギ密度 [MJ/L]	35.7	21.2	14.9	10.6
燃料タンクサイズ比	1.0	1.7	2.4	3.4
MAN-ES 実績	✓	✓	✓	開発中
燃焼サイクル	ディーゼルサイクル			
供給圧力 [bar]	-	Max. 300	13	83
沸点[℃] @大気圧		-162	65	-33

a) 難燃性燃料
・可燃空燃比率：16%-25%と狭い
・層流燃焼速度：メタンの20%程度と遅い
・着火温度：650℃と高い

b) 貯蔵性
・低位発熱量：18.6 [MJ/kg]と低い
・タンク容量 ： メタンの約2倍

c) 毒性
・粘膜に対する刺激性が高い
短時間で気道や肺に重大な損傷
・時間加重平均暴露限界：25ppm程度

d) 腐食性
・銅、銅合金、ニッケル濃度が6%を超える
合金およびプラスチックに対して腐食性有
・シールリング材質：テフロン材を推奨

米国政府機関である国立バイオテクノロジー情報センター：匂いで検出できるアンモニアのレベルは 5 ppm 以上だが、2500 ～ 4500 ppm の濃度では約 30 分で致死的になる可能性があり、5000 ppm を超える濃度では通常、急速な呼吸停止が発生する。

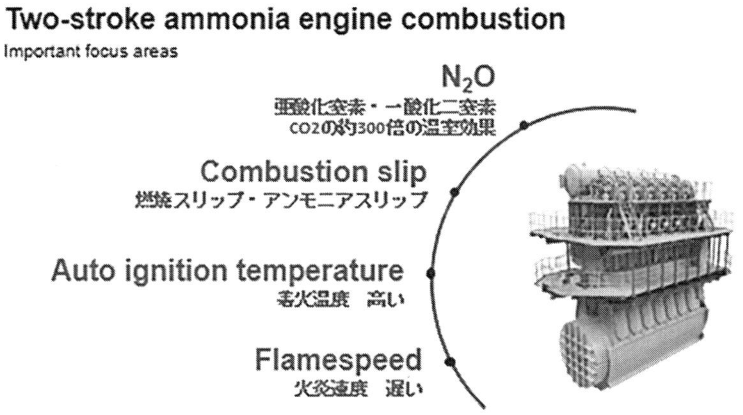

Two-stroke ammonia engine combustion
Important focus areas
N_2O
亜酸化窒素・一酸化二窒素
CO2の約300倍の温室効果
Combustion slip
燃焼スリップ・アンモニアスリップ
Auto ignition temperature
着火温度　高い
Flamespeed
火炎速度　遅い

図8　アンモニア焚機関開発における着目すべき課題

倍の温室効果のあるアンモニアスリップのレベルの確認，着火温度が高く火炎速度が遅いことによる燃焼安定性の確認といった課題がある。

この他，アンモニアの単位体積あたりのエネルギー密度（10.6～12.7 MJ/L）は，MGO のエネルギー密度（35.7 MJ/L）の 1/3 程度なので，アンモニアのタンク容量は MGO の 2.8～3.4 倍となる。このため，船のデッキ上へのタンク設置において大きなエリアを確保する必要がある。

但し，アンモニアには下記に示す利点がある。

・アンモニアは炭素と硫黄を含まないため，CO_2 および SO_x の排出量は基本的にゼロである。
・アンモニアの体積エネルギー密度は水素よりも高い。
・アンモニアは窒素と水素に分解できる。
・アンモニアは水素とは異なり非爆発性である。

・産業プロセスや農業用肥料として広く使用されているアンモニアは，すでに商業的に魅力的な製品である。
・極低温を必要とするLNG，水素，その他の燃料よりも，輸送や保管が安価で煩雑ではない。
・大気中での発火リスクが低いため，大量のアンモニア貯蔵は安全性の観点から水素よりも安全である。

7.4.3 アンモニア焚機関の開発スケジュール

アンモニア焚機関の開発スケジュールを図9に示す。2019年に事前調査を開始，2023年7月MAN ESのリサーチセンターコペンハーゲン（RCC）に設置されているシリンダ径50 cmの4シリンダテスト機関（4T50ME-X）にて，供給装置等の周辺機器を含めて各種試験を実施し，基本コンセプトを確立した。これらの試験で得られた知見は，ライセンシーである三井E&Sに供与され，図10に示すシリンダ径60 cmの7シリンダ機関（7S60ME-C-LGIA）にて実証試験

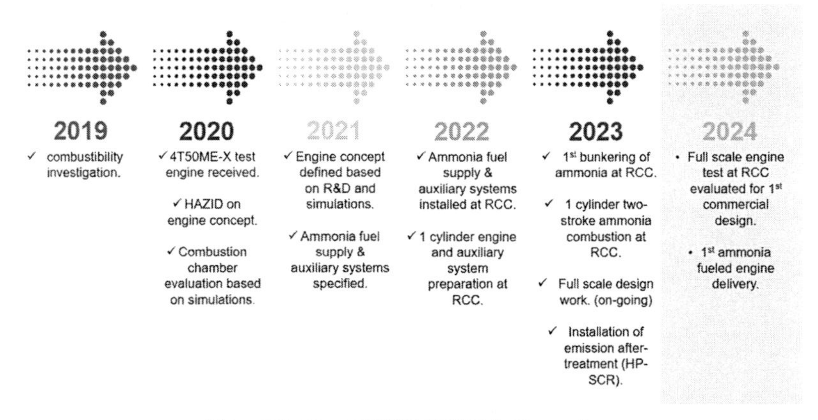

図9 アンモニア焚機関開発スケジュール

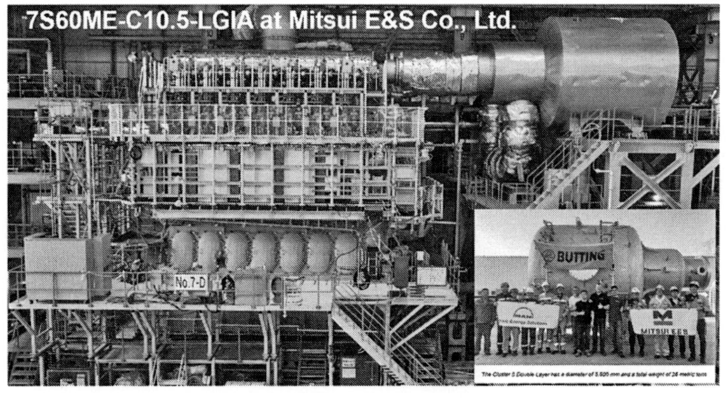

図10 三井E&Sでのアンモニア焚7S60ME-C10.5-LGIA機関

を行う。この実証試験のあと，2024年度末に世界の初号機となるアンモニア焚機関を造船所へ納入し，これが搭載された船舶の引渡し後，十分な就航実績が得られた段階で本格的な受注活動を開始する計画である。

現在，既に技術が確立しているメタノール焚機関に強い関心が寄せられているが，アンモニアの生産コストの低下に伴い，市場でのシェアを大きく獲得していくものと予想している。但し，海運の脱炭素化に対する規制，および動機づけとなる法整備，低炭素・ゼロ炭素燃料のサプライチェーンの構築に依存する。

7.4.4　グリーンアンモニア生産への移行

アンモニアは炭素原子を含まないため，燃焼してもCO_2を排出しないという性質があるが，アンモニアの大規模な工業生産では，化石燃料を原料として生産されるため，グレーおよびブルーのアンモニアとなる。一方，アンモニアが再生可能エネルギーを使用して得られた水素を使用して製造される場合には，グリーンアンモニアとして持続可能な将来の燃料の選択肢の一つとなる[6]。

(1)　水の電気分解

図11にてグリーンアンモニアの生成と船舶への供給システムのイメージを示すが，水の電気分解（$2H_2O \rightarrow 2H_2 + O_2$）によって得られる水素を使用して持続可能なグリーンアンモニアを生産するためには，再生可能エネルギーを使用して生成することが必須となる。

(2)　規制への取り組み

CO_2を排出しない燃料が魅力的となるためには，すべてのコスト・インセンティブを考慮する必要がある。今後，既存船が，エネルギー効率設計指標（EEDI），またはエネルギー効率運用指標（EEOI）で要求されるよりもさらに厳しいCO_2/GHG規制を受けるのか，今後数年以内に発効するという仮定に基づいて，市場動向をとらえていく必要がある。市場では水素と比較してアンモニアが明確に好まれているようだ。爆発の危険性も議論の一つであるが，実際の水素の取り

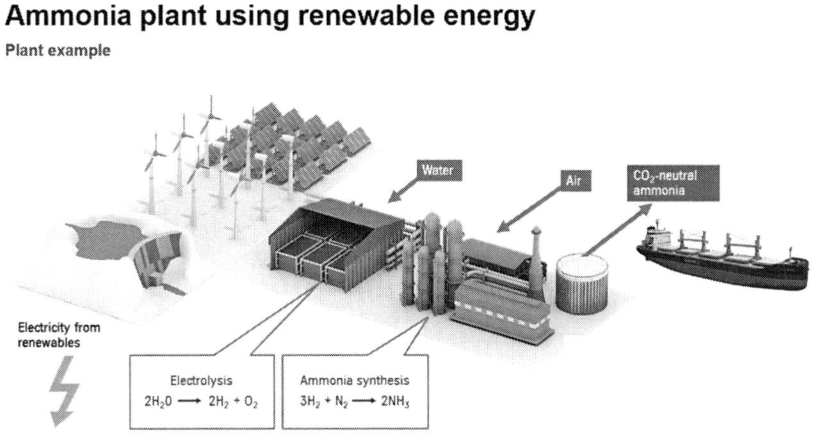

図11　再生可能エネルギーによるアンモニア製造プラント例

扱いと，陸上および船上での取り扱いのコストに関する検討も多くなされてきている。もう一つの重要な側面は，－253℃で水素を液化するための高いエネルギー消費があげられる。より効率的なアプローチは，－33℃で液化するアンモニアの生成に水素ガスを使用することで，水素を燃料とするよりも安価であるといった利点がある。このようにアンモニアを燃料として使用することへの関心が高まっている。

⑶　アンモニア燃料混合物

環境規制の強化に伴い，就航船において二元燃料機関への改造（レトロフィット）も増えてくるであろう。ここで，化石燃料は特に2020年から2050年までの過渡期において，今後何年も海事産業に残るものと想定している。従い，過渡期における燃料として，先ずはグレーやブルーのアンモニア，またはこれらとグリーンアンモニアとの混合物を使用していき，最終的にグリーンアンモニアにするという流れが自然であろう。従来のアンモニアは大量に使用されている商品でもあるため，段階的にアンモニア燃料をグレー，ブルーとして使用し，最終的にグリーンアンモニアにする要領で，船舶への投資リスクを低く抑えることができるであろう。

7.5　アンモニア焚二元燃料機関の開発

二元燃料機関の技術的なポートフォリオを図5で紹介したが，特徴の一つは燃料の多様性である。MAN ESでの2ストロークエンジンの開発では，当初からさまざまな種類の燃料を試行してきた。2019年アンモニア焚機関の開発プロジェクトをスタートさせると同時に，燃料供給と噴射系のコンセプトの事前調査を開始，船級協会，船主，造船所，システムサプライヤーと協力して，いくつかのハザードの特定，およびハザードと操作性の調査（HAZID/HAZOP）を実施した。2021年にアンモニア焚機関の開発プロセスを明確にし，2023年から商用設計検証を開始した。2024年に実施予定のアンモニア焚機関初号機のFTA（First Time Production Approval）の後，2024年度末にこの初号機が造船所へ納入され，船舶に搭載された時に一つの大きなマイルストーンを達成することになる。

7.5.1　アンモニア焚機関の基礎

MAN ESのRCCでは，さまざまなパートナーシップのもと，研究を実施しアンモニアの燃焼と放熱特性等を評価してきた。アンモニアは有毒物質であり，船の乗組員と周囲の環境を保護するために適切な安全対策を講じる必要があるため，乗組員のスキルと共に，作業ルーチンに適合するように設計された技術を提供することが求められる。アンモニアを燃料とする低速2ストロークエンジンの利点は，商船の建造や運用を根本的に変えないことでこの新しい燃料の要件を満たすことであり，シンプルで十分に検証されたソリューションを提供することにある。燃料供給システム（FSS：Fuel Supply System）の設計は，試験結果に合わせて調整する必要があるが，アンモニアにおける周辺機器構成は，液体噴射用のよく知られたメタノールやLPGの供給システムから主な機能を継承する。このFSSの開発にはHAZIDとHAZOPの調査結果に基づく安全で信頼性の高い設計が必須で，船級協会，船主，造船所，およびFSSのサプライヤーによって各種調査が実施された。

7.5.2　燃料供給システムに関する考慮事項

図12にアンモニア焚機関の燃料供給システムを，図13にアンモニアタンクを含めた燃料供給システムを船のデッキ上に搭載した例を参考として示す。これらの図を参考にして二元燃料運転の主な原理を説明する。

(1)　二元燃料運転の原則

二元燃料運転中，エンジンへのアンモニア燃料供給は，燃料供給システムを介して燃料タンクから供給される。エンジン側で要求される燃料条件を維持するため，少量のアンモニア燃料が再

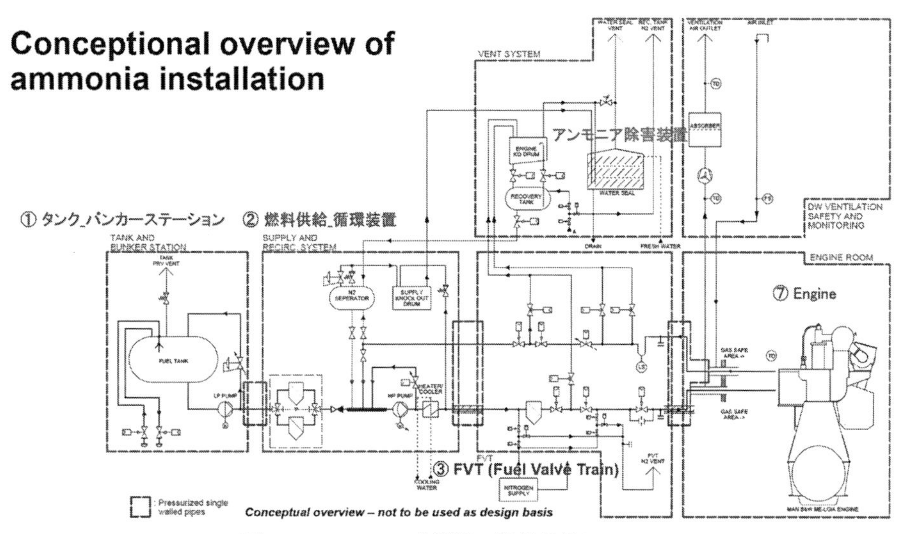

図12　アンモニア焚機関の燃料供給システム

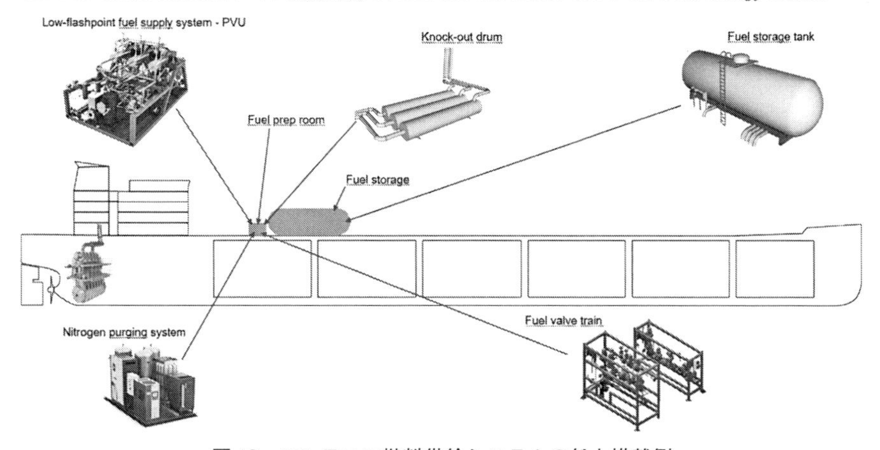

図13　アンモニア燃料供給システムの船上搭載例

循環システムを介してFSSに継続的に再循環される。起動前に，システムは窒素で加圧され気密性が確認される。二元燃料運転を停止すると，窒素圧力によりアンモニア燃料はエンジンから再循環システムに押し戻される。パージシーケンスが完了すると，フューエルバルブトレイン（FVT：Fuel Valve Train）はエンジンルームシステム（供給システムと戻りシステム）を確実に遮断することになる。運用全体を通じて実績のある二元燃料エンジンの二重管換気システムが，アンモニア燃料の漏れを検出した場合，エンジンルームから別のアンモニアトラップシステムに誘導することになる。

(2) 再循環システム

アンモニア燃料は，運転中にエンジン内で加熱される。二相状態を避けるために，一定量のアンモニア燃料が専用の再循環ラインに再循環される。この再循環ラインは，二元燃料運転が停止される毎に，エンジンからアンモニア燃料を回収する。再循環燃料には，噴射弁からの微量のシーリングオイルが含まれている場合があるが，再循環ラインにより燃料貯蔵タンクが油で汚染されるリスクが排除される。再循環ラインはまた，回収されたアンモニア燃料から窒素を分離することになる。

(3) 燃料供給システムFSS

FSSには，アンモニア燃料が規定の温度，圧力，および品質を維持したままエンジンに供給されるための機器が組み込まれている。FSSは高圧ポンプ，ヒーター，フィルター，バルブ，および制御システムから構成され，燃料消費量の増減に対して，アンモニア燃料の圧力と温度を維持する機能を有している。

(4) フューエルバルブトレインFVT

FVTは，エンジンと周辺機器間のインターフェースで，FVTの目的は，シャットダウンやメンテナンス中に窒素パージ機能を提供することで，シャットダウンやメンテナンス中のエンジンの安全な環境が確保される。

(5) 窒素

二元燃料運転後のエンジンのパージ，メンテナンス前のガス解放，およびメンテナンス後の気密試験のために，窒素を利用する。窒素システムの容量は，サービスタンクの圧力よりも高い圧力で，特定の流量を供給するのに十分な容量が必要となる。

(6) 二重管換気システム

エンジンルームを安全な状態で維持するため，アンモニア燃料システムからの漏れを検知した場合，漏れたアンモニアをアンモニアトラップシステムに誘導することになる。このため，エンジンルーム内のアンモニア燃料システムと配管では，図14に示す二重管換気システム（Double-walled pipe system）を採用している。IMOの要件に従い，二重管構造の内管にアンモニアを流し，内外管の間のスペースに換気用の空気（Ventilation air）を流し，内管からアンモニアが漏れた場合，この内外管の間の空気層に漏れていくことになる。この漏れを検知した場合，配管内は窒素に置換される。このシステムは，すでに他の二元燃料エンジンの設計に採用さ

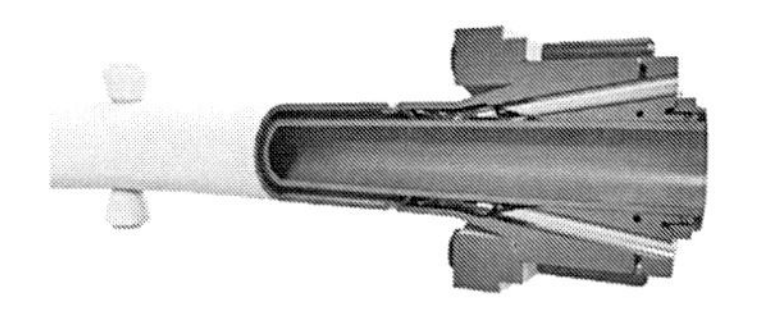

図14　二重管換気システムの構造

れており十分な実績がある。

(7)　アンモニア回収システム

アンモニアシステムでは，船外へのアンモニアの放出を防ぐため，アンモニア回収システムを設置する必要がある。

7.5.3　排出削減技術

アンモニアでの運転におけるNO_x排出レベルは，従来機関に匹敵するレベルになると想定していたが，RCCでの計測値は，従来の重油焚機関と比較して40%程度低い値が計測された。今後，これらの検証を継続していく。

(1)　選択的触媒還元技術

NO_x低減のため，SCR（選択的触媒還元）が配備される。通常，還元剤としてのアンモニアは尿素（$CH_4N_2O + H_2O$）にして排気ガス中に噴射されるが，この尿素の代わりにアンモニアを直接噴射することも可能である。このようにエンジンから排出されるリークアンモニアは，SCRの還元剤として利用できるので，NO_x排出量とリークアンモニアとがバランスするよう制御する必要がある。

排ガス中のNO_xの選択的触媒還元の原理を図15に示すが，触媒反応ではNH_3とNO_xが，窒素と水に変換され無害化される。

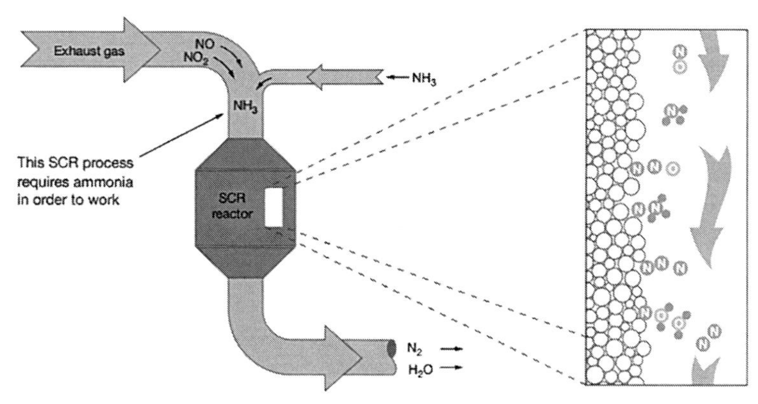

図15　NO_xの選択的触媒還元の原理

7.6 日本におけるアンモニア焚二元燃料機関搭載船プロジェクト

三井E&Sに設置されたシリンダ径60 cmの7シリンダ機関（7S60ME-C-LGIA）で実証試験中であるが，2024年度末にアンモニア焚二元燃料機関の初号機が造船所へ納入される。ここでは，日本におけるプロジェクトの概要について紹介する。脱炭素化に向けて，特にゼロエミッション船開発の期待が高まってきている中で，伊藤忠商事株式会社は，ゼロエミッション燃料としてのアンモニアに着目し，日本海事産業を中核としたコンソーシアムを組成，アンモニア焚機関を搭載した船舶の開発，保有運航にとどまらず，舶用アンモニア燃料の供給体制の整備を含めた統合型プロジェクトを立ち上げた[7]。このプロジェクトには，日本シップヤード，三井E&S，MAN ES，Class NK，更には運航を担う川崎汽船，NSユナイテッド海運が参画している。三井E&Sは，ライセンサーであるMAN ESと共同で，アンモニア焚二元燃料機関の開発を担当している。同時に，周辺機器であるアンモニア燃料タンクと燃料供給システムの開発も行っているが，この部分はグリーンイノベーションファンド（GI）という日本政府の支援を受けて実施されている。このプロトタイプのアンモニア焚二元燃料機関7S60ME-C-LGIAは，長期的なサービス経験を収集するための統合プロジェクトに使用される世界の初号機となる。

7.7 バイオ燃料

図4で2050年までのスパンでどのような燃料が使用されていくのかを予測したが，2050年においてLNG，メタノール，アンモニアといった燃料に加えて，従来の油も22%程度残ると見込んでいる。この時点での油は，従来の重油ではなく，環境にやさしいバイオ燃料でなければならない。最終的には100%バイオ燃料ということになるが，それまでの段階では，ISO 8217準拠の化石燃料と混合されたバイオ燃料にて運転されることが想定される。ここでは，考慮すべき事項と準備方法について簡単に触れるが，最初にどのようなタイプのバイオ燃料が供給されているのかをサプライヤーに確認しなければならない。

7.7.1 脂肪酸メチルエステル（FAME）とそのブレンド

現在，海洋分野で主流となっているバイオ燃料の種類は，EN 14214またはASTM D6751で定義されているさまざまな量からなるFAME（Fatty Acid Methyl Ester：脂肪酸メチルエステル，バイオディーゼル）を含む燃料である。100% FAME燃料は，発熱量が約36～37 MJ/kg，粘度が40℃で約3～5 cSt，酸素含有量が約10%で，硫黄と窒素含有量が非常に低い。MAN ESの2ストロークエンジンは推奨事項に従う限り，FAMEでの運転が可能である。ここで，FAMEタイプの燃料は問題ないが，遊離脂肪酸が多量に含まれているものは推奨できない。ISO 8217準拠の化石燃料（DMまたはRMグレード）と混合されたFAMEはBXと呼ばれ，例えばB30は約30% w/wのFAMEが含まれていることを意味する。

7.7.2 水素化処理植物油（HVO）

HVOは，再生可能ディーゼルまたはグリーンディーゼルとも呼ばれ，植物油，タロー，または使用済み食用オイルのような脂質から作られ，水素化処理エステルおよび脂肪酸（HEFA）とも呼ばれる。HVOは「合成または水素化処理プロセスから得られるパラフィン系ディーゼル燃料」と定義されている。HVOは，酸素，窒素，芳香族を含まない直鎖パラフィン系炭化水素で構成されており，発熱量はディーゼルと同等で硫黄含有量は非常に低く，粘度は40℃で約2～3 cSt，密度は15℃で約780 kg/m^3で，ISO 8217の2017（条項1の適用範囲）でカバーされている。HVOの品質はDMAに近いため，MAN ESの2ストロークエンジンは，DMAグレードの技術要件とエンジン入口の粘度要件（最小2 cStなど）が満たされている限り，HVOでの運転は可能である。

7.7.3　バイオ燃料の課題とその影響

バイオ燃料で運転を開始する前に考慮すべき主な事項として下記4つがあげられる。

①燃料規格ISO 8217

②技術および運用上の課題の確認

③排出量およびNO_xコンプライアンス

④バイオ燃料の持続可能性と純CO_2削減量

また，持続可能な原料と製造方法から作られるバイオ燃料を優先する必要がある。MAN ESでは，バイオ燃料，船上での燃料テスト，および実験室での燃料テストに関する情報をまとめている。新しいタイプの燃料でテストをする前に粘度，温度，低温流動特性，および船上での燃料の管理方法を理解することが重要である。特に燃料の粘度が低い場合は，燃料システムと燃料ポンプの状態を常にチェックすることが重要である。

7.8　レトロフィット

2050年までにGHGの排出をゼロにすることを目標としているが，この実現には，就航船の船齢を25年として，今後契約する全ての船で二元燃料機関を採用したと仮定したとしても，2040

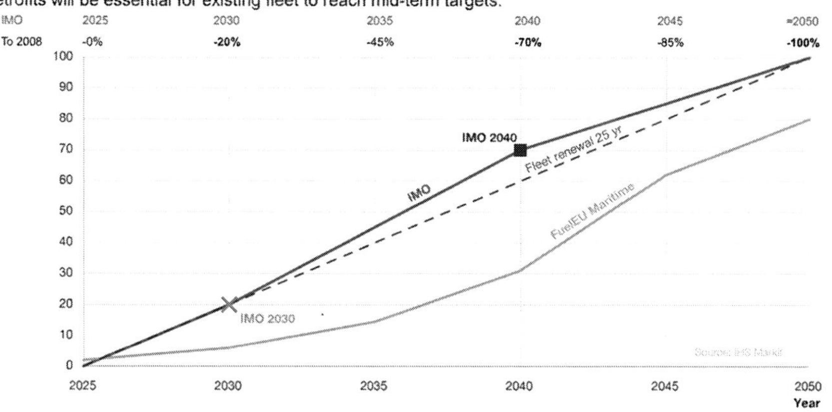

図16　IMO 2050年及び中期のGHG削減目標に対するレトロフィットの必要性

年の70%減の規制を達成することができないことが，図16から読み取れる。このような背景から，就航船に搭載されている従来のエンジンをグリーン燃料焚二元燃料機関に改造（レトロフィット）するプロジェクトが立ち上がってきており，今後注目していく必要がある。

7.9　まとめと展望

先に紹介したMAN ESのエンジンポートフォリオにより，さまざまな種類の燃料を燃焼させることができることから，環境にやさしいクリーンな燃料を使用することにより，2ストロークエンジン技術は，将来においても海上輸送の主要な推進機関であり続けるものと確信する。特に，アンモニア焚エンジンの開発は，分子中に炭素を含まないゼロエミッション燃料を使用するため，将来のマーケットの需要を満たすエンジンで，広範な二元燃料ポートフォリオを補完することになる。このため，一刻も早いアンモニア焚二元燃料機関の開発が待たれるところである。

尚，代替燃料の環境用語上の類型と消費時の性状分類を表2に示すが，分子中に炭素を含むメタンやメタノールは，再生可能エネルギー由来の水素と回収されたCO_2との合成燃料でカーボンニュートラル燃料と定義される。また，分子中に炭素を含まないアンモニアや水素は，再生可能エネルギー由来の場合，ゼロエミッション燃料と定義される。

表2　代替燃料の環境用語上の類型と消費時の性状分類

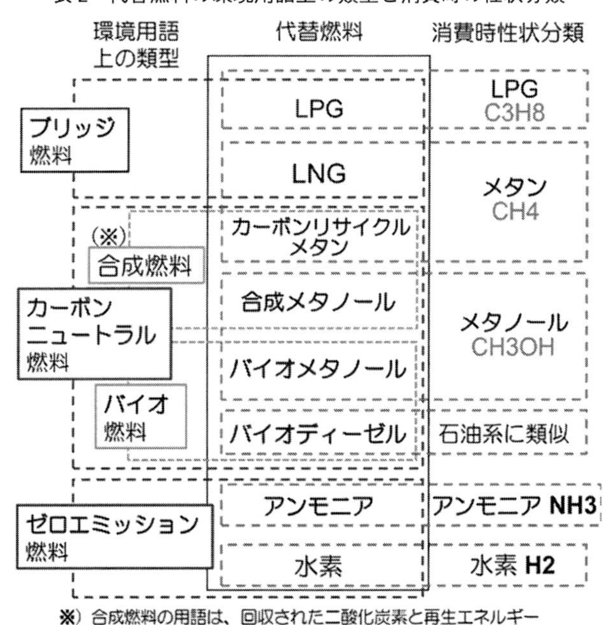

（出典：日本海難防止協会資料）

文　　献

1) 2023 IMO Strategy on Reduction of GHG Emissions from Ships
MEPC 80-17-Add. 1-Report Of The Marine Environment Protection Committee On Its Eightieth Session (Secretariat) (imo. org)
2) Mærsk Mc-Kinney Møller Center for Zero Carbon Shipping https://zerocarbonshipping.com/
3) GENA Solutions, https://www.genasolutions.com https://www.methanol.org/renewable
4) MAN Energy Solutions: 240611 Two-stroke ammonia engine public version "A new chapter-ammonia two-stroke engines"
5) CIMAC CONGRESS 2019, 169 Vancouver, June 10-14, 2019 "Performance and Emission Results from the MAN B&W LGI-P Low-Speed Engine Operating on LPG" Stefan Mayer, MAN Energy Solutions
6) ALFA LAVAL, HAFNIA, HALDOR TOPSOE, VESTAS, SIEMENS GAMESA: Ammonfuel-an industrial view of ammonia as a marine fuel, August 2020
7) 赤松健雄，日本マリンエンジニアリング学会誌，**58**(1)，24-28（2023），アンモニア燃料船開発統合型プロジェクト－現状と課題

8　SAF を中心とした次世代燃料生産技術開発動向

矢野貴久*

8.1　はじめに

長期的に今後の拡大が見込まれる航空需要予測を背景に，世界の民間航空分野では，CO_2 排出量を削減する地球温暖化抑止対策が喫緊の課題と捉えられている。数千 km の長距離を移動する国際線の航空機のように，長時間にわたり大出力を維持する大型輸送体では，エネルギー密度の高いエネルギー源が必要である。電動化（および水素化）の研究開発も進んでいるが，大型航空機での実用化は空港施設の整備を含めて実用化する必要があり短中期的には困難である。航空機用持続可能燃料として，バイオマスや CO_2 等を原料として製造され，化石燃料同等の使用が可能な SAF（Sustainable Aviation Fuel：持続可能な航空燃料）の開発と実用化が世界で進んでいる。コストや供給量に課題はあるが，2050 年カーボンニュートラルに向けて SAF の利用は航空分野の脱炭素化の切り札と見なされている。

8.2　SAF 導入の背景と規格・認証制度

8.2.1　SAF 導入の国際動向

国際民間航空の団体である国際航空運送協会（International Aviation Transport Association：IATA）や，国連の専門機関である国際民間航空機関（International Civil Aviation Organization：ICAO）により航空機の CO_2 排出量の削減のための目標や取り組みが段階的に具体化，強化されている。IATA は 2021 年に開催された年次総会で 2050 年までに CO_2 排出量を正味ゼロとする目標を決議した。ICAO では，2010 年に開催された第 37 回 ICAO 総会において，2020 年以降温室効果ガスの排出を増加させないこと（すなわちベースラインは 2019 年の CO_2 排出量）が決議された。このベースラインは，2022 年の第 41 回 ICAO 総会において，2024 年以降の CO_2 排出量を，2019 年比 85%へと改訂されている。このような中，ICAO は目標を達成し国際航空の持続的な成長を促進するために次の①～④の 4 つの対策（Basket of Measures）を提示した。①新技術による航空機技術の改善（軽量素材と革新的な構造・複合材による機体の軽量化による，航空エンジンの推進効率の向上と燃料消費量の削減，電気系統や運行制御システムの改善，電気またはハイブリッド航空機等），②運航の改善（航空管制，運航ルートの効率化等），③ SAF の活用（SAF の活用を通じて，（燃料の燃焼ではなく）原料の生産と燃料の変換により大気中の炭素を削減），④市場メカニズムの活用（カーボン・クレジット制度を中心とした市場メカニズム政策の活用）である。ICAO の長期目標（Long Term Aspirational Goal：LTAG）における民間

＊　Takahisa YANO　(国研)新エネルギー・産業技術総合開発機構
再生可能エネルギー部　バイオマスユニット　ユニット長

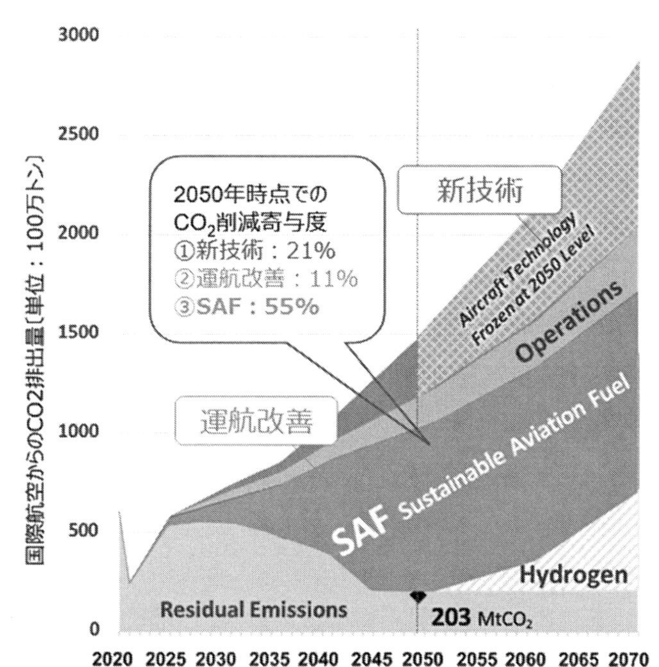

図1　国際航空からのCO_2排出量予測と排出削減目標のイメージ
ICAO LTAG Report から抜粋（IS3：ICAO による野心的なシナリオ）／経済産業省資料
文献）資源エネルギー庁，SAF の分野別投資戦略について（2023）

航空分野の2050年カーボンニュートラル達成シナリオでは2050年時点の削減率として3つのシナリオ[1]を設定し，そのうち，最も高い野心を示すシナリオ（図1）[2]では，CO_2排出量の55%をSAFの活用で削減すると想定しており，SAFは航空業界にとって脱炭素の切り札とされている。日本政府は，2030年時点の本邦航空運送事業者による燃料使用量の10%をSAFに置き換えるとの目標を設定している。

今後のSAFの需要は，国内で2030年に約172万kL[3]，2050年に2,300万kL[4]。世界で2030年に約8,800万kL，2050年に約6億5,000万kLが見込まれている[3]（図2）。一方で，世界のSAF供給量は，2022年時点で24万t～38万t（30万kL～45万kL）と推定されている（世界のジェット燃料総需要の約0.1～0.15%）[5]。

8.2.2　ASTM D7566規格

SAFの主要構成成分は従来のジェット燃料と同じく炭化水素である。各種原料からケロシンタイプの燃料に類似した性状を目標として合成される。一般的には合成された燃料100%をニートSAFと呼ぶ。ニートSAFの燃料としての品質を規定する国際規格は，ASTMインターナショナルのASTM D7566（Specification for Aviation Turbine Fuel Containing Synthesized Hydrocarbons）規格で，Annex（付属書）において製造方法や従来のジェット燃料との混合比率（上限）が定められている[6]。2024年現在，Annex1～8まで承認されている。一方，従来の

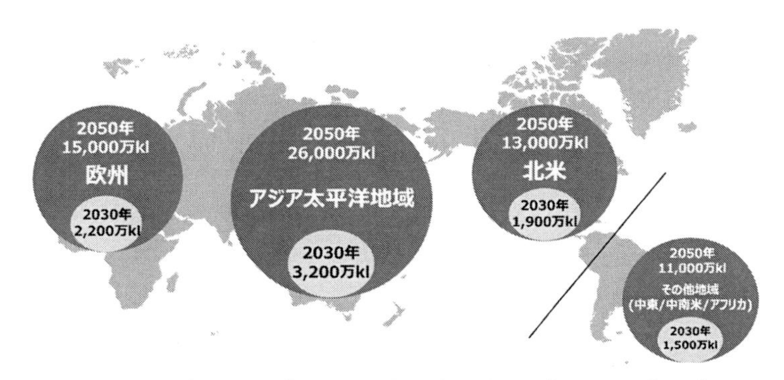

図 2　2030 年と 2050 年の SAF 需要量の見込み（ICAO レポート）

各地域の需要については，「ICAO annual report 2019 ICAO Revenue Passenger Kilometres Scenarios by route group（2018-2050）」が使用されている。／国土交通省資料

文献）第 4 回 SAF の導入促進に向けた官民協議会 説明資料／国土交通省（2024）

ジェット燃料は ASTM D1655（Specification for Aviation Turbine Fuels）等で規定されている。ニート SAF は規定により従来のジェット燃料と混合して使用されるが，混合後の SAF の燃料仕様は，ASTM D7566 Table1 に規定されている。つまり，ASTM D7566 は，ニート SAF と混合 SAF の両方について品質規格を定めている。ニート SAF を従来燃料と混合した後の（混合）SAF は，ASTM D7566 Table1 を満たすことにより ASTM D1655 適合燃料とみなすことができ，従来燃料と同等の取り扱いが可能となる。これにより，航空機の燃料系統やエンジンの変更なく，既存の燃料供給設備を共用利用できる。

8.2.3　CORSIA 認証

ICAO は，市場メカニズムを活用した全世界的な排出削減を進める方策として「国際民間航空のためのカーボン・オフセットおよび削減スキーム（Carbon Offsetting and Reduction Scheme for International Aviation：CORSIA）」を定め，2021 年以降，運用が開始されている。CORSIA では，ICAO 加盟国の国際航空を運航する民間航空会社には，ルールにより排出枠を購入し，オフセットする義務が 2027 年以降に課されることに各国合意済みである。

ICAO の枠組みにおいて CO_2 削減効果のある SAF として使用するためには CORSIA 適格燃料（CORSIA Eligible Fuel：CEF）としての認証を得る必要がある。ASTM の規格に適合していれば航空機に搭載することはできるが，CEF としての認証を取得していないと，CORSIA 制度における CO_2 排出削減効果を主張（カウント）できない[7)]。

CEF としての認証を受けるためには，SAF の製造者のみならず，原料や，輸送，製造等サプライチェーンを構成するステークホルダーがそれぞれ認証を取得する必要があり[8)]，またその認証は毎年更新する必要がある。

8.3　SAFの製造と原料調達[9)]

8.3.1　SAFのパスウェイの俯瞰図

図3は，国内外の商用化・技術開発の進捗を元に，今日取り組まれるSAFのパスウェイ（原料と変換技術の組み合わせ）の全体俯瞰図である。

現時点での主な製造プロセスとしては，油脂を水素化精製するHEFA（Hydroprocessed Esters and Fatty Acids）プロセス，植物を糖化・発酵する等して得られるバイオエタノールを脱水・重合・蒸留・水素化精製するAtJ（Alcohol to Jet）プロセス，固体の廃棄物等をガス化して合成ガス（COおよび水素）を生成し，生成された合成ガスをフィッシャー・トロプシュ反応（Fischer Tropsch synthesis）によって液化した後に水素化精製するガス化・FTプロセス等がある。

2024年現在建設済みまたは建設予定のSAF生産施設は，HEFAもしくは，AtJ（サトウキビ・トウモロコシ由来の第一世代バイオエタノールを使用）が先行している。中長期的には，セルロース系バイオマスから製造されるエタノール（第二世代バイオエタノール）を変換するAtJ，バイオマスガス化FT合成，コプロセッシング（Co-processing），水熱液化（Hydrothermal Liquefaction：HtL）等のバイオマス直接液化（Direct thermochemical Liquefaction：DtL），パワー・トゥ・リキッド（Power to Liquid：PtL）等のパスウェイ技術が確立されていくことでパスウェイは多様化する。それに伴って今後のSAFの生産を拡大するに当たっては，原料種についても多様化していくことが有効である。原料調達は，最終製品であるSAFの炭素強度（CI）を可能な限り低くし，最大限国内から調達することが望ましいが，国産原料だけでは需要を満たせず，海外からエネルギー密度の高い原料もしくは中間体を輸入するためサプライチェーンを構築することが必要となる。製造プロセスにおいては，高効率な前処理による中間体製造，原料の

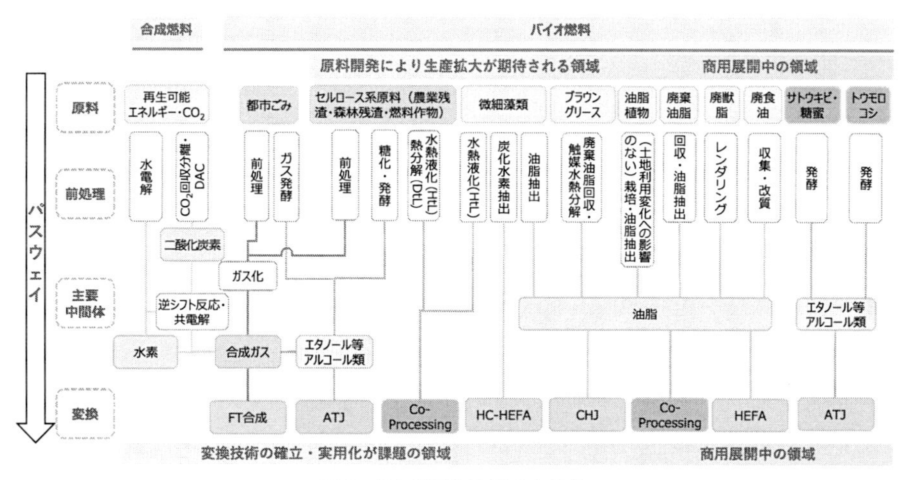

図3　SAF製造技術の全体像

文献）国内外におけるSAF（持続可能な航空燃料）の製造技術ならびに低コスト化技術に係る動向調査／NEDO（三菱総合研究所）(2023)

カスケード利用，熱エネルギーの有効利用の追求と LCA も重要である。

8.3.2 SAF 製造量の拡大見通しの検討例

図 4[10] は，世界経済フォーラム（WEF）のクリーン・スカイズ・フォー・トゥモロー（CST）イニシアチブという，航空バリューチェーンの官民パートナーシップで検討された，2020 年から 2050 年にかけての欧州における SAF 製造の内訳のシナリオを示している。大規模生産の技術的課題が克服され，持続可能性基準の制度が運用され，かつ，持続可能な形で利用可能な欧州のバイオマス総量の 40%はジェット燃料生産に当てられる等の仮定に基づいて作成されている。

図 4 によると，2020 年代後半までは，廃食用油を原料とした HEFA プロセスによる SAF 製造が先行する。2025 年以降，セルロース系バイオマスや生物由来廃棄物からガス化 FT や AtJ プロセスを通じて SAF へ変換するパスウェイの活用が立ち上がる。長期的に 2030 年代以降には，SAF の最大量は，再生可能な電力，水，CO_2 からの合成された合成燃料（PtL または e-Fuel ともいう）を製造する PtL ルートからもたらされる。このルートは生産コストの将来的な削減可能性が最も大きく，今世紀半ばまでには，他の解決策よりもコスト競争力が高まる可能性が高いと見られている。しかし，航空分野の脱炭素化のためには，単一のパスウェイではなく多様な SAF 生産パスウェイのポートフォリオを組むことが必要であるとされている。

8.3.3 製造プロセスの例

(1) HEFA

現在，世界で最も商用化が進んでいるのは，廃食用油を原料として HEFA プロセスを活用した SAF 製造である。脂肪酸エステルないしは脂肪酸を水素化および脱酸素化することでニート

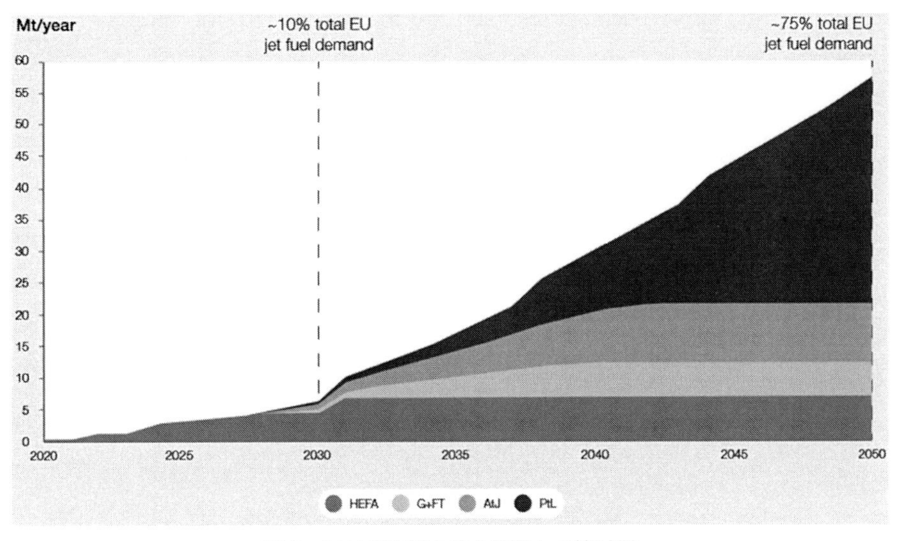

図 4 SAF 製造量の拡大見通しの検討例

文献）WEF CST, Guidelines for a Sustainable Aviation Fuel Blending Mandate in Europe, 2021
https://www3.weforum.org/docs/WEF_CST_EU_Policy_2021.pdf

SAFを製造する技術であり，ASTM D7566のAnnex2として2011年以降SAFとして実用化されている。同技術のD7566追加に当たっては，Honeywell UOP社，Dynamics Fuels社，NESTE社，the Environment and Energy Research Center（EERC）の4者が製造した燃料を試験したものとされる。国内では，NEDO「バイオジェット燃料生産技術開発事業/実証を通じたサプライチェーンモデルの構築」の一環として，廃食用油を原料としたSAF製造サプライチェーンモデルを構築・実証する取り組みが日揮ホールディングス株式会社，コスモ石油株式会社，株式会社レボインターナショナル，日揮株式会社により2024年度まで進められている。2025年以降製造されるSAFはコスモ石油堺製油所で年産約3万kLの見込みであり，国内初となる本格的な国産SAF供給となる。SAF，バイオナフサ等の製造を行う合同会社SAFFAIRE SKY ENERGYも設立されている。

ENEOS株式会社，TotalEnergies社は，ENEOS和歌山製油所で，主に廃食用油，動物脂を原料として，将来的に年間約30万t（40万kL）のSAF製造を検討している。両社はSAF製造の合弁会社を設立する予定であり，日本におけるSAFの持続可能な量産供給体制を2026年までに構築することを目指している。

(2) AtJ

アルコールを原料としてジェット燃料に変換する技術であるAtJは，原料であるアルコールを脱水・重合・蒸留・水素化処理することでジェット燃料を合成するパスウェイである。現在世界で最も生産されているバイオ燃料はサトウキビやトウモロコシ由来の第一世代バイオエタノールであり，原料面での供給可能性からエタノールを原料としたニートSAFの商用化が期待されている。セルロース系バイオマス等から製造される第二世代エタノールや排ガスを原料としたアルコール製造も開発が進んでおり，原料の多様化が今後進むことが見込まれる。ASTM D7566にはAnnex5 ATJ-SPK: Synthetic Paraffinic KeroseneもしくはAnnex8 ATJ-SKA: Synthetic Kerosene with Aromaticsとして認証されており，50%を上限として現行ジェット燃料へのドロップインが許容されている。2016～2023年にかけてGevo社，LanzaTech社，Global Bioenergies社がASTM認証（ATJ-SPK）を相次いで取得した。2023年にはSwedish Biofuels社が複数のアルコール（C2-C5）の混合物を原料とするパスウェイにてASTM認証（ATJ-SKA）を取得した。ATJ-SPKとして製造されるニートSAFの成分はいずれもパラフィンケロシン（直鎖状飽和炭化水素）であり，ジェット燃料規格（Jet A/A-1）と比較すると芳香族化合物が不足しているため，ATJ-SPKとして製造されるニートSAFのジェット燃料への混合比率上限は50%と定められている。ATJ-SPKとして製造されたニートSAFを用いて100% SAFを実現するためには，非石油系の芳香族化合物との混合，もしくはパラフィンケロシンのみでの運行を可能とする技術面，規則面の取り組みが必要になる。一方，ATJ-SKAとして製造されるニートSAFには，パラフィンケロシンの他，芳香族化合物も含まれており，現在のASTMでは混合比率上限を50%と定められているものの，将来的には100% SAFとして認証される可能性があり，技術を有する企業は100% SAFとしての認証に向けた取り組みを継続している。AtJ技術は各国で実証プラントの他，複数の商用化プラント計画が立ち上がる状況にある。国・地域別で見ると米国・英国が多く，EU 各国他は少数である。国内では，NEDO「グリーンイノベーション基金事業/CO_2等を用いた燃料製造技術開発」で出光興産株式会社が千葉事業所において年間 10 万 kL の SAF を製造する設備を建設・実証する予定である。

(3) ガス化 FT 合成

本プロセスは，バイオマスに対してガス化，FT 合成等を行うことでニート SAF を製造する，熱化学的なプロセスである。本プロセスは主に，バイオマスの前処理，バイオマスのガス化，合成ガスの精製，合成ガスの FT 合成，水素化分解，異性化からなる。バイオマスガス化・FT 合成により安定的にニート SAF を製造する商用化事例は存在しないが，最も商用化に近い例としては Fulcrum Bioenergy 社の取り組みであり，技術成熟度レベル（Technology Readiness Level：TRL）は 9 に至る。本プロジェクトでは，2022 年，埋立地廃棄物から燃料を製造する世界初の商業規模プラントである Sierra BioFuels プラントで，埋立地廃棄物を原料として低炭素合成原油の製造に成功したことが発表された。また 2023 年，同プラントで製造された世界初の埋立地廃棄物由来の合成原油（SynCrude）を，燃料にアップグレードするために戦略的パートナーである Marathon Petroleum に出荷したことが発表された。日本では，個々のプロセスレベルでの技術開発として触媒開発，FT 合成生成ワックスの処理技術開発，合成ガスクリーン技術の開発，そして BtL（Biomass to Liquids）プロセスの効率化および小型化検討開発が行われた。特に，NEDO の「バイオジェット燃料生産技術開発事業」において，2017〜2021 年に BtL によるバイオジェット燃料製造の一貫プロセス開発が行われた。株式会社 JERA，三菱パワー株式会社（現・三菱重工業株式会社（MHI）），宇宙航空研究開発機構，東洋エンジニアリング株式会社（TEC）により，木質バイオマスのガス化からニート SAF まで，MHI の高性能噴流床ガス化技術と TEC のマイクロチャンネル FT 技術を組み合わせて一貫製造したニート SAF は D7566 Annex1 に合致すること，および燃焼試験の結果，排気ガス中の粒子状物質（PM）は，既存ジェット燃料の場合の排気ガスより少なく，環境負荷が小さい特徴以外は，燃焼性やエンジン出力特性等は既存燃料と同等であることを確認した。一方で，今後の自立的な商用化に向けては，バイオマス原料の収集も含めた効率化や処理の低コスト化等による全体コストの削減が必要であると考えられる。

(4) 合成燃料

合成燃料は，CO_2 と H_2 を合成して製造される燃料を指す。この中で特に，電力（再エネ等の電源由来）により製造された H_2 と CO_2 により製造される輸送用液体燃料は PtL（Power-to-Liquid, e-Fuel）と呼ばれる。PtL に適用されるケロシン（ジェット燃料）への最終変換プロセスとしては，主に FT 合成および AtJ が挙げられる。これらのプロセスに供給される中間生成物は，FT 合成においては合成ガス（H_2/CO），ATJ プロセスにおいては e メタノールである。合成ガスは水と CO_2 の逆シフト反応や固体酸化物電解槽セル（SOEC）による共電解，e メタノールは H_2 による CO_2 の還元による製造法，光触媒による製造法，直接電解法等により製造される。

各々のパスウェイにより熟度は異なるが，特に逆シフト反応による合成ガスの製造と，FT 合成の組み合わせによるニート SAF 製造については今後数年以内に商用化を目指す計画が欧米中心に多数見られる。例えば実証規模では INERATEC 社が取り組む Next Gate プロジェクトでは 350 t/年（420 kL/年）の規模で運転開始されている。日本では現在「グリーンイノベーション基金事業/CO_2 等を用いた燃料製造技術開発」において，2028 年までのパイロットスケール（300 BPD 規模を想定）を目指し，ENEOS 株式会社により，逆シフト反応と FT 合成による基盤技術の確立が進められている。

8.3.4　原料調達

現状 SAF に適用されるバイオマス原料は，主に HEFA パスウェイに使用することができる廃食用油，廃動物脂等の油脂系原料であるが，食用の生産量に依存するため生産される量に限りがある。AtJ の原料として期待される第一世代エタノールは，当面は生産国で増産される計画があるが，2050 年のカーボンニュートラルを単独で支える量はない。2050 年における SAF の供給を担うパスウェイとして合成燃料が期待されているが，製造には非化石エネルギー由来の大量の電力と CO_2 が必要であるため製造技術が本格的に普及するのは当面先とみられている。そこで，原料開拓が必要である。新たな油脂植物，微細藻類，未利用の廃棄油脂（回収や処理の難易度が高い油脂），セルロース（残渣・燃料作物）系が想定される。

8.4　おわりに

現時点では需要に対する SAF の生産量は少ないが，その環境的・社会的な意義から CORSIA 等の国際的な枠組み，政府の技術開発補助のみならず，本稿では触れなかった設備設置補助，生産者補助といった支援と，生産者に対する規制を組み合わせた推進策の整備がここ数年で進展している。

SAF の製造・供給から利用までのサプライチェーンには，各段階で多くの関係者，業種の事業者が参画し，新産業の創出としての波及効果が期待される。また，排出削減量の形で，製造・供給側と利用側の双方で適切に取引することで，地球温暖化対策への貢献が見える化される取り組みでもある。国際航空分野が世界の CO_2 排出量に占める割合は約 2 %。この対策をすることにより経済成長と地球温暖化対策の両立が実現できれば，グリーントランスフォーメーションと 2050 年カーボンニュートラルを目指す我が国において，他の分野へも参考事例として波及するであろう。

文　　献

1） Protection, ICAO Committee on Aviation Environmental, Report on the feasibility of a long-term aspirational goal (LTAG) for international civil aviation CO_2 emission reductions, ICAO (2022)

2) 資源エネルギー庁，SAFの分野別投資戦略について，経済産業省（2023）

3) 航空局，第4回 SAの導入促進に向けた官民協議会 説明資料，国土交通省（2024）

4) 全日本空輸㈱ 日本航空㈱共同リリース，「SAF（持続可能な航空燃料）に関する共同レポート」(2021)

5) IATA, SAF Deployment, IATA (2023)

6) 石油連盟，持続可能な代替航空燃料（SAF）の取扱要領　第2版，石油連盟（2024）

7) 航空局，CORSIA適格燃料登録・認証取得ガイド 第二版，国土交通省（2024）

8) ICAO, CORSIA Default Life Cycle Emissions Values for CORSIA Eligible Fuels (4th edition), ICAO (2022)

9) NEDO（委託先：㈱三菱総合研究所），国内外におけるSAF（持続可能な航空燃料）の製造技術ならびに低コスト化技術に係る動向調査，NEDO（2023）

10) WEF CST, Guidelines for a Sustainable Aviation Fuel Blending Mandate in Europe (2021)